神经网络架构搜索

陈亚冉　李楠楠　丁子祥　赵冬斌　著

清华大学出版社
北京

内 容 简 介

近年来，深度神经架构搜索技术得到了飞速发展，特别是以谷歌公司和华为公司为代表的研究机构将神经网络架构搜索方法成功应用于图像分类、目标检测和自然语言处理等领域。与此同时，许多国内外研究学者也将深度强化学习算法与神经网络架构搜索相结合开展了诸多有益的研究工作。

本书主要介绍神经网络架构搜索的相关研究工作，共包括 9 章内容。其中，第 1 部分介绍了神经网络架构搜索方法及深度神经网络架构，包括第 1 章和第 2 章；第 2 部分主要介绍了卷积架构的神经网络搜索算法，涉及神经网络搜索空间、搜索算法和评估算法，包括第 3～6 章；第 3 部分介绍了 Transformer 架构和张量环架构的搜索算法，包括第 7 章和第 8 章；第 4 部分介绍了神经架构搜索在实际场景中的应用，涉及目标检测的自适应自动剪枝算法，包括第 9 章。

本书适合具有人工智能与深度神经网络相关专业背景，及希望了解和学习神经网络架构搜索技术的读者参考使用，希望借此推动深度神经网络的进一步发展。

图书在版编目（CIP）数据

神经网络架构搜索 / 陈亚冉等著. -- 北京 ： 清华大学出版社，2025. 8.
ISBN 978-7-302-70046-3

Ⅰ. TP183；TP391.3

中国国家版本馆 CIP 数据核字第 2025UM5970 号

责任编辑：冯　昕　龚文方
封面设计：傅瑞学
责任校对：薄军霞
责任印制：刘　菲

出版发行：清华大学出版社
　　　　　网　　　址：https://www.tup.com.cn, https://www.wqxuetang.com
　　　　　地　　　址：北京清华大学学研大厦 A 座　　　　　邮　　编：100084
　　　　　社 总 机：010-83470000　　　　　　　　　　　邮　　购：010-62786544
　　　　　投稿与读者服务：010-62776969, c-service@tup.tsinghua.edu.cn
　　　　　质量反馈：010-62772015, zhiliang@tup.tsinghua.edu.cn
印 装 者：河北鹏润印刷有限公司
经　　销：全国新华书店
开　　本：185mm×260mm　　　印　张：11　　　　字　　数：278 千字
版　　次：2025 年 9 月第 1 版　　　　　　　　印　　次：2025 年 9 月第 1 次印刷
定　　价：48.00 元

产品编号：105919-01

前　言

PREFACE

作为人工智能领域中的一个重要方向，计算机视觉可以帮助计算机理解并处理图像、视频等视觉输入，在自动驾驶、游戏、医学影像诊断等领域都有着广泛的应用。近几年，随着大规模数据集的应用及计算资源的发展，深度学习已经成为计算机视觉领域中最具有影响力且广泛应用的技术之一。深度神经网络通过多层非线性变换，能够有效地从高维输入空间提取有效特征，同时具有较强的泛化能力和鲁棒性。这种特征提取自动化能力使得深度神经网络在图像分类、目标检测、语义分割、动作识别等视觉任务中取得了令人瞩目的成果。在深度学习发展过程中，深度神经网络的结构设计至关重要。目前大多数性能较好的深度神经网络模型均由人类专家手动设计得到，需要大量的专业知识与反复试验，成本极高，且得到的网络结构复杂、参数量大，限制了其在实际场景中的应用。由此，神经网络架构搜索(neural architecture search, NAS)应运而生，它是通过一定的搜索方法在定义的搜索空间自动搜索，从而得到性能最优的神经网络架构。

NAS的提出极大地推进了计算机视觉领域中深度神经网络的优化研究，所学习到的神经网络在视觉任务中取得了不可忽视的进展，然而，关于神经网络架构搜索技术方面的著作屈指可数。鉴于此，笔者整理了团队近几年在神经网络架构搜索方面的研究工作分享给大家，借以抛砖引玉。全书共包括9章内容，第1章介绍了神经网络架构搜索的背景和意义、研究现状与发展趋势，第2章介绍了目前学术界和工业界常用到的深度神经网络架构，第3章之后是团队的具体研究工作，其中第3章介绍了基于模块化卷积架构的搜索方法，第4~6章介绍了结合宽度学习系统和卷积神经网络架构的搜索方法，第7章介绍了视觉Transformer神经网络架构的搜索方法，第8章介绍了张量环网络架构搜索的方法，第9章介绍了在城市交通场景移动端资源受限的情况下，目标检测网络自动剪枝方法。

本书素材包括团队毕业生的博士学位论文、团队成员发表的国内外期刊及会议文章等。同时本书给出了部分章节的相关开源代码，包括神经网络架构搜索方法、目标检测自适应剪枝算法等。由于神经网络架构搜索的成果日新月异，本书主要是团队研究工作成果分享，写作的内容和风格难以满足不同读者的需求，相关开源代码也可能会出现各种不足和错误，欢迎读者提出宝贵意见，以督促我们不断迭代改进。下面列出本书各章的主要贡献人：

第1章由陈亚冉等撰写，第2章由李楠楠、陈亚冉等撰写，第3章由陈亚冉等撰写，第4~6章由丁子祥、李楠楠等撰写，第7、8章由李楠楠等撰写，第9章由李佳琪、陈亚冉等撰写。

本书的统稿工作得到了陈亚冉、陈苑文、崔文博、李楠楠、林孟颖、刘鑫、刘卫恒、张鑫垚（排名不分先后，按拼音排序）等的帮助，在此对他们的辛勤付出深表感谢。最后，感谢国家自然科学基金和华为科技合作项目等对本书研究工作的支持。

陈亚冉

2025 年 4 月于北京

目 录
CONTENTS

第1章

绪　　论

1.1　神经网络架构搜索研究的背景与意义

近年来，深度学习在计算机视觉[1-2]、自然语言处理[3-8]、游戏[9-11]等多个领域中取得了令人瞩目的成就。一个完整的深度学习流程如图1-1所示，其中模型设计在任务执行过程中发挥着至关重要的作用。然而，模型设计存在如下问题：大多数性能较好的深度神经网络模型，如ResNet[12-13]、MobileNet[14]、ShuffleNet[15]等均由人类专家手动设计得到，而手动设计深度神经网络模型是一个既耗时又易出错的过程。为了解决上述问题，模型设计自动化的神经网络架构搜索①（neural architecture search，NAS）应运而生[16-17]。目前，谷歌、微软、阿里云等公司已经推出包括NAS在内的自动机器学习服务，研发自己的内部平台，Uber、OpenAI、DeepMind、港中文、中国科学院、上海交大等许多国内外研究机构也都在NAS任务上做了许多研究。从发展趋势来看，NAS是未来人工智能发展的一个重要方向。

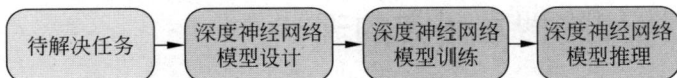

图 1-1　深度学习流程

针对某项特定任务，NAS能够通过一定的搜索策略在预先定义的搜索空间中学习到超越人类设计水平的神经网络结构。NAS的工作流程如图1-2所示，具体表述如下：

(1) 根据特定任务构建合理的搜索空间 $\mathcal{O}$；

(2) 通过搜索策略在搜索空间 $\mathcal{O}$ 中采样子结构 arch；

(3) 采用性能评估策略对子结构 arch 进行性能评估，并得到其性能 $\mathcal{R}$；

(4) 利用 $\mathcal{R}$ 更新搜索策略的相关参数；

(5) 重复步骤 (2)~(4)，直至满足终止条件。

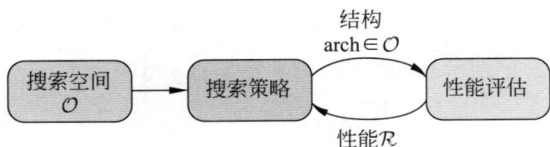

图 1-2　神经网络架构搜索的组成部分及工作流程[18]

---

① 神经网络架构搜索又称神经架构搜索，两种说法均可。

NAS在图像分类[19-20]、自然语言处理[21]等领域取得了令人瞩目的成就。然而，NAS需要极大的计算代价，例如，NASv3[22]需要800块K40 GPU同时工作28天才能够在CIFAR-10上搜索到一个错误率为3.65%的深度卷积神经网络；AmoebaNet[23]则需要450块K40 GPU同时工作7天才能够在CIFAR-10上搜索到一个高精度的深度卷积神经网络。虽然NAS能够自动学习到高性能模型，但巨大的计算代价使其落地应用的可能性大大降低。

为了提升NAS的搜索效率，相关研究人员提出了一系列高效的NAS方法。可迁移细胞（cell[24]）的搜索空间被提出，通过缩小搜索空间的方式提升NAS的搜索效率：500块P100 GPU同时搜索4天。PNAS[25]通过构建代理模型来加速模型评估，从而使其搜索效率提升至225 GPU天。为了重复利用已训练模型的权重，ENAS[26]采用权重共享策略实现了高效的神经网络架构搜索——仅需单块GPU搜索0.45天[27]。将NAS从离散空间映射到连续空间，提出了可微分的NAS方法——DARTS。该方法通过梯度下降算法进行架构优化，使其搜索代价仅为1.5 GPU天。随后，大量基于DARTS搜索空间的NAS方法[28-31]被提出，以进一步提升搜索效率。渐进式改变搜索空间的策略[28]在提升搜索效率的同时还能够缩小搜索阶段与评估阶段之间的模型差异，进而提升所得模型的性能。部分通道连接策略[31]通过降低搜索过程中的内存占用，可以同时处理更多的训练数据，进而将搜索效率提升至0.1 GPU天。

上述NAS方法在搜索过程中使用了具有深度拓扑结构的搜索空间，从而产生了两个影响搜索效率的问题：① 单步训练时间长；② 内存占用大。一般而言，NAS方法会在目标数据集上搜索若干个迭代周期①，若单步训练时间较长则会导致NAS的搜索效率降低。同理，若NAS方法的内存占用降低，则可以利用GPU同时处理更多的训练数据，从而提升搜索效率。因此，设计一种既快又好的搜索空间，能够在保证所得模型性能的前提下提升搜索效率，进而加快模型设计的自动化进程。

1.2 神经网络架构搜索研究的现状

本节基于NAS的三个组成部分即搜索空间、搜索策略及性能评估对NAS的研究现状进行阐述。

1.2.1 搜索空间

搜索空间定义了神经网络架构的设计原则，且在不同的情况下需要设计不同的搜索空间。本小节介绍四种常见的搜索空间：基于完整结构的搜索空间、基于细胞的搜索空间、分层的搜索空间及基于已有模型的搜索空间。

神经网络架构可通过有向无环图（directed acyclic graph，DAG）表示：操作输出对应有序节点 $x_{(i)}$，并通过边表示节点间的连接关系。其中，每个节点代表一个张量 z，每条边代表从候选操作集 $\mathcal{O}$ 中选择的操作 o。每个节点的内部结构随搜索空间的变化而变化，且节点的数量 N_n 需要手动设置。假设第一个节点的索引为1，则节点 j 可表示为

$$x_{(j)} = \sum_{i<j} o_{(i,j)}(x_{(i)}) \quad o_{(i,j)} \in \mathcal{O} \tag{1-1}$$

候选操作集 $\mathcal{O}$ 主要包含所有可能的原始操作，如卷积、池化、跳跃式连接等。为了进一步

---

① ENAS中设置为150，DARTS中设置为50。

提升深度模型的性能，许多 NAS 方法将一些手工设计的高性能模块作为原始操作，如深度可分离卷积[32]、空洞卷积[33]、压缩-激励（squeeze-and-excitation，SE）模块[34]等。原始操作的选择及组合方式随搜索空间的变化而变化。换言之，搜索空间定义了架构优化算法能够探索的结构范式，因此设计一个好的搜索空间是十分必要且极具挑战性的。下面简单介绍 NAS 中几种常见的搜索空间。

1. 基于完整结构的搜索空间

基于完整结构的搜索空间[22]是一种最简单、直观的搜索空间。该搜索空间将多个节点进行堆叠，其中每个节点都代表深度网络的一层且带有一个指定的操作。此外，允许任意有序节点间使用跳跃式连接[26]，从而能够增加搜索空间的复杂度，进而提升模型在实际应用中的性能。

然而，该搜索空间在搜索、应用过程中存在一些问题，例如：

(1) 一般而言，模型的泛化能力会随着深度的增加而增加。与此同时，NAS 方法的搜索代价也会随之增加。

(2) 在小数据集上搜索到的模型无法处理大规模数据集，即所得结构不具备可迁移能力。

2. 基于细胞的搜索空间

基于完整结构的搜索空间所得模型不具备可迁移能力。为了解决上述问题，谷歌公司提出了一种具有新型搜索空间范式的 NAS 方法——NASNet[24]：将长短期记忆网络（long short-term memory，LSTM）[35]作为控制器，从一种可迁移的搜索空间范式——细胞搜索空间中采样结构，并将其按照一定的方式堆叠为深度神经网络；将该网络从头开始训练固定步长后得到该模型在验证集上的精度；将所得精度作为强化学习的奖赏函数通过近似策略优化（proximal policy optimization，PPO）[36]算法计算其策略梯度，以更新 LSTM 的参数使其能够生成精度更高的结构。其中，细胞结构及其深度堆叠方式如图 1-3 所示。NASNet 耗时 1800 GPU 天搜索到的结构在 CIFAR-10 上取得了 2.4% 的测试误差。此外，NASNet 将其在 CIFAR-10 上搜索到的结构迁移到 ImageNet[20]图像分类任务中，并取得了 82.7% 的 top-1 测试精度，超过最好的人类设计模型 1.2%。随后，基于演化算法的神经架构搜索方法 AmoebaNet[23]耗时 3150 GPU 天搜索到了超越手工设计模型的结构。相比于 NASv3[22]而言，NASNet 与 AmoebaNet 的效率分别提升了约 7 倍、4 倍，然而其计算代价仍然十分巨大。

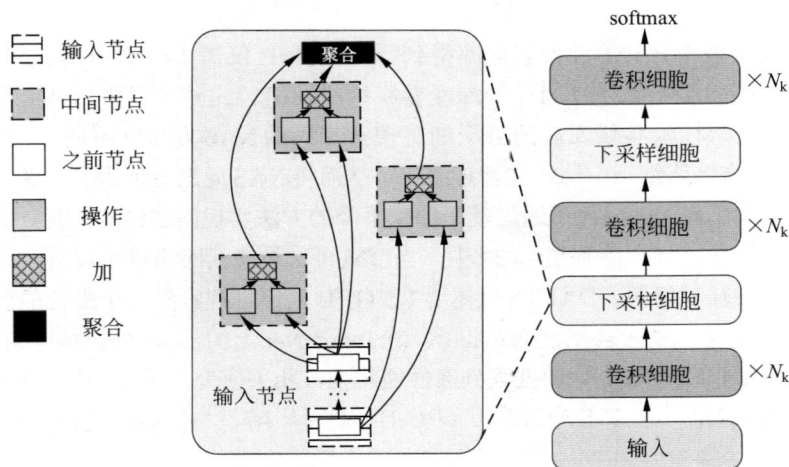

图 1-3 细胞结构及其深度堆叠方式[24]

为了进一步提升 NAS 的搜索效率,相关研究人员提出了基于超网络①的 NAS 方法。ENAS[26] 提出了基于权重共享的策略。与 NASNet 类似,ENAS 将 LSTM 作为控制器,从超网络中采样一个由细胞堆叠而成的子模型,然后将该结构训练固定步长之后得到其验证精度以通过强化学习更新 LSTM,使其能够生成具有更高精度的子模型。与 NASNet 的不同之处在于,基于细胞搜索空间的 ENAS 所采用的权重共享策略能够有效降低搜索代价。ENAS 所采用的权重共享策略如图 1-4 所示,将每个细胞看作一个 DAG 并按照如下方式进行训练:

(1) 控制器从 DAG 中采样一条路径,即一个子结构;

(2) 通过一个批训练数据训练路径上的操作;

(3) 控制器从 DAG 中采样另一条路径;

(4) 通过另一个批训练数据训练路径上的操作,其中第二次被采样的操作继承步骤 (2) 中的权重进行训练,而非从头训练。

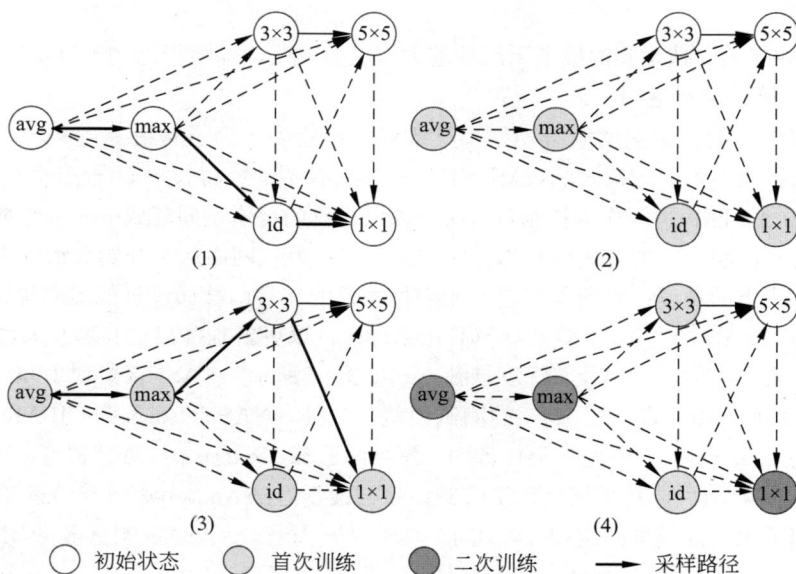

图 1-4 权重共享策略

上述训练过程使得 ENAS 的搜索效率得到了极大提升,仅需 0.45 GPU 天便能够搜索到一个在 CIFAR-10 上分类精度为 97.11% 的深度卷积神经网络。此外,可微分神经架构搜索——DARTS[27] 同样是一种极具代表性的基于细胞搜索空间的 NAS 方法。不同于上述 NAS 方法,DARTS 通过松弛方法将细胞中的边进行连续化,从而将 NAS 问题转换为一个关于结构权重与网络权重的双重优化问题,进而可通过基于梯度下降的方法实现网络结构的优化。同样地,每个子结构的权重均能够被存储到超网络②中,当节点再次被激活时将继承权重,以避免因权重从头训练而导致的耗时问题。DARTS 仅需要 1.5 GPU 天便可搜索到一个高性能的深度卷积神经网络:在 CIFAR-10 上的分类精度为 97.06%,在 ImageNet 上的 top-1 分类精度为 73.1%(移动端设置)。由于 DARTS 能够高效地搜索到高性能模型,相关研究人员提出了多种基于 DARTS 的 NAS 方法,如 SNAS[37]、P-DARTS[28]、PC-DARTS[31] 等。与 PNAS 类似,P-DARTS 在搜

---

① 包含所有可能的子网络。

② 当细胞被连续化后,基于细胞的深度搜索空间转化为一个包含所有可能子网络的超网络。

索过程中逐渐增加图 1-3 中 N_k 的数量，以减小模型搜索与评估两个阶段之间的模型差异，进而提升最终模型的分类精度。由于需要对包含所有候选结构的超网络进行训练，因此 DARTS 的内存利用不够高效。为了解决该问题，PC-DARTS 采用部分通道连接策略使得其内存占用大大减少，使得 GPU 能够同时处理更多的输入数据，进而提升架构搜索速度。此外，PC-DARTS 提出了边归一化方法以提升搜索过程的稳定性。最终，PC-DARTS 仅耗时 0.1 GPU 天便能够在 CIFAR-10 上搜索到分类精度为 97.43% 的深度卷积神经网络。

3. 分层的搜索空间

基于细胞的搜索空间使得搜索到的结构具有较好的可迁移能力，且大部分基于该搜索空间的 NAS 方法[23, 26-27, 31, 38-39]服从两级分层：① 内层为细胞中的每个节点选择操作类型及连接方式；② 外层控制整个网络的空间像素变化。如图 1-3 所示，堆叠 N_k 个卷积细胞后便添加一个下采样细胞将特征图的尺寸减半。为了能够联合优化细胞与网络的空间像素变化，一种网络级别的通用形式包含许多主流的网络设计方案[38]。上述 NAS 方法能够为网络中的每一层探索不同数量的通道数及不同大小的特征图。

在细胞搜索空间中，中间节点的数量需要预先定义并在搜索阶段保持固定不变。换言之，这是一个需要人工调节的超参数。为了解决该问题，HierNAS[40]迭代地整合低级细胞以生成高级细胞。一级细胞一般为原始操作，如 1×1 卷积、3×3 卷积、3×3 池化等。二级细胞将一级细胞作为基本组成元素而生成。随后，二级细胞将作为原始操作以生成更为复杂的三级细胞。最高级别的细胞将作为最终模型的基本单元。此外，高级别的细胞可定义为一个可学习的邻接上三角矩阵，矩阵中保存了节点之间的操作。HierNAS 能够搜索到的细胞具有如下特征：更多样、更复杂、更灵活。类似地，PNAS[25]使用基于序列模型的优化[41]策略实现高效的神经架构搜索。在 PNAS 中，其搜索模型的复杂度（如深度、通道数等）会随着时间的推移而增加，并同时训练一个代理模型指导其搜索过程。PNAS 耗时 225 GPU 天搜索到的结构在 CIFAR-10 上取得了与 NASNet 相仿的分类精度，将其迁移到 ImageNet 后取得了 82.9% 的 top-1 测试精度，超过 NASNet 0.2%。

在 HierNAS 与 PNAS 中，最终模型的每一层均为其搜索到的细胞结构，从而使得模型的多样性受到了极大限制。此外，大多数搜索到的细胞结构是非常复杂的，因而很难保证模型的精度与延迟同时满足实际需求[39, 42]。MnasNet[39]利用一种分解分层搜索空间为最终模型的不同层生成不同的细胞结构——MBConv。最终模型由若干细胞组成，每个细胞中的基本模块数量、结构均不相同。MnasNet 能够有效地平衡模型性能与延迟之间的关系，因而许多后续方法[42-43]也借鉴了其搜索空间设计方法。为了提升 NAS 的搜索效率，许多方法（如 ENAS[26]、DARTS[27]、PC-DARTS[30-31]）首先在代理数据集（如 CIFAR-10）上搜索到一个较好的结构，然后将其迁移到更大的目标数据集（如 ImageNet）上。ProxylessNAS[43]提出了可直接在目标数据集、硬件平台上进行无代理搜索，通过二进制连接策略[44]解决了 NAS 在搜索过程中内存占用较大的问题。

4. 基于已有模型的搜索空间

目前，许多深度学习训练技巧是在已有的高性能模型基础上进行的，例如，知识蒸馏[45-48]利用预训练的教师模型指导学生模型的训练过程，迁移学习[49-51]将预训练模型用于解决其他任务。然而，上述方法均无法直接对模型结构进行修改。针对该问题，Net2Net[52]将恒等映射变换嵌入已有模型的两层之间，以设计新型的神经网络结构。恒等映射变换包含两种类型，即深度及宽度，从而能够生成一个更深或更宽的等价模型来代替原始模型。

然而，恒等映射中存在如下问题：① 深度、宽度变化受限；② 深度与宽度不能够同时变化；③ 所使用的恒等层可能造成其他问题[12]。为了解决上述问题，网络映射方法[53]被提出，不但允许子网络继承预训练父网络的知识，而且能够在更短的训练时间内演化为更加鲁棒的网络。与 Net2Net 相比，网络映射方法具有如下优点：

(1) 能够嵌入非恒等层并处理非线性激活函数；

(2) 能够同时改变单个操作的深度、宽度及核大小。

实验结果显示，网络映射方法仅用1/15的训练时间便能够获得比原始VGG[54]更好的性能。

随后，相关研究人员在网络映射的基础上进行了大量研究工作[55-62]。例如，利用贝叶斯优化方法指导网络映射变化[59]，以实现高效的神经架构搜索；EfficientNet[63]再次验证了模型缩放对于卷积神经网络的有效性，并证明了网络深度、宽度及空间像素之间的平衡能够取得更好的性能。

1.2.2　搜索策略

在 NAS 中，搜索策略用于在预先定义的搜索空间中找到表现最好的网络结构。目前，NAS 中常用的搜索策略主要包含如下几种：强化学习、演化算法、梯度下降、代理模型及混合方法。

1. 强化学习

强化学习用于解决神经架构搜索任务[22]，所采用的方案如图1-5所示。在第 t 步时，智能体①执行动作 A_t 后从搜索空间采样得到结构 A，并从环境中接收状态观测 S_t 及奖赏 R_t 用于更新智能体的采样策略。其中，环境一般指在训练/评估子模型 A 时所用的标准神经网络训练过程，并返回相应的结果（如精度）。许多后续基于强化学习的 NAS 工作[24, 26, 64-65]均沿用了上述框架，只是对某个步骤进行了修改，如智能体策略、结构编码方式等。采用 PPO[36] 算法计算策略梯度[24]，并设计了一种全新的细胞搜索空间。MetaQNN[64]提出了一种基于 Q 学习、ϵ 贪婪探索策略及经验回放的元建模算法，以实现有序的神经架构搜索。

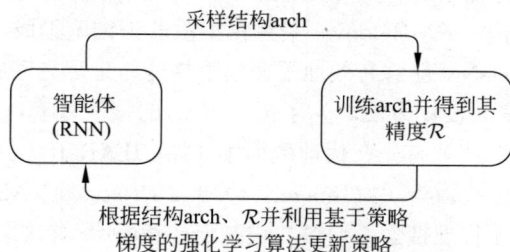

图 1-5　基于强化学习的 NAS 概述[22]

尽管上述基于强化学习的 NAS 方法在 CIFAR-10、PTB[66]上均取得了很好的性能，但需要极大的计算代价[22]，利用 800 块 K40 GPU 耗时 28 天才能搜索到一个较好的分类模型。为了提升基于强化学习的 NAS 方法的搜索效率，BlockQNN[65]提出了一种分布式异步更新框架及一

---

① 一般采用循环神经网络。

种提前停止策略,仅需 96 GPU 天便能够完成搜索。ENAS[26] 采用权重共享策略仅需 0.45 GPU 天便能够在 CIFAR-10 上搜索到一个高性能的深度卷积神经网络。

2. 演化算法

与强化学习类似,演化算法同样是一种启发式的优化方法,且其鲁棒性高、应用范围广。演化算法在解决 NAS 问题时,首先需要对结构表征进行编码,然后通过四个步骤——选择、交叉、变异及更新,确定最优结构。

(1) 编码。不同的演化算法采用不同的编码方式对网络结构进行表征,主要的编码方式包括两种:直接编码与间接编码。由于直接编码能够直接对结构表现形式进行表征,因此应用范围十分广泛。Genetic CNN[67] 将网络结构编码为一个固定长度的二进制字符串:0 代表两个节点之间无连接,1 代表两个节点之间有相互连接。虽然二进制编码简单易执行,但其搜索空间的大小为节点数量的二次方,且需要手动设计二进制字符串的长度。为了表征可变长度的神经网络,许多 NAS 方法[40, 68-69] 提出了基于有向无环图的编码方式。有研究学者利用基于笛卡儿遗传规划[70-71] 的编码方式对神经网络进行表征,其中该网络由一系列可通过有向无环图定义的子模块组成。类似地,神经网络编码变为图结构[69],点表示三阶张量或激活函数,边表示恒等连接或卷积操作。间接编码通过指定的生成规则对神经网络进行搭建。细胞编码[72] 是一种通过间接编码对网络结构进行表征的常见方式。在一种简单的图结构的基础上,细胞编码将一系列神经网络编码为多个带标签的树。近年来,许多工作[58, 73-75] 提出了不同的间接编码方式。例如,利用数学函数对神经网络进行编码[58],其中每个网络可通过函数保留的网络映射算子更改其结构。因此,子网络的性能能够得到提升且可以保证不低于父网络。

(2) 选择。在基于演化算法的 NAS 方法中,将首先从所有生成的结构中选择部分结构进行交叉。该步骤的目的是保存高性能结构,消除低性能结构。选择策略主要包含三种:

① 适应度选择。结构被选择的概率与其适应度成正比,其中适应度可表示为

$$P(\text{arch}_i) = \frac{\text{fitness}(\text{arch}_i)}{\sum\limits_{j=1}^{N} \text{fitness}(\text{arch}_j)} \tag{1-2}$$

式中:arch_i 表示第 i 个网络;fitness 表示适应度函数。

② 排序选择。与适应度选择类似,但结构被选择的概率与相对适应度而非绝对适应度成正比。

③ 锦标赛选择。许多基于演化算法的 NAS 方法[23, 40, 58, 69] 均采用锦标赛选择策略。在每次迭代过程中,从种群中随机选择 k 个(锦标赛规模)网络并保存其性能。随后,将排名第一的网络概率设置为 p,排名第二的网络概率设置为 $p \times (1-p)$,以此类推。

(3) 交叉。步骤(2)选择的网络将作为父网络,并两两交叉生成全新的后代网络,其中两个父网络的基因信息各有一半被后代网络继承。交叉的具体方法随编码方式的改变而改变。当采用二进制编码时,网络被编码为比特形式的线性字符串,其中每个比特表示一个单元。因此,两个父网络之间可采用单点或多点交叉方式。将交叉的基本单元定义为一个阶段而非一个比特[67],其中的阶段指的是一个根据二进制字符串搭建而成的高级别结构。在细胞编码中,两个父网络中的某一个子树将进行交换从而实现交叉操作。

(4) 变异。在实际执行过程中,交叉与变异是同时进行的。一般而言,变异操作指的是改变个体中的某些基因型。常见的两种变异方式[76]:一种为是否将两层之间进行连接;另一种为

对两层之间的跳跃式连接进行添加或者移除。此外，一系列变异操作被提前定义了[69]，如改变学习率、改变卷积核大小、移除节点间的跳跃式连接等。

(5) 更新。上述步骤完成后生成了许多新型神经网络，由于计算资源的限制，需要移除部分表现较差的结构，即将两个表现最差的结构直接从种群中移除[69]，或者直接将最老的结构从种群中删除[23]。其他方法[67-68, 76]直接将正则区间内的模型全部丢弃。有的研究不移除种群中的任何一个结构，反而允许网络可以随时间变化[40]。EENA[77]通过一个自定义的变量 λ 对种群的数量进行调节，性能最差的结构被移除的概率为 λ，最老的结构被移除的概率为 $1 - \lambda$。

3. 梯度下降

上述搜索策略均从离散搜索空间中采样网络结构。DARTS[27]开创性地提出了可微分的搜索空间，利用 softmax 函数将离散空间松弛为连续空间，具体实现方式为

$$\overline{o}_{i,j}(x) = \sum_{k=0}^{K} \frac{\exp(\alpha_{i,j}^k)}{\sum\limits_{l=0}^{K} \exp(\alpha_{i,j}^l)} o^k(x) \tag{1-3}$$

式中：$o(x)$ 表示输入为 x 时操作 o 的输出；$\alpha_{i,j}^k$ 表示节点 i 与节点 j 之间第 k 个操作 o^k 对应的权重；K 为候选操作空间 $\mathcal{O}$ 中包含操作的个数，即 $|\mathcal{O}|$。

经过上述操作之后，架构搜索任务便转化为一个联合优化问题：交替优化结构权重 α 及网络权重 ω。其中，α 与 ω 分别通过验证损失 $\mathcal{L}_{\text{val}}$ 及训练损失 $\mathcal{L}_{\text{train}}$ 进行优化。综上，DARTS 的优化目标可表示为

$$\begin{aligned} \min_{\alpha} \ & \mathcal{L}_{\text{val}}(\omega^*, \alpha), \\ \text{s.t. } & \omega^* = \underset{\omega}{\text{argmin}} \, \mathcal{L}_{\text{train}}(\omega, \alpha) \end{aligned} \tag{1-4}$$

连续松弛策略使得 DARTS 能够通过梯度下降算法实现架构优化，从而极大地降低搜索代价。然而，DARTS 中存在以下几个问题。

(1) 联合优化问题求解困难。由于 α 与 ω 均为高维参数，因此无法直接进行求解，一种可行的方案为单层优化：

$$\min_{\alpha, \omega} \mathcal{L}_{\text{train}}(\omega, \alpha) \tag{1-5}$$

该方法能够高效地优化 α 与 ω，但搜索到的结构容易在训练集上过拟合且在验证集上的性能较差。一种混合优化方法如下[78]：

$$\min_{\alpha, \omega} \ [\mathcal{L}_{\text{train}}(\omega^*, \alpha) + \lambda \mathcal{L}_{\text{val}}(\omega^*, \alpha)] \tag{1-6}$$

式中：λ 表示非负的正则变量，用于权衡两种损失的重要性。当 $\lambda = 0$ 时，式(1-6)退化为单层优化问题；当 λ 趋向于无穷时，式(1-6)等价于双重优化问题。

实验结果[78]显示，混合优化不仅能够克服单层优化的过拟合问题，还能够避免双层优化的梯度误差。

(2) 内存使用效率低下。在 DARTS 的搜索阶段，每条边的输出为所有候选操作输出的加权和，其内存占用随候选操作数量的增加而呈线性增长。为了提升 GPU 的内存效率，许多后续方法[29, 37, 42]采用重参数化技巧[79]构建了一种可微分的采样器，从超网络中采样子结构。其中，每个神经网络通过一个具体分布[80]实现分解及建模，从而实现了子网络的高效采样并可

以通过梯度的反向传播进行优化。综上，式(1-3)可以重写为

$$\overline{o}_{i,j}(x) = \sum_{k=0}^{K} \frac{\exp[(\lg\alpha_{i,j}^k + G_{i,j}^k)/\tau]}{\sum\limits_{l=0}^{K} \exp[(\lg\alpha_{i,j}^l + G_{i,j}^l)/\tau]} o^k(x) \tag{1-7}$$

式中：$G_{i,j}^k = -\lg(-\lg u_{i,j}^k)$ 为第 k 个采样函数，$u_{i,j}^k$ 为一个服从均匀分布的随机变量；τ 为 softmax 温度。当 τ 趋于无穷时，每对节点间关于所有操作的概率分布近似于独立分布。GDAS[29] 仅选择每条边上概率最大的操作，并根据式(1-7)进行梯度反传，使得内存效率得到了极大提升。为了缓解搜索过程中的巨大内存消耗，ProxylessNAS[43] 采用了路径二进制化：将路径权重的值转换为二进制门，仅激活混合操作中的一条路径。

(3) 同时优化不同类型操作的困难较大。候选操作之间存在竞争关系，因此在搜索过程中同时优化不同类型的操作具有较大挑战。相关研究[28, 81]表明，在 DARTS 的搜索阶段后期，跳跃式连接将处于统治地位，从而导致模型变浅，进而导致性能降低。为了解决上述问题，DARTS+[81] 对细胞中的跳跃式连接数量进行约束，即当细胞中的跳跃式连接数量大于等于 2 时，停止搜索。P-DARTS[28] 直接对搜索空间进行调整，即在训练/评估阶段，利用操作级别的 dropout 策略控制跳跃式连接的数量。

4. 代理模型

基于代理模型的优化算法的核心思想为：通过已有的评估结果对代理模型的目标函数进行拟合，并利用该模型对表现最好的模型进行预测，从而大幅提升 NAS 的搜索效率。其中，代理模型大致可以分为两类：① 贝叶斯优化，包括高斯过程（Gaussian process，GP）[82]、随机森林（random forest，RF）[41]、基于树结构的帕尔森估计器（tree-structured Parzen estimator，TPE）[83]；② 神经网络[25, 84-86]。

贝叶斯优化[87] 是超参数优化中最主流的方法之一。目前，已有许多工作[88-92] 利用贝叶斯优化算法实现了架构优化。常见的方法是[93] 将生成网络在验证集上的结果建模为一个高斯过程，并为搜索过程提供指导信息。然而，基于高斯过程的贝叶斯优化存在两个问题：① 推理时间随观测数量的增加而快速增加；② 处理变长神经网络时效果不够理想。为此，有学者[94] 将随机森林作为代理模型，通过三种定长编码方式解决神经网络长度不固定的问题。

除了贝叶斯优化外，许多工作将神经网络作为代理模型。PNAS[25] 与 EPNAS[95] 将 LSTM[35] 作为代理模型以渐进地预测长度可变的神经网络。多层感知机作为代理模型实现了更加高效的神经网络架构搜索[85]，并在 CIFAR-10 上取得了比 PNAS 更好的分类性能。对一个集成的神经网络进行训练后，用于预测候选神经网络的验证精度与方差[86]。

5. 混合方法

上述优化策略在解决 NAS 任务时均具有各自的优缺点：

(1) 强化学习，可以学习到复杂的结构模式，但智能体的效率与稳定性无法保证。

(2) 演化算法，是一种成熟的全局优化方法且具有较好的鲁棒性，但其所需的计算代价极大。

(3) 梯度下降，能够极大地提升 NAS 的搜索效率，但从超网络中采样子模型的方式限制了所得结构的多样性。

(4) 代理模型，能够提取已有模型的结构信息进行性能预测，以提升 NAS 的搜索效率，但代理模型的泛化性无法保证。

因此，相关研究人员提出了大量基于混合优化方法的 NAS 框架。

(1) 强化学习 + 演化算法。有学者将增强变异整合到演化算法中，从而避免了演化算法的随机性并提升了搜索效率[96]。类似地，Evo-NAS[97] 通过强化学习指导智能体的变异过程，从而能够高效探索更大的搜索空间。

(2) 演化算法 + 梯度下降。首先通过一个超网络实现权重共享，并在训练集上将其微调若干迭代周期[98]。然后，下一代中的种群及超网络直接继承上一代的对应权重。因此，该方法的搜索代价仅为 0.4 GPU 天。

(3) 演化算法 + 代理模型。为了加速演化算法中的适应度评估，将随机森林作为代理模型实现对模型的性能预测[99]。

(4) 梯度下降 + 代理模型。与 DARTS 不同，NAO[85] 利用变分自编码器生成网络结构，并搭建一个回归器作为代理模型以预测生成模型的性能。其中，编码器将网络结构的表征从离散空间映射到连续空间，随后预测器将其输出作为输入对网络结构的性能进行预测，最后通过解码器根据连续网络表征获得最终结构。

1.2.3 性能评估

当搜索策略生成一个网络结构时，需要评估其性能以更新搜索策略。最直观的评估方法为：将所得网络训练至收敛，然后评估其性能。然而，此类 NAS 方法[22-24] 所需的计算代价极大。为了解决上述问题，相关研究人员提出了多种高效的性能评估策略，如权重共享、代理评估、提前停止、资源感知。

1. 权重共享

当结构被评估后，便将已训练模型的权重丢弃。权重共享策略通过重复利用已有知识的方式提升 NAS 的搜索效率[22]。文献 [100] 从先验任务中提取知识以加速神经网络的设计。ENAS[26] 将所有子网络的权重进行共享以避免从头训练，使其搜索效率比 NASv3[22] 提升了 1000 倍。基于网络映射的相关方法[52-53] 同样允许继承前一个结构的权重。文献 [101] 利用一个单路径的过参数化卷积网络对所有候选结构进行编码，且允许卷积核之间共享权重。

2. 代理评估

基于代理模型的相关方法[102-104] 能够有效地逼近任意黑盒函数。文献 [25] 在 PNAS 中引入了一个代理模型来控制其搜索过程。当搜索空间过大且难以量化时，对每一种配置进行评估所需的计算代价极大[105]。为了解决上述问题，SemiNAS[106] 利用大量无标签结构提升搜索效率。其中，生成模型的精度不需要经过训练后再评估得到，可以直接通过控制器对其进行预测。

3. 提前停止

在传统的机器学习方法中，提前停止策略常被用于解决过拟合问题。目前，已有相关工作[107-109] 通过提前停止评估过程的方式对模型评估过程进行加速。文献 [107] 将一系列参数化曲线模型通过不同的权重组合为一个曲线学习模型，从而实现了网络性能预测。此外，文献 [109] 在可快速计算梯度局部统计信息的基础上，提出了一种有效的提前停止方法，即不再依赖验证集并允许优化器完全利用整个训练集。

4. 资源感知

在之前的 NAS 方法[24, 26-27] 中，相关研究人员的主要目标是搜索到高性能的神经网络，而忽略了在应用过程中的资源消耗。后续工作提出了多种资源感知算法以平衡模型性能与资源消耗，即将资源消耗添加到损失函数中作为限制。其中，资源消耗主要包含四种：参数量、乘加的次数（multiply-accumulate，MAC）、每秒浮点操作数（floating-point operations per second，FLOPs）和推理延迟。文献[110]利用基于策略梯度的强化学习算法进行搜索，并将MAC作为奖赏函数中的一部分。文献[39]提出了一种加权乘积以逼近帕累托最优解：

$$\max_{\text{arch}} \text{ACC(arch)} \times \left[\frac{\text{LAT(arch)}}{T}\right] w_{\text{acc}} \tag{1-8}$$

式中：arch为当前网络结构；LAT(arch)为网络结构在目标设备上的推理速度；T代表目标延迟；w_{acc}表示权重变量且其定义为

$$w_{\text{acc}} = \begin{cases} w_{t_1}, & \text{LAT(arch)} \leqslant T \\ w_{t_2}, & \text{其他} \end{cases} \tag{1-9}$$

资源感知的可微分NAS框架需要保证增加的资源限制同样是可微分的。在已知每个操作执行时间的前提下，文献[42]利用延迟查询表估计每个网络结构的推理延迟，所用的损失函数为

$$\mathcal{L}(\text{arch}, w_{\text{arch}}) = \text{CE(arch}, w_{\text{arch}}) \times \gamma \lg[\text{LAT(arch)}^{t_c}] \tag{1-10}$$

式中：CE(·)表示交叉熵损失函数；arch为当前结构且其权重为w_{arch}。同样地，在式(1-10)中有两个参数需要手动调节，即用于控制交叉熵损失的γ及控制推理延迟的t_c。

1.3 未来发展趋势与展望

神经网络架构搜索是深度学习领域的一个重要研究方向，旨在自动化神经网络的设计和优化。本书对未来NAS的发展趋势提出一些展望：

(1) 模型效率和轻量级网络。在当前的技术发展中，对于模型效率的需求越来越迫切。轻量级神经网络结构在这一方面具有重要的意义，因为它们可以在资源受限的环境中实现高性能。这包括在嵌入式设备、移动设备和边缘计算中运行，其中计算资源和存储空间有限。神经网络架构搜索技术可以帮助找到更小、更高效的网络结构，以满足这些需求，从而使深度学习模型更易于部署到各种嵌入式和移动应用中。

(2) 自适应网络架构。自适应性在机器学习中是一个重要的趋势。自适应网络架构能够根据不同输入数据的特性自动调整模型的结构和参数，以最大限度地提高性能。这在处理具有不同数据分布或不同特征的任务时尤其重要。例如，在计算机视觉中，自适应网络可以根据不同场景的光照条件或视角变化来调整自身结构，从而实现更好的目标检测或图像分类性能。

(3) 硬件加速和优化。随着硬件技术的不断发展，如GPU、TPU和边缘计算硬件的普及，与神经网络架构搜索结合的硬件优化也将变得更为重要。通过与特定硬件平台紧密合作，可以实现更高的性能和效率，加速模型训练和推理过程，从而提高深度学习应用的实用性和实际价值。

(4) 自动化工具的商业化。已经有一些公司开始开发商业化的神经网络架构搜索工具，这些工具将更广泛地推动深度学习应用的商业化。这些工具可以使更多的企业和开发者受益于NAS技术，从而更容易地构建和优化深度学习模型，解决实际问题。

综上所述，神经网络架构搜索领域具有广泛的发展潜力，未来将继续在模型效率、自适应性、多模态任务、硬件优化、领域自适应和商业应用等方面取得进展。这将有助于使深度学习

技术更加普及和实用，应用于更多领域和场景。

为了帮助读者更加直观地理解本书的内容，将重要数学符号约定于表1-1。

表 1-1 本书数学符号的含义

符号	含 义
arch	网络结构
$a_{1:\tau}$	强化学习的输出动作
$\mathrm{Atten_{pf}}$	无参数自注意力
$\mathrm{acc_{val}}$	验证集精度
$\boldsymbol{B}$	偏置矩阵
b	采样间隔
BPool	一维自适应平均池化
$\mathrm{CE}(\cdot)$	交叉熵损失函数
h	MHSA 注意力头的个数
C	卷积核
ChP,ChDP	在通道维度上执行标准的一维平均池化，分别用于减少和增加通道数量
d	向量的维度
$d_{i,j}$	两个像素间的距离
$\mathrm{err_{val}}$	验证集误差
FLOPs	每秒浮点操作数
$\boldsymbol{H}$	宽度神经网络中的增强特征
H,W	图像的高度和宽度
Img	输入图片
$\boldsymbol{Q},\boldsymbol{K},\boldsymbol{V}$	宽度注意力的查询、键、值向量
To_qkv	包含线性投影、切分和变形操作
$\boldsymbol{q}_i^j,\boldsymbol{k}_i^j,\boldsymbol{v}_i^j$	分别是第 i 层 Transformer 中第 j 个注意力头的查询向量、键向量和值向量
l	网络的层数
$\mathrm{loss_{rate}}$	训练过程损失变化率
m	全链接中的比率
$M_{i,j}$	通道采样的掩码
MAD	平均注意力距离
MSE	损失函数为均方误差
N_{n}	网络图谱中节点的个数
N_{c}	输入图像通道数
N_{p}	ViT 中输入图像块的数量
N_{cell}	网络结构分解成基本单元的个数
N_{arch}	网络架构的数量
N_{b}	batch 的数量
N_{op}	候选突变操作的数量
N_{R}	张量秩元素的数目
N_{m}	张量秩候选值的数目
N_{pix}	像素的数目

续表

符号	含　义
O	宽度卷积的聚合特征
pop	演化算法中的种群
p_{size}	演化算法种群的大小
s	强化学习中的状态
S_{ker}	卷积核的大小
t_c	控制推理延迟
MAD	平均注意力距离
W	神经网络权重
$w_{\mathcal{A}}$	超网络 $\mathcal{A}$ 的权重
$w_{i,j}$	像素间的注意力权重
x	输入特征
Z	卷积输出的特征
α	搜索网络的权重
β	置信因子
$\mathcal{A}$	超网络
$\mathcal{L}$	损失函数
$\mathcal{G}$	演化算法迭代次数
$\mathcal{R}$	强化学习中的奖励值
$\mathcal{O}$	搜索空间
π	概率分布
π_r	排序概率分布
π_a	自适应概率分布
lr, lr_{base}	网络学习率, 初始学习率
μ, σ	分布的均值和方差
$\delta(\cdot)$	1×1 卷积与聚合操作的组合函数
$\varphi_d(\cdot)$	宽度卷积神经网络中深度细胞提供的一系列操作
$\varphi_b(\cdot)$	宽度卷积神经网络中宽度细胞提供的一系列操作
$\varphi_e(\cdot)$	宽度卷积神经网络中增强细胞提供的一系列操作
$\varphi_{conv}(\cdot)$	卷积神经网络中卷积提供的一系列操作
$\gamma_{i,j}$	网络图谱中对边 (i,j) 进行加权
γ	系数因子, 可用于调整两种不同类型特征的权重

此外, 本书涉及一些英文术语, 将每一章的英文术语及其缩略词约定于表1-2。

表 1-2　本书的英文缩略词

英文全称	英文简称	中　文
neural architecture search	NAS	神经网络架构搜索
directed acyclic graph	DAG	有向无环图
long short-term memory	LSTM	长短期记忆网络
proximal policy optimization	PPO	近端策略优化

英文全称	英文简称	中文
gaussian process	GP	高斯过程
random forests	RF	随机森林
multiply-accumulate	MAC	乘加的次数
floating-point operations per second	FLOPs	每秒浮点操作数
convolutional neural network	CNN	卷积神经网络
tensor ring network	TRN	张量环网络
vision transformer	ViT	视觉变换器*
rectified linear units	ReLU	线性整流函数
stochastic gradient descent	SGD	随机梯度下降
local response normalization	LRN	局部响应归一化
squeeze-and-excitation	SE	压缩与激励
multi-head self-attention	MHSA	多头自注意力
multi-layer perceptron	MLP	多层感知机
shifted window based multi-head self-attention	SW-MSA	基于滑动窗口的自注意力
convolutional vision transformer	CvT	卷积视觉变换器*
broad learning system	BLS	宽度学习系统
random vector functional-link neural network	RVFLNN	随机向量函数型连接神经网络
global average pooling	GAP	全局平均池化
progressive searching tensor ring network	PSTRN	渐进式搜索张量环网络
tensor ring convolutional neural network	TR-CNN	张量环卷积神经网络
tensor ring long short-term memory network	TR-LSTM	张量环长短期记忆网络
Bayesian automatic model compression	BAMC	贝叶斯自动模型压缩
broad attention based vision transformer	BViT	基于宽度注意力的视觉变换器*
centered kernel alignment	CKA	中心核对齐相似度
adaptive search for broad attention based ViT	ASB	自适应搜索宽度视觉变换器*架构
convolutional self-attention	CSA	卷积自注意力
recursive atrous self-attention	RASA	递归空洞自注意力
dynamic vision transformer	DVT	动态视觉变换器*
spatial reduction attention	SRA	空间减少注意力
lite vision transformer	LVT	轻量级 ViT
pooling-based vision transformer	PiT	基于池化的视觉变换器*
panoptic quality all	PQ	综合全景质量指标
panoptic quality things	PQth	物体实例全景质量指标
panoptic quality stuff	PQst	场景语义全景质量指标

* 在机器学习和深度学习领域，变换器人们更习惯使用英文术语 Transformer。

第**2**章

深度学习网络结构基础

2.1 引言

计算机视觉领域中常用的三种深度神经网络——卷积神经网络、张量环网络、视觉 Transformer 神经网络和宽度学习系统已经在图像识别、工业控制、智能交通、故障诊断等领域取得了显著成功。

(1) 卷积神经网络（convolutional neural network，CNN）。CNN 是一种经典的视觉模型，通过卷积层和池化层的交替组合来提取输入数据的空间特征，并在全连接层中进行分类或回归。卷积操作具有参数共享、局部感受野及平移等变性等优势，使得 CNN 非常适于处理图像数据。然而，目前主流的 CNN 结构中下采样操作的使用导致卷积网络的平移等变性消失[111]，稳定性下降，对输入扰动比较敏感。与此同时，最初的卷积神经架构搜索工作中的性能评估大多仅考虑目标任务上的精度[26, 112]，没有考虑计算量等指标，这不利于搜索所得模型在实际应用场景中的部署。因此，对 CNN 稳定性与轻量化的研究有利于其实际落地应用。

(2) 张量环网络（tensor ring network，TRN）。TRN 是一种高效的视觉模型，它以张量环作为基本计算单位，能够在处理高维张量数据的同时减少参数量和计算量，更加高效地提取有用特征。然而，目前 TRN 结构的确定需要对多个维度的张量秩进行选择，由于选择空间复杂，已有工作大多直接将其设为同一个值[113-114]，然而这不利于得到最优的 TRN 结构。张量环神经架构搜索工作[115]试图自动学习张量秩的最优组合，但由于张量秩最优组合的求解空间过于复杂，它通过约束张量秩的选择以简化搜索空间，比如将同一层的张量秩设为同一个值。因此，能够在复杂空间中对张量环神经结构进行有效探索的搜索算法亟待研究。

(3) 视觉 Transformer 神经网络（vision transformer，ViT）。ViT 是一种新兴的视觉模型，它通过自注意力机制实现对图像输入的特征提取，擅长处理大规模的图像数据。然而，ViT 结构对局部特征的关注不足[116]，限制了其在有限规模数据集上的学习能力。此外，目前的 ViT 神经架构搜索工作集中于超网络的训练机制，忽视了对搜索策略的研究[117]。因此，在 ViT 神经网络优化的相关研究中，应该考虑其局部感受野的增强，以及结构搜索策略的提升。

(4) 宽度学习系统（broad learning system，BLS）。BLS 是一种基于随机向量函数型连接神经网络的系统，通过将图像数据直接输入增强节点来实现特征多样性。为了提高性能，BLS 在输入图像传入增强节点之前，使用了一系列特征映射节点来提取映射特征，这些映射特征有助于提高系统性能。

2.2　研究现状

2.2.1　卷积神经网络

最早的卷积神经网络是 1998 年提出的 LeNet-5[118]，用于处理手写数字识别任务。图 2-1 展示了 LeNet-5 的结构细节，主要包括卷积、池化及全连接，它给出了 CNN 基本结构的定义。其中，CNN 的关键操作卷积能够提取空间特征，同时其权值共享的特点有助于减小模型的参数量。然而，由于计算资源匮乏，LeNet-5 并未被广泛使用。

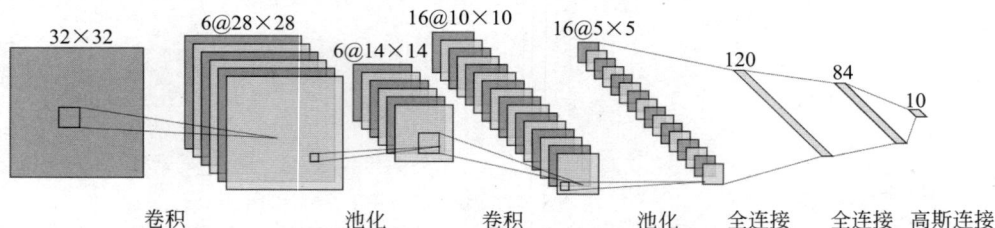

图 2-1　LeNet-5 的结构细节[118]

2012 年，AlexNet[119] 以超过第二名 10.9% 的绝对优势在 ILSVRC 竞赛中一举夺冠。AlexNet 在结构设计方面有以下特色：

（1）采用线性整流函数（rectified linear units，ReLU）作为激活函数，代替 Sigmoid 激活函数以加快随机梯度下降（stochastic gradient descent，SGD）的收敛速度；

（2）引入 Dropout 以缓解模型过拟合；

（3）设计重叠的最大池化，避免平均池化的模糊化效果，并且令其步长小于池化核尺寸，使得输出存在重叠与覆盖，有利于提升特征丰富性；

（4）提出局部响应归一化（local response normalization，LRN）增强模型泛化能力；

（5）采用双 GPU 架构进行 GPU 加速；

（6）采用数据增强策略（如随机裁剪与镜像翻转）缓解数据量规模过小导致的过拟合问题。

2014 年，牛津大学 VGG 团队提出的 VGGNet[120] 在 ILSVRC 竞赛中获得了定位任务第一名与分类任务第二名。在 AlexNet 的基础上，VGGNet 对网络进行了加深，并探索了 CNN 深度对于其性能的影响。VGGNet 表明使用小尺寸卷积核进行卷积操作的同时加深网络对于 CNN 的性能提升非常有效，这样做减小了模型参数量，同时更多的线性变换带来了更强的特征表达能力，因此 VGGNet 具有良好的泛化能力，至今仍在使用。

同一年，ILSVRC 竞赛分类任务的冠军是谷歌提出的 Inception v1[121]，其同时获得了检测任务的冠军。Inception v1 的核心是 Inception 模块，它可以提升参数的利用率，从而使得模型在参数量和计算量下降的同时保证准确率。Inception 模块的结构细节如图 2-2 所示，将不同尺寸卷积核的卷积操作并联以提取更密集的特征 [图 2-2(a)]，卷积运算结束后采取聚合操作来组合卷积输出结果。

$$z_1 = \text{Conv}(w_{1,1}, x) \tag{2-1}$$

$$z_2 = \text{Conv}(w_{3,3}, x) \tag{2-2}$$

$$z_3 = \text{Conv}(w_{5,5}, x) \tag{2-3}$$

$$z_4 = \text{Pool}_3(x) \tag{2-4}$$

$$Z = \text{Concat}(z_1, z_2, z_3, z_4) \tag{2-5}$$

式中: 输入为 x; 卷积操作为 Conv; 池化操作为 Pool_3; 聚合操作为 Concat; $w_{i,j}$ 表示卷积操作的参数, 卷积核大小为 $i \times j$。为了减小 Inception 模块的计算量, 提出了维度缩减版本 [图2-2(b)]。基于 Inception 模块, Inception v2[122]、Inception v3[123]、Inception v4[124] 和 Xception[32] 相继被提出, Inception 系列网络的特性在于:

(1) 引入 Inception 模块;

(2) 中间层辅助计算的损失单元使得低层特征具有良好的区分能力, 辅助网络收敛;

(3) 全连接层替换为全局平均池化, 显著减少了模型参数量。

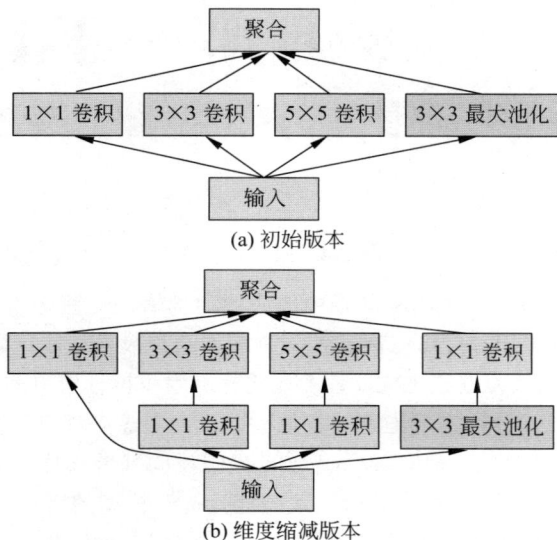

(a) 初始版本

(b) 维度缩减版本

图 2-2 Inception 模块[121]

2015 年, 何恺明提出的 ResNet[12] 凭借出色的性能在 ILSVRC 与 COCO 竞赛中均夺得了冠军。ResNet 的主要创新是残差网络设计, 通过跳跃式连接解决 CNN 层数过深时无法训练的问题, 增强了 CNN 的特征学习能力。图2-3展示了两种残差模块, 标准残差模块 [图2-3(a)] 通过引入一个恒等映射将原来的拟合输出 $H(x)$ 由 $F(x)$ 变为 $F(x) + x$, 而瓶颈残差模块 [图2-3(b)] 中引入 1×1 卷积以实现降维或升维的目的, 从而提升计算效率。

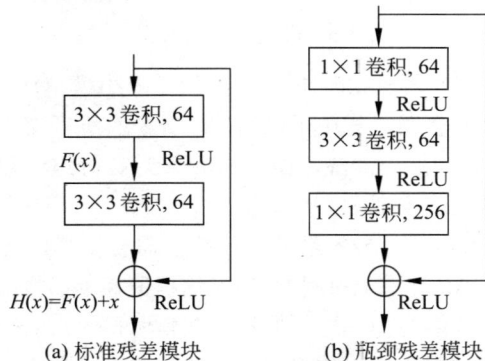

(a) 标准残差模块　　(b) 瓶颈残差模块

图 2-3 残差模块[12]

ResNet 的提出是 CNN 发展中的一个里程碑式进展，在其基础上，相关研究人员提出了不同的连接范式以进一步提升 CNN 的性能，如 DenseNet[125]。

2017 年，在 ILSVRC 竞赛中获得冠军的是 SENet[34]，其核心是压缩与激励（squeeze-and-excitation，SE）模块。与之前的 CNN 工作不同，SENet 关注的是特征通道之间的关系，旨在学习不同特征通道的重要性，从而提取更有用的特征。SE 模块的结构如图 2-4 所示，输入 X 通过卷积 F_{tr} 输出特征 U，压缩操作 $F_{sq}(\cdot)$ 对特征 U 进行压缩，激励操作 $F_{ex}(\cdot, w)$ 通过参数 w 建模特征通道之间的相互依赖关系学习不同通道的重要性，操作 $F_{scale}(\cdot, \cdot)$ 将学习到的重要性权重采用乘法加权到特征 U，得到最终输出 $\tilde{X}$。

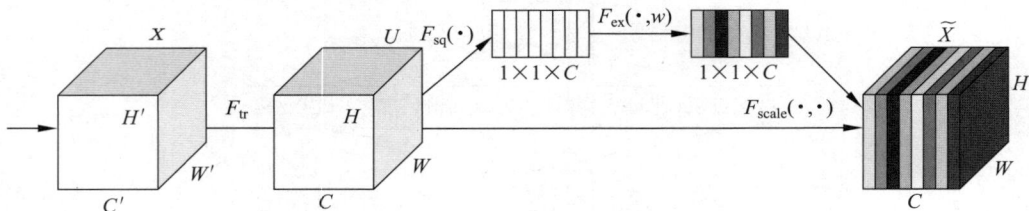

图 2-4　SE 模块[34]

与此同时，为了推动 CNN 在实际场景中的应用与部署，一些轻量级的 CNN 相继被提出。2017 年，MobileNet[126] 采用深度可分离卷积减小模型的参数量与计算量，如图 2-5 所示，深度可分离卷积由深度卷积与逐点卷积组成，前者是将标准卷积拆分成单通道形式，对每一个通道进行卷积，后者利用 1×1 卷积实现维度的变化。随后，考虑到深度可分离卷积在进行深度卷积时维度过小不利于特征提取，MobileNetV2[14] 提出反向残差模块，即在深度卷积前后分别采用逐点卷积进行特征升维与降维，并引入残差连接提升模型的特征学习能力。在此基础上，MobileNetV3[127] 进一步引入了 SE 模块，并使用了新的激活函数 HSwish，同时利用 NAS 算法对结构参数进行搜索。

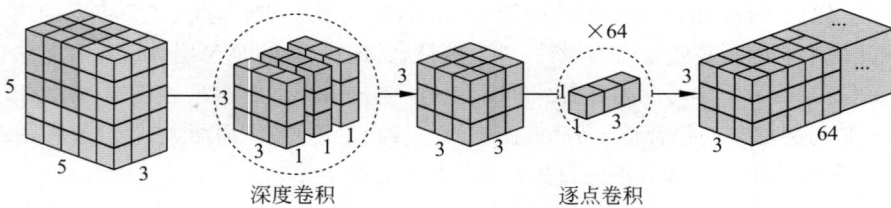

彩图2-5

深度卷积　　　　逐点卷积

图 2-5　深度可分离卷积[32]

另一种经典的轻量级 CNN 是 ShuffleNet[128]，为了减小模型计算量，ShuffleNet 采用分组卷积与深度可分离卷积操作。分组卷积中不同组的特征没有进行交流，这会导致模型学习能力变差。因此，ShuffleNet 设计了通道混洗，如图 2-6 所示，在分组卷积之后，对组间的特征进行有序交换，以增强通道间的信息交流。

为了缓解手动设计 CNN 结构对专家经验的依赖且需要反复调试的问题，研究人员提出了 NAS 方法自动设计 CNN。NAS 方法学习到的 CNN 结构依赖于其搜索空间的设计，最初的 NAS 方法[129] 直接对整个网络的连接与操作进行搜索，搜索所得的 CNN 结构如图 2-7 所示，其中每个方框中的数值代表搜索到的卷积操作的卷积核尺寸及输出通道数。该方法对每一层的卷积操作进行搜索，搜索空间的大小与网络层数 n 相关，假设候选卷积操作共有 m 个，则搜索空间的

大小为 m^n。如此庞大的搜索空间对搜索算法的收敛是不利的，并且增加了搜索代价。

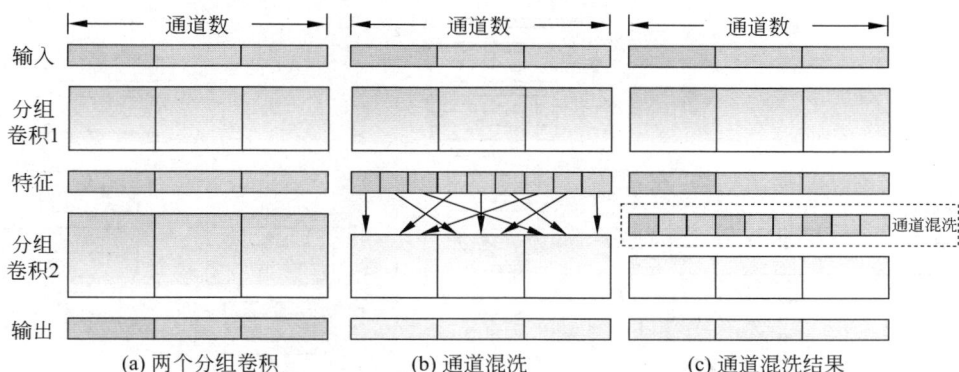

图 2-6　两个分组卷积之间的通道混洗[128]

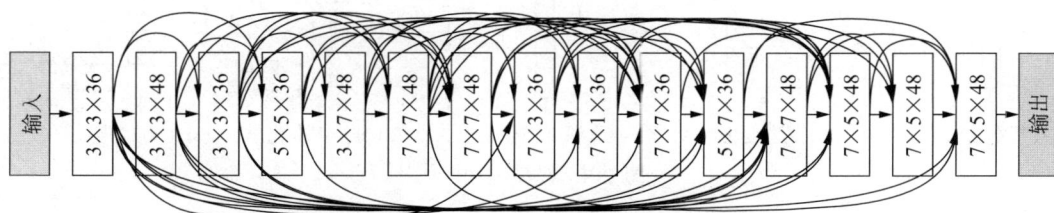

图 2-7　NAS搜索到的卷积结构[129]

　　考虑到对整个网络进行搜索会导致效率低下，NASNet[24] 提出了一种新的卷积搜索空间范式，即基于细胞的搜索空间，如图1-3所示，其中下采样细胞与卷积细胞的区别仅在于细胞中第一个操作的步长。基于细胞的搜索空间具有良好的灵活性及可迁移性，并且极大地减小了搜索空间的复杂度，在搜索过程中只需要对两种细胞结构进行搜索，而不是对整个网络进行搜索。并且通过调整卷积细胞堆叠个数 N_k 的大小可以获得不同大小的网络，便于将搜索到的网络迁移至不同规模的数据集。细胞式搜索空间因其便于搜索且可以灵活应用而被广泛使用[26, 112, 130]。

　　在后续的 NAS 工作中，除细胞式搜索空间外，另一种被广泛使用的卷积搜索空间是利用已有的优秀架构，采用性能突出的 MobileNet[14, 126] 作为基本结构，对已有结构基本模块的结构参数进行搜索[63, 131-132]。不同于细胞式搜索空间的人工定义维度、深度等相关参数，基于已有模型的搜索空间倾向于学习相互耦合的结构参数的最优组合。以性能相当突出至今仍处于领先地位的 EfficientNet[63] 为例，它指出神经网络的发展与计算资源的发展密切相关，算力提升将允许模型规模的增加，然而进行模型缩放时，如何合理地对其深度、宽度及输入图像分辨率进行调整是很困难的，三者相互耦合，通过人工寻找最优的组合几乎不可能。因此，EfficientNet[63] 采用演化算法同时优化上述三个参数，以获得它们在不同规模限制下相应的最优组合，如图2-8所示。

　　目前 CNN 的研究与发展已经相当成熟，并且在视觉任务上的表现十分突出，具有广泛的应用前景。与此同时，端设备对于 CNN 的需求也日益增长，除与目标任务相关的性能外，计算量与推理时间等指标也应该纳入搜索算法的优化范畴。此外，现有的 CNN 由于下采样操作的使用失去了平移等变性，在训练过程中需要使用大量的数据增强策略以提升模型的鲁棒性。因此，利用神经架构搜索方法学习更为稳定的 CNN，增强其在输入扰动下的性能稳定性对于

CNN 的优化具有积极的意义。

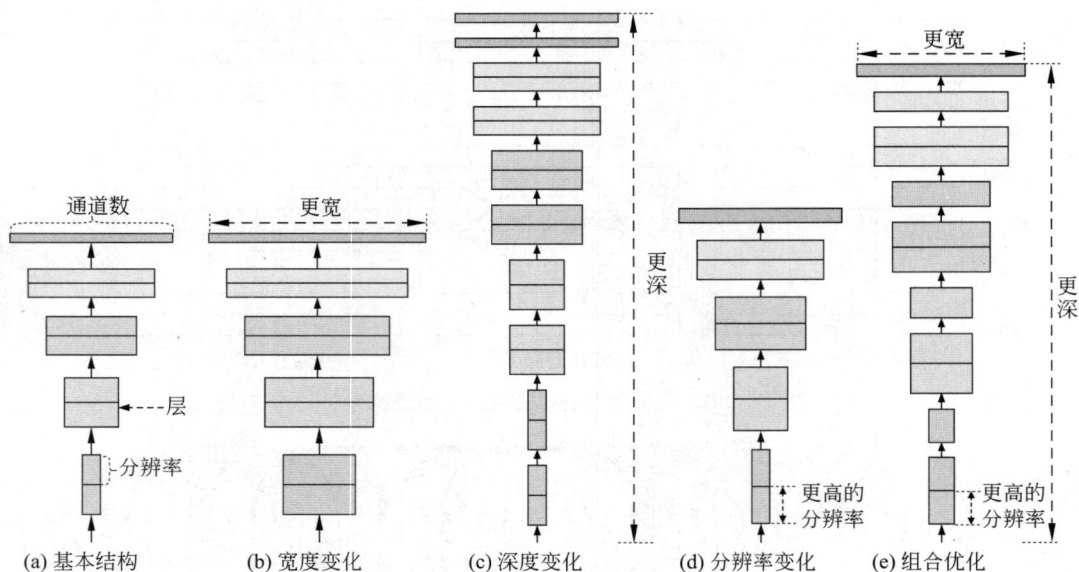

图 2-8 模型缩放[63]

2.2.2 张量环网络

张量环网络本质上是对已有的神经网络进行张量环分解[133]，以实现对神经网络的压缩并提升其计算效率。由于 TRN 的结构组成主要基于其分解的神经网络结构及相关的分解参数，其灵活性并没有 CNN 强，因此张量环网络的相关研究主要集中于对不同神经网络进行的张量环分解及张量环分解过程中张量秩的选择与优化。接下来，首先介绍张量环分解的实现方式，然后进一步介绍相关的研究工作。

张量是一个高阶数组，一个 d 阶张量可以表示为 $\boldsymbol{T} \in \mathbb{R}^{L_1 \times L_2 \times \cdots \times L_d}$，张量 $\boldsymbol{T}$ 中的每一个元素可以表示为 $T_{l_1, l_2, \cdots, l_d} \in \mathbb{R}, l_* \in \{1, 2, 3, \cdots, L_*\}$，图2-9(a) 展示了一个三阶张量 $\boldsymbol{T} \in \mathbb{R}^{L_1 \times L_2 \times L_3}$。当两个张量的部分维度一致时，可以进行张量缩并，大多数张量分解方式是基于张量缩并实现的。如图2-9(b) 所示，给定两个四阶张量 $\boldsymbol{A} \in \mathbb{R}^{I_1 \times I_2 \times I_3 \times I_4}$ 和 $\boldsymbol{B} \in \mathbb{R}^{J_1 \times J_2 \times J_3 \times J_4}$，当 $I_3 = D_1 = J_1$ 且 $I_4 = D_2 = J_2$ 时，这两个张量之间的缩并结果为一个大小为 $I_1 \times I_2 \times J_3 \times J_4$ 的张量。由于两个张量缩并的过程进行了内积操作，因此其中匹配的维度 I_3、I_4、J_1 及 J_2 被缩并了。缩并后得到的张量中的元素为

$$(AB)_{i_1, i_2, j_3, j_4} = \sum_{m=1}^{D_1} \sum_{n=1}^{D_2} A_{i_1, i_2, m, n} B_{m, n, j_3, j_4} \qquad (2\text{-}6)$$

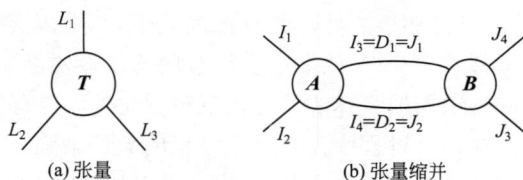

图 2-9 张量图示

在深度神经网络中，通常需要处理高维数据，当高维数据参数过大时，可以通过张量分解降低其存储和计算复杂度。对数据进行张量分解需要先将其张量化，即将高维数据表示成张量，使其更容易进行处理和分析。具体而言，给定一个矩阵 $\boldsymbol{W} \in \mathbb{R}^{I \times O}$，可以将其张量化为 $\boldsymbol{C} \in \mathbb{R}^{I_1 \times I_2 \times \cdots \times I_M \times O_1 \times O_2 \times \cdots \times O_N}$，并且满足关系式：

$$\prod_{i=1}^{M} I_i = I, \quad \prod_{j=1}^{N} O_j = O \tag{2-7}$$

式中：M、N 分别为权重张量化后输入节点与输出节点的数目。其中，矩阵 $\boldsymbol{W}$ 的元素 $W_{i,o}(i \in \{1,2,3,\cdots,I\}; o \in \{1,2,3,\cdots,O\})$ 在张量化后对应的元素为 $C_{i_1,i_2,\cdots,i_m,o_1,o_2,\cdots,o_n}(i_* \in \{1,2,3,\cdots,I_*\}; o_* \in \{1,2,3,\cdots,O_*\})$。

张量分解是将张量化后的数据分解成若干个低维张量的乘积，使得原始张量中的信息能够以更加紧凑的形式表示出来。作为张量分解的一种方式，张量环分解[133] 具有出色的低秩近似能力和参数优化效率，它将高维张量分解为一系列依次连接而成的 3 阶节点，形成环状结构。一个 d 阶张量的张量环分解可以表示为

$$\boldsymbol{T}_{l_1,l_2,\cdots,l_d} = \sum_{r_0,r_1,\cdots,r_{d-1}}^{R_0,R_1,\cdots,R_{d-1}} \boldsymbol{Z}^{(1)}_{r_0,l_1,r_1} \boldsymbol{Z}^{(2)}_{r_1,l_2,r_2} \cdots \boldsymbol{Z}^{(d)}_{r_{d-1},l_d,r_0} \tag{2-8}$$

式中：$R = \{R_i | i \in \{0,1,2,\cdots,d-1\}\}$ 表示张量环的张量秩；$\boldsymbol{Z}$ 表示张量环的节点。图 2-10 展示了一个简单的四阶张量的张量环分解示例。与其他的张量分解方式不同，张量环分解凭借其环状结构具有更高的灵活性，不需要满足维度对齐等限制，分解过程仅需要考虑不同张量秩的设置。

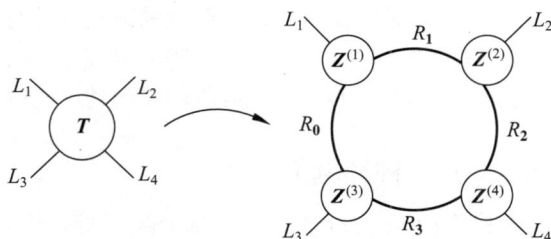

图 2-10 张量环分解示例[133]

基于上述高效的张量环分解方式，研究人员于 2018 年将其应用于深度神经网络，首次提出了张量环网络（TRN）[113]，采用图 2-11 所示的分解方式对 CNN 中卷积层与全连接层的权重张量进行张量环分解，得到张量环卷积神经网络。对于图 2-11(a) 中的卷积层分解，原卷积层权重的维度为 $D \times D \times (I_1 \times I_2 \times I_3) \times (O_1 \times O_2 \times O_3)$，输入特征 $\boldsymbol{x}$ 的维度为 $H \times W \times (I_1 \times I_2 \times I_3)$，而输出特征的维度为 $H \times W \times (O_1 \times O_2 \times O_3)$，张量环分解将原卷积层权重分解为 7 个低维张量，组成一个张量环，其中分解后的低维张量 $\boldsymbol{U}^{(*)}$ 的维度为 $r \times I_*/O_* \times r$，低维张量 $\boldsymbol{V}$ 的维度为 $r \times D \times D \times r$，图中的虚线即表示卷积操作。对于图 2-11(b) 中的全连接层分解，原全连接层权重的维度为 $(I_1 \times I_2 \times I_3 \times I_4) \times (O_1 \times O_2 \times O_3 \times O_4)$，张量环分解将原全连接层权重分解为 8 个低维张量，组成一个张量环，其中分解后的低维张量 $\boldsymbol{U}^{(*)}$ 的维度为 $r \times I_*/O_* \times r$。在该过程中，TRN 的张量秩全部设置为同一个值 r。与传统神经网络不同，TRN 使用张量环代替了卷积层和全连接层，极大地减少了神经网络的参数量，提高了神经网络的计算效率，在手写识别数据集上的性能甚至超过了原模型。

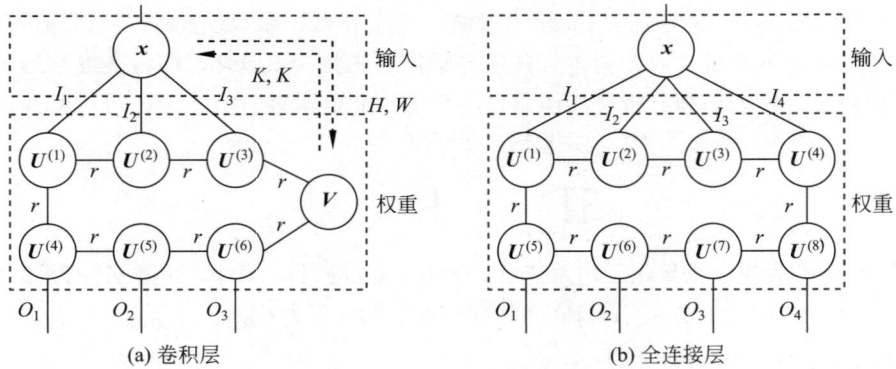

图 2-11 张量环分解[113]

受 TRN[113] 的启发，潘宇等[114] 对长短期记忆网络进行了张量环分解，并在动作识别任务上验证其性能，取得了超过原模型的结果。张量环卷积神经网络与张量环长短期记忆网络的成功说明 TRN 是一种极为高效的神经网络，具有低维张量参数量小的优势，并能够有效地进行特征学习，在相关任务中表现出显著的性能优越性。然而，在上述两个过程中，张量秩的设置都是相等的值，这不利于构建最优的 TRN 结构。此外，即使将张量秩设为同一个值，该值的选择也需要反复进行试验才能确定。因此也有人利用 NAS 技术探索最优的张量秩组合，从而实现了 TRN 结构的自动设计。

百度公司的计算机视觉研究团队[115] 采用强化学习对不同层的张量秩进行学习，将 TRN 视作一个智能体，张量秩的选择是其动作，目标任务上的性能作为奖赏值优化其策略函数。该方法虽然取得了优于手动设置张量秩的结果，但由于张量秩最优组合的求解空间过大，仅考虑了不同层张量秩的优化，没有考虑层内不同张量秩的优化。因此，为了更全面地优化 TRN 结构，缓解张量秩组合求解空间过大带来的搜索算法收敛困难问题，NAS 算法亟待研究。

2.2.3 视觉 Transformer 神经网络

2020 年，谷歌公司最先将 Transformer 的编码器部分用于处理图像分类任务，提出了视觉 Transformer[116]。ViT 的架构细节如图 2-12 所示，将图片分割为尺寸一致的图像块，并展开为一维向量，接着对得到的向量进行线性映射，同时引入可学习的类别词符及位置编码，即可得到 Transformer 编码器的输入。Transformer 编码器主要由多头自注意力（multi-head self-attention，MHSA）机制与多层感知机（multi-layer perceptron，MLP）组成。ViT 在大规模数据集（如 ImageNet[134] 与 JFT-300M[135]）上表现突出，然而在小规模数据集上表现欠佳，有一定的过拟合趋势，DeiT[136] 通过强大的数据增强与正则化策略缓解了该问题。此外，DeiT 引入一个额外的可学习蒸馏词符，利用优秀的教师模型 CNN 指导 ViT 的训练，从而提升了模型在小规模数据集上的性能。

基于 ViT[116] 所提出的结构及 DeiT[136] 所给出的训练机制，大量新颖且高效的视觉 Transformer 神经网络相继被提出，其中大部分借鉴了 CNN 的优势，比如 CNN 的金字塔结构，即在特征层之间进行下采样以获得多尺度特征。下面以目前主流的视觉 Transformer 神经网络 Swin Transformer[137] 为例，介绍金字塔型 ViT 的结构细节。如图 2-13 所示，不同于最初提出的 ViT 结构[116]（图 2-12），金字塔结构由多个阶段组成，不同阶段之间会通过特征拼接与线性变换进行下采样与维度变换。在此基础上，Swin Transformer 还提出了基于滑动窗口的自注意力（shifted window based multi-head self-attention，SW-MSA）机制，以减少计算量，同时增加局部感受野。

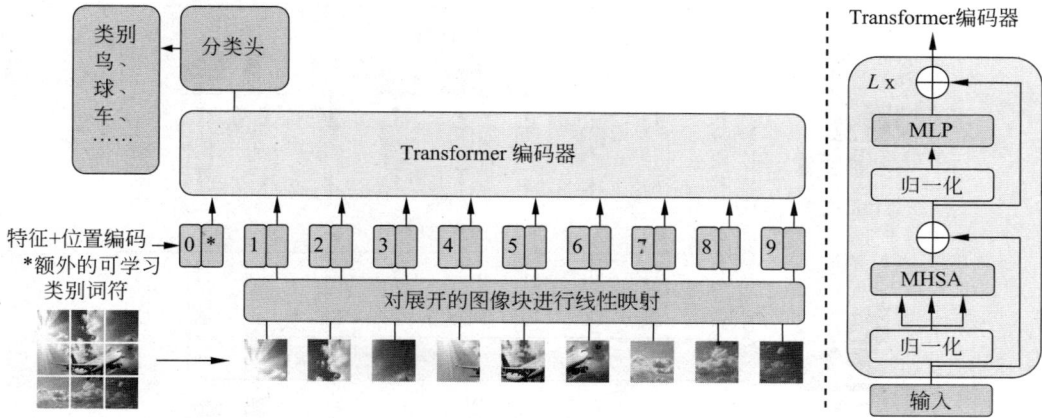

图 2-12 ViT 架构细节[1~6]

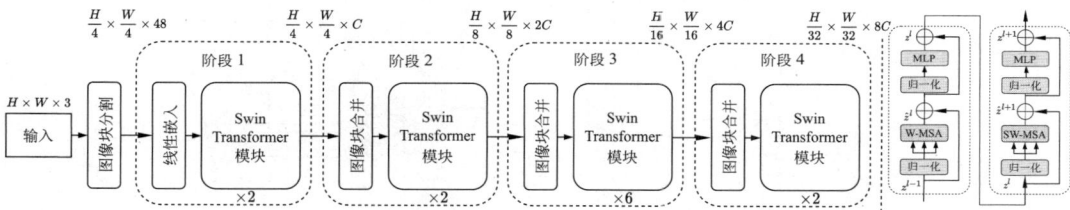

图 2-13 Swin Transformer 架构细节[137]

同样作为金字塔结构，卷积视觉 Transformer（convolutional vision Transformer，CvT）[138] 引入了下采样卷积以改变不同阶段之间的分辨率与维度，基于池化的视觉 Transformer（pooling-based vision transformer，PiT）[139] 采用池化操作实现金字塔结构，金字塔视觉 Transformer（pyramid vision transformer，PVT）[140] 在多尺度特征的基础上提出了空间减小注意力（spatial reduction attention，SRA），通过减小注意力中的键向量与值向量进一步减小计算量。此外，Twins[141] 采用相对位置编码代替绝对位置编码，且交替使用局部注意力与全局注意力以减少模型计算量。LV-ViT[142] 额外给每个特征块添加一个软标签以辅助模型的训练，如图2-14所示，该策略效果显著，促进了 ViT 结构的训练机制优化。

上述工作主要是针对 ViT 的结构进行改进，然而 ViT 的另一个缺陷是参数量过大，针对该问题，一系列轻量级的 ViT 神经网络相继被提出。动态视觉 Transformer（dynamic vision transformer，DVT）[143] 认为不是所有的输入数据都要分割为 16 × 16 的图像块，对于部分输入图像，不需要精细地进行分割，因此 DVT 对图像的分割从粗糙到精细逐步递进，当输出概率值大于给定阈值时，即认为获得了最佳分割。轻量级视觉 Transformer（lite vision transformer，LVT）[144] 提出卷积自注意力与递归空洞自注意力以减少模型参数量。如图2-15所示，卷积自注意力将局部自注意力集成到 3 × 3 卷积操作中，递归空洞自注意力在计算查询向量与键向量间的相似度时利用多尺度的语义信息，并将空洞自注意力作为激活函数得到递归模块，强化了模型的特征表达能力。MobileViT[145] 是第一个与轻量级 CNN 性能相当的 ViT 神经网络，基于

MobileNet[14] 的基本结构将 Transformer 编码器作为拥有全局感受野的卷积操作搭建网络,同时利用卷积操作与 Transformer 编码器分别建模全局与局部信息,结合了二者的优势,并且只需要很少的参数量。

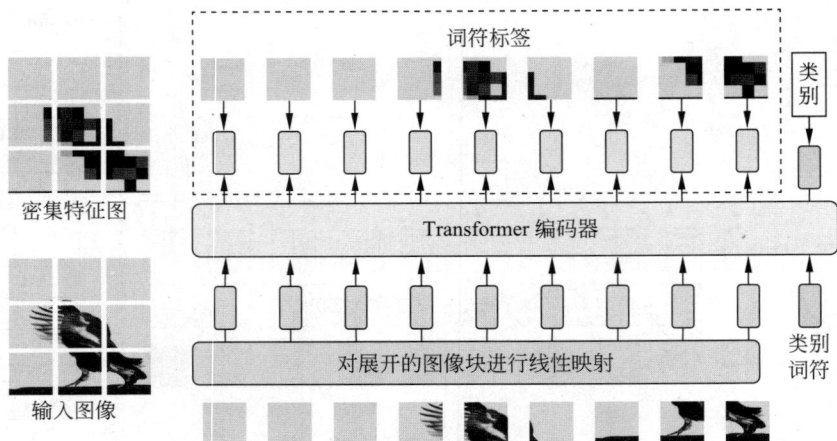

图 2-14　LV-ViT 架构细节[142]

(a) 卷积自注意力　　　　　(b) 递归空洞自注意力

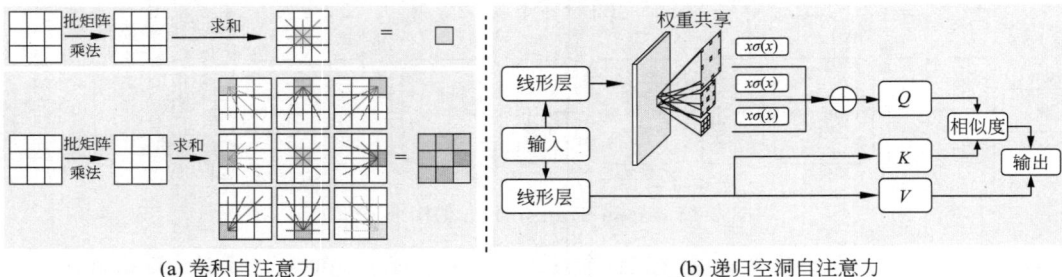

图 2-15　LVT 架构细节[143]

上述提到的手动设计的 ViT 结构已经在计算机视觉任务中获得了令人瞩目的成就。然而,这种手动设计网络结构的方法仍然存在着过于耗时的问题。因此,为了更高效地设计 ViT 结构,研究人员利用 NAS 方法对 ViT 结构进行优化。由于 ViT 的基础结构比较固定,即 MHSA 模块与 MLP 模块,因此目前 ViT 的架构搜索方法并没有如 NASNet[24] 一样对基本的操作与连接方式进行搜索,而是参考 EfficientNet[63] 所采用的搜索框架,对结构深度、维度、注意力头数等参数进行组合优化。

AutoFormer[117] 首次提出了针对 ViT 结构的神经架构搜索框架,采用演化算法对 ViT 结构的深度、维度、注意力头数及 MLP 比率进行搜索,所搭建的包含全部候选操作的超网络如图2-16所示,其中左边是整个超网络结构,右边是超网络中的 Transformer 模块选择的细节,虚线表示操作候选值中的最大值,实线则表示当前所选择的值。AutoFormer 的另一个特点是改进了模型评估过程中的权重共享策略。ViT-Res[146] 提出了残差空间降维模块,从而搭建了多阶段的金字塔结构,并对其结构中不同阶段的参数分别进行搜索,ViT-Res 搜索过程中超网络的搭建与 AutoFormer 类似,区别在于 AutoFormer 对不同层的结构参数进行搜索,而 ViT-Res 则是搜索金字塔结构中不同阶段的结构参数。此外,ViT-Res 对模型评估过程中预训练权重的训练方式进行了改善,提升了其训练效率。与上述两种算法不同,BossNAS[147] 在搜索空间中引入卷积模块,利用自监督NAS算法对ViT结构中的Transformer模块与卷积模块的组合方式进行搜索,结合二者的优势获得高性能的视觉模型。鉴于搜索空间决定了搜索所得结构的范式,研究人员越来越关注如何设计更加优秀的搜索空间,以获得更优秀的神经网络,S3[148]以Swin Transformer[137]为骨干网络,设计搜索算法对其结构参数的搜索空间进行搜索,并根据实验结果对ViT结构设计的规则进行讨论与分析。

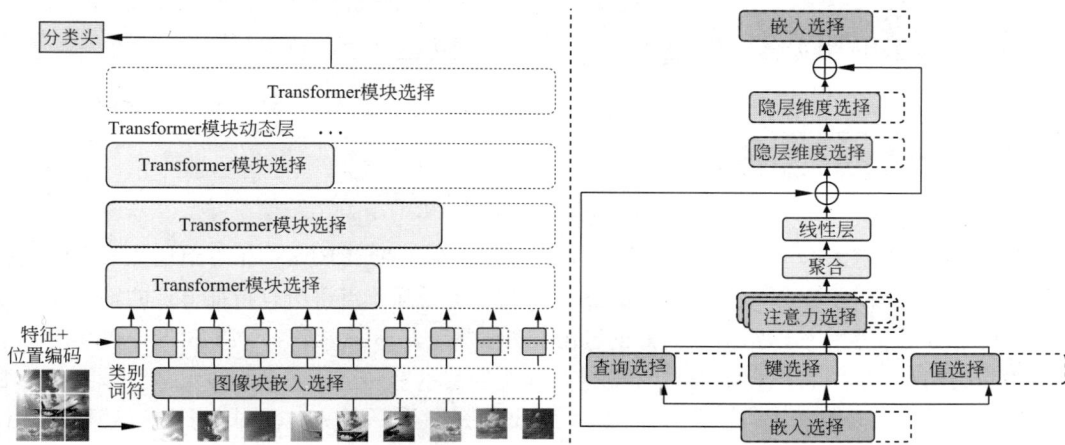

图 2-16 AutoFormer超网络结构[117]

得益于强大的计算资源、已有视觉神经网络的专家经验及发展迅速的自动机器学习技术,ViT的优化工作取得了大量成果,但是依然存在一些挑战:

(1) 作为ViT的关键模块,自注意力机制缺乏局部感受野,不利于ViT在规模有限的数据集上进行训练,因此需要设计新颖的结构来提升自注意力对局部特征的关注;

(2) 上述ViT结构的自动设计工作缺乏对搜索策略的改进,大多搜索工作是逐层或逐阶段对结构参数进行优化,优化空间复杂,需要通过改进优化策略避免无效探索。

2.2.4 宽度学习系统

宽度学习系统(broad learning system,BLS)[149, 150]由随机向量函数型连接神经网络(random vector functional-link neural network,RVFLNN)[151, 152]发展而来。RVFLNN直接将图像数据作为增强节点的输入。为了能够取得更高的性能,BLS在增强节点之前使用了一系列特征映射节点用于提取映射特征。

BLS的结构如图2-17所示,主要包含两个部分,即特征映射节点与增强节点,其信息处理流程如下:

(1) 特征映射节点通过非线性变换函数生成关于输入数据的映射特征;

(2) 增强节点通过随机生成的权重对映射特征进行增强并获得增强特征;

(3) 映射特征与增强特征共同生成最终输出。

文献[150]通过改变BLS的拓扑结构提出了若干变种,如串联特征映射节点的宽度学习系统(cascade of feature mapping nodes broad learning system,CFBLS)、串联特征映射节点与增强节点的宽度学习系统(cascade of feature mapping nodes and enhancement nodes broad learning system,CFEBLS)与串联卷积特征映射节点的宽度学习系统(cascade of convolution feature mapping nodes broad Learning system，CCFBLS）。下面对上述三种宽度学习系统变种作简单介绍。

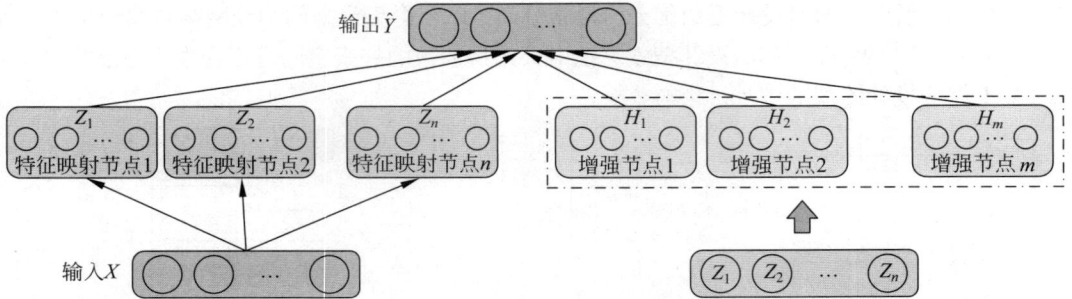

图 2-17　宽度学习系统结构图[149]

　　CFBLS、CFEBLS 与 BLS 的不同之处在于拓扑结构。在 CFBLS 中，每组增强节点将所有特征映射节点的输出作为输入；在 CFEBLS 中，第一组增强节点将所有特征节点的输出作为输入，且其他增强节点将前一组增强节点的输出作为输入。与 BLS 相比，CCFBLS 不仅使用了不同的拓扑结构，还采用卷积-池化操作而非神经元作为基本单元。首先，CCFBLS 将多组卷积-池化操作串联以生成映射特征；其次，增强节点通过非线性激活函数对映射特征进行处理后得到一系列增强特征；最后，将所有映射特征与增强特征作为输出节点的输入。显然，CCFBLS 的拓扑结构既宽又深。因此，CCFBLS 能够有效地提取多层特征及表征，从而取得较好的性能。

　　在后续工作中，相关研究人员将 BLS 应用于多个领域,如图像识别[153–156]、工业控制[157, 158]、智能交通[159]、故障诊断[160] 等。

2.3　数据集

2.3.1　图像分类数据集

1. CIFAR-10

CIFAR-10 是由 Alex Krizhevsky、Vinod Nair 及 Geoffrey Hinton 收集整理而成的。该数据集共包含 10 个类别，每个类别由 6000 幅 32×32 的 RGB 图片组成，部分示例图片如图2-18所示。其中，10 个类别分别为飞机、汽车、鸟、猫、鹿、狗、青蛙、马、船及卡车。为了对卷积神经网络进行训练、评估，所有数据被分为两部分：50000 张训练集及 10000 张测试集。此外，在 NAS 搜索过程中，训练集中的部分数据将作为验证集来更新搜索策略。

2. ImageNet

ImageNet 大规模视觉识别挑战赛（ImageNet large scale visual recognition challenge，ILSVRC）自 2010 年举办，于 2017 年后截止。ILSVRC 包含多项计算机视觉任务,如图像识别、目标定位、目标检测、视频目标检测、场景分类及场景解析。这里所用的 ImageNet 为 ILSVRC2012 图像识别任务中的数据集[134]，部分示例图片如图2-19所示。

　　ImageNet 采用 WordNet[161] 分级结构，共包含 1000 个类别，其中训练、验证及测试图片的数量分别为 1281167、50000 与 100000 张。在训练集中，每个类别包含 732~1300 张图片；在验证集与测试集中，每个类别分别包含 50、100 张图片[20]。

图 2-18 CIFAR-10 示例

彩图2-18

图 2-19 ImageNet 示例

彩图2-19

2.3.2　目标检测数据集

目标检测数据选择加利福尼亚大学（UCSD）交通监控数据集[162]。UCSD交通监控数据集是由加利福尼亚大学实验室在美国某高速公路路侧采集的监控视频，其中包括不同车流密度的数据，类型较为丰富。如图2-20所示，图中三幅图片分别展示了畅通、正常和拥堵情况下的高速公路交通流。该数据集中共包含了254段视频数据，其中畅通、正常和拥堵的数据量分别为165个、45个和44个，所有视频的分辨率均为320×240，视频时长为5s，视频帧率为10帧/s。图片中的车辆按大小车型分为两类，即小型车辆和大型车辆。其中，轿车、面包车、SUV等属于小型车辆，平板车、货车、拖车、客车、公交车、工程车等属于大型车辆。

图 2-20　UCSD交通监控数据集示例

第3章

基于模块化的神经网络架构搜索

3.1 引言

神经网络架构搜索（NAS）通过一定的搜索方法在定义的搜索空间中自动地搜索到性能优越的神经网络架构，目前已在许多任务中展现出了巨大的前景，特别是在计算机视觉领域，甚至超过了人工设计的网络。然而，NAS方法往往忽略了专家设计的人工网络结构和参数，需要从头设计和训练神经网络架构，耗费了大量计算资源。事实上，人工设计和训练的各种网络不仅凝聚了专家对具体任务理解的领域知识，还包含了数据本身不同的特性表示。

为了更好地组合不同的网络结构，将现有的网络结构根据下采样的位置重新划分为不同的模块（记为module），从不同的网络中提取不同位置的模块及其参数组成模块的知识集合（记为知识库），最后利用演化算法从中搜索得到新的网络结构。图3-1展示了基于模块化神经网络架构搜索（ModuleNet）的一种可能的示例，包括已有的5个网络结构，根据下采样次数分为5个不同的模块，通过不同模块之间的组合，形成了新的若干网络结构。因此，本章介绍一种知识继承的NAS算法，即ModuleNet，以更好地将不同的网络结构进行组合。利用现有架构的训练参数建立一个知识库，通过搜索整个架构的不同模块，ModuleNet可以继承知识库中的所有知识。

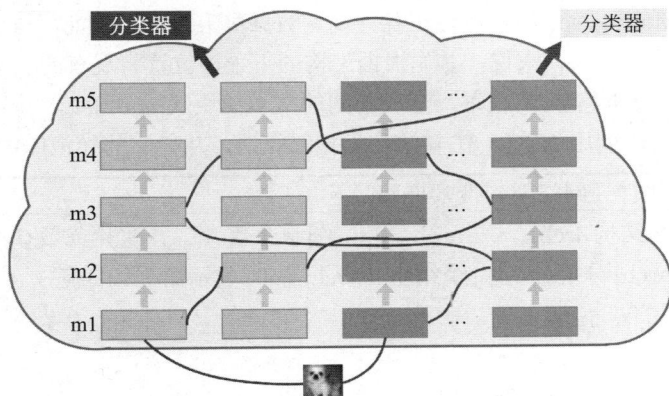

图 3-1　ModuleNet 的结构生成示意图

本章内容安排如下：3.2节介绍了问题描述与研究内容；3.3节介绍了基于模块化神经网络架构搜索框架（知识库、结构编码和Module的连接）；3.4节描述了性能评估模块；3.5节描述了

ModuleNet 在架构搜索与训练阶段的实验设置，并展示了所得结构在 CIFAR-10、CIFAR-100 与 ImageNet 上的性能，最后给出了 ModuleNet 与其他主流 NAS 方法的比较与分析；3.6节对本章内容进行了总结。

3.2　问题描述与研究内容

NAS 通常使用一种搜索算法来采样候选模型架构，如子模型。候选模型需要训练到收敛，以评估其性能，并作为反馈，指导控制器在下一步找到更有前途的模型架构。采样和训练候选模型需要重复多次，因而导致耗时长、计算成本高。本节讨论模型中的哪些知识可以并应该用于新的架构设计，以此继承已有的专家知识，迅速获得更优的网络架构。基于模块化的神经网络架构搜索方法 ModuleNet 充分继承了现有卷积神经网络中的知识。将现有模型分解成不同的 module，这些 module 也保留其权重，组成一个知识库，该知识库拥有优秀的专家经验和数据知识。NAS 算法根据知识库进行采样并搜索新的架构。与以往的搜索算法不同，得益于知识库的继承，ModuleNet 方法能够通过 NSGA-II 算法直接在宏空间搜索架构，而无需调整这些 module 中的参数。一系列的实验证明，即使不调整卷积层的权重，也能有效评估新架构的性能。在继承知识的帮助下，ModuleNet 的搜索结果总能在各种数据集（CIFAR-10、CIFAR-100、ImageNet）上取得比原始架构更好的性能。

3.3　基于模块化神经网络架构搜索框架

ModuleNet 充分继承了现有卷积神经网络的知识，其算法流程见算法3.1，通过搜索整个架构的不同文本，ModuleNet 可以继承知识库中的所有知识。首先通过将各种架构及其训练过的权重分解成不同的 module 来获取知识库，以保持其完整性。然后，使用 NSGA-II 算法，在不调整卷积层参数的情况下，根据知识库迭代搜索出一些最优结构。在每次迭代中，都会通过重组 module 来生成新的架构，这些架构会保留其权重作为继承知识库的原点。这样，就可以充分利用现有的架构和训练好的参数，重新发现并重组它们，以获得更好的结果。在 ModuleNet 中，知识库被视为 NAS 中的超级网，它从现有架构中继承这些权重，从而避免了训练超级网的负担。在实验中，ModuleNet 的有效性在各种视觉数据集上得到了验证，与它所继承的原始架构相比有了很大的改进。具体来说，首先根据架构的下采样位置将现有的一些架构分解为不同的单元；然后提取单元的架构和权重，形成不同的文本模块（module），并将这些文本模块添加到知识库中；最后，使用 NSGA-II 算法作为搜索算法，从建立的知识库中找到最优架构。

算法 3.1 基于模块化神经网络架构搜索框架

Input: N_{arch} 个网络结构 $\text{arch}_1, \cdots, \text{arch}_{N_{\text{arch}}}$，细胞个数 N_{cell}，进化代数 $\mathcal{G}$，种群大小 p_{size}。

将每个网络结构 arch_i 分解为 N_{cell} 个细胞，$\text{arch}_i\text{-cell}_j$ 表示第 j 个细胞

  for $j = 1, 2, 3, \cdots, N_{\text{cell}}$ **do**

    for $i = 1, 2, 3, \cdots, N_{\text{arch}}$ **do**

      $\text{module}_j^i = f_{\text{m}}(\text{arch}_i\text{-cell}_j)^{\ddagger}$

      $\text{knowledge\_base}[j][i] = \text{module}_j^i$

    end for

  end for

算法 3.1 续

 for $i = 1, 2, 3, \cdots, p_{\text{size}}$ **do**

  for $j = 1, 2, 3, \cdots, N_{\text{cell}}$ **do**

   pop[i][j] =module$_j^*$，从 knowledge_base[j][:] 中采样得到module$_j^*$

  end for

 end for

 for $g = 2, 3, 4, \cdots, \mathcal{G}$ **do**

  在种群 pop 中，交叉†和变异†产生新的个体 new_individual‡

  用连接组装新架构‡

  评估‡新生成的个体性能 new_individual

  对比†(pop + new_individual) 和排序†

  pop= 从排序结果中选择最优的种群†

 end for

Output: 最优种群 pop

3.3.1 知识库

现有的 CNN 架构，无论是专家发现的，还是 AutoML 发现的，都是宝贵的知识，应该加以扩展利用。ModuleNet 首先将现有的一些架构分解成统一的单元，然后建立一个知识库来容纳这些单元。如图3-2所示，受 ENAS 的启发，认为 CNN 架构是输入与分类器之间卷积层的堆叠。考虑到各层的连续性，将卷积层及其后的池化层组合为一个基本单元（basic cell）。

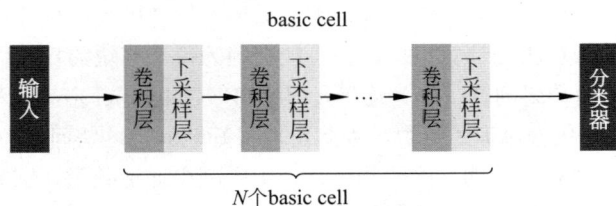

图 3-2　CNN 模型模块化示意图

ModuleNet 方法不仅考虑了 CNN 的架构，还考虑了 cell 中的权重，以避免重新训练的负担，同时保留权重也有助于更好地继承知识。这些知识不仅来自架构，还来自训练过程。通过提取权重形成整个架构，最终可以得到不同的用于搜索的模块（module），我们可以从结构 arch$_i$ 中获取第 j 个 cell module$_j^i$：

$$\text{module}_j^i = f_{\text{m}}(\text{arch}_i\text{-cell}_j) \tag{3-1}$$

Module 的定义为：从现有的 CNN 架构中分解出来的单元，其训练权重保留在原始架构中。

需要注意的是，在 ModuleNet 中将 CNN 视为多层滤波器，每一层可以处理不同语义方面的信息。例如，处于 CNN 相对浅层阶段的层可以处理局部信息，而具有更大感受野的深层则适合提取全局或高语义层次的信息。因此，在为新架构重新组装时，必须保持一些设置不变，以使 module 中的权重可用。首先，将 module 在新架构中的顺序位置保留为原点；其次，通过调整前一个模块中的池化下采样率来保持输入的分辨率不变。以此确保每个 module 在其原有语义层面上生效。

3.3.2 结构编码

假设我们共有 N_{arch} 个架构，每个架构有 N_{cell} 个单元。通过将不同的架构 arch_i 分配给一个整数 i，$\{i_1, i_2, \cdots, i_{N_{\text{cell}}} | i \in \mathbb{N}_+, i \leqslant N_{\text{arch}}\}$ 中的每个整数字符串都可以解码为一个架构。具体来说，i_j 表示 $\text{arch}_i\text{-cell}_j$，即第 i 个架构中的第 j 个单元。使用 $\text{module}_j^i, \{i, j \in \mathbb{N}_+ | i \leqslant N_{\text{arch}}, j \leqslant N_{\text{cell}}\}$ 来表示。如图3-3所示，一个 $N_{\text{arch}} \geqslant 5$、$N_{\text{cell}} = 5$ 的例子意味着知识库中有5个以上的架构和每个架构有5个单元。图3-3所示的重组架构由第3个架构的第1个单元组成，接下来是第5个架构的第2个单元、第5个架构的第3个单元、第1个架构的第4个单元和第2个架构的第5个单元。那么，搜索空间大小（Ω）为

$$|\Omega| = (N_{\text{arch}})^{N_{\text{cell}}}$$

最终的搜索时间比之前的方法要短很多[78]。

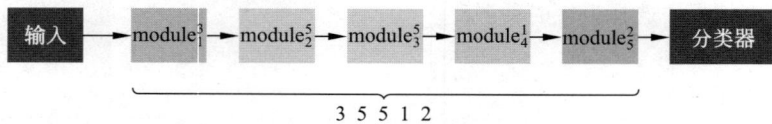

图 3-3 不同的模块组成新的结构示意图

3.3.3 module的连接

不同架构提取出来的模块（module）的通道数可能存在差异，本小节介绍如何在不增加计算量和可训练参数的情况下把不同的模块（module）连接起来。由于使用的是来自不同架构的模块（module），而这些module是单独设计的，因此新架构中相邻的module可能具有不同的通道。如果在不同模块连接中使用可训练参数，那么需要通过梯度反向传播损失到前面的可训练参数部分。这不仅会造成巨大的计算成本，还可能会因为每个模块的权重固定导致不稳定。为了解决上述问题，引入两个新的算子作为连接，即 ChP（Channel Pool）和 ChDP（Channel DePool）。这两个算子不包含可训练参数，因此可以很好地解决这些问题。

ChP 在通道维度上执行标准的一维平均池化，用于减少通道数量。例如，当一个模块的通道数和下一个模块的通道数连接不对应时，上一个模块的大小记为 $(N_{\text{b}}, N_{\text{c}}, H, W)$（分别表示 batch大小、通道数、特征高度、特征宽度），而下一个模块对该模块的期望输出 out_{P} 的大小为 $(N_{\text{b}}, \hat{N}_{\text{c}}, H, W)$。当 $\hat{N}_{\text{c}} < N_{\text{c}}$ 并且 N_{c} 可以被 $\hat{N}_{\text{c}}$ 整除（$N_{\text{c}}|\hat{N}_{\text{c}}$）的时候，那么

$$\text{out}_{\text{P}} = \text{ChP}(\text{input}; \{k_{\text{P}}\}) \tag{3-2}$$

式中：k_{P} 表示池化核的大小，$k_{\text{P}} = \dfrac{N_{\text{c}}}{\hat{N}_{\text{c}}}$。当 $i \in \{i \in \mathbb{N}_+ | 0 \leqslant i < \dfrac{N_{\text{c}}}{k_{\text{P}}}\}$ 时，$\text{out}_{\text{P}}(*, i, *, *)$ 为

$$\text{out}_{\text{P}}(N_{\text{b}}, i, H, W)$$
$$= \frac{1}{k_{\text{P}}} \sum_{j=0}^{k_{\text{P}}-1} \text{input}(N_{\text{b}}, k_{\text{P}} \times i + j, H, W)$$

ChDP 在通道维度上执行复制和连接，用于增加通道数量。考虑到输入的大小为 $(N_{\text{b}}, N_{\text{c}}, H, W)$，$\text{out}_{\text{DP}}$ 的预期大小为 $(N_{\text{b}}, \hat{N}_{\text{c}}, H, W)$。假设 $\hat{N}_{\text{c}} > N_{\text{c}}$，且 $\hat{N}_{\text{c}}$ 能被 N_{c} 整除（$\hat{N}_{\text{c}}|N_{\text{c}}$），则有

$$\text{out}_{\text{DP}} = \text{ChDP}(\text{input}; \{k_{\text{DP}}\}) \tag{3-3}$$

式中：k_{DP} 为重复次数，$k_{DP} = \dfrac{\hat{N}_c}{N_c}$。当 $l \in \{l \in \mathbb{N}_+ | 0 \leqslant l < N_c \times k_{DP}\}$ 时，$\text{out}_{DP}(*, l, *, *)$ 为

$$\text{out}_{DP}(N_b, l, H, W)$$
$$= \text{input}(N_b, \text{mod}(l, N_c), H, W)$$

对于需要从 N_c 通道连接到 $\hat{N}_c$ 通道的相邻模块，如果是可以整除（$N_c | \hat{N}_c$ 或 $\hat{N}_c | N_c$）的情况，只需使用上述算子 ChP 或 ChDP 进行连接即可。对于更加复杂的不能整除的情况，那么就找两个数的最大公约数，除数除以最大公约数，然后采样得到想要的通道数。具体计算参考图3-4。最后，通过 ChP 和 ChDP 可以在相邻的模块之间建立连接。这样，就可以避免梯度反向传播，从而节省大量计算成本。

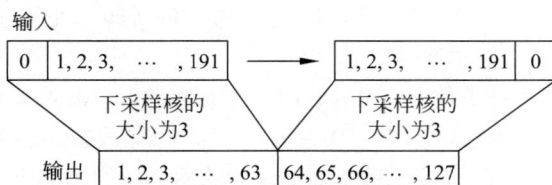

图 3-4　无参数连接对实例

3.4　性能评估

虽然在 module 中固定参数可以在很大程度上降低单个迭代器的计算成本和收敛所需的总历时，但验证集上的准确率（acc_{val}）可能并不能完全代表一个架构的真实性能。由于使用的参数是从某些预训练模型中提取的，而这些模型或架构仍可通过搜索算法得到，因此这些模型上的 acc_{val} 可能比其他模型上的高得多。此外，对于那些与预训练模型非常相似（只改变了几个模块）的架构，原始参数可能比其他具有更多不同模块的架构更适合它们。为了避免这种精确度不公平的问题，ModuleNet 提出了一种新的度量方法，将损失变化率（loss_{rate}）、错误率（err_{val}）和架构相似度（sim）考虑在内，以更好地评估搜索时的实际性能，定义如下：

$$\text{Score} = \text{err}_{val} - \gamma_1 \cdot \text{loss}_{rate} + \gamma_2 \cdot \text{sim} \tag{3-4}$$

式中：γ_1、γ_2 是平衡这几项的参数；sim 代表新搜索得到的网络结构和原始网络结构的相似度；err_{val} 是在验证集上的错误率，其计算式为

$$\text{err}_{val} = 1 - \text{acc}_{val} \tag{3-5}$$

考虑到固定参数可能会导致网络泛化能力的下降，但不会导致网络结构收敛能力下降，因此损失变化率可以用来评价网络结构的收敛能力。在训练集上面训练了 n 轮之后，loss_{rate} 作为损失变化率，被归一化到（0，1），其计算式为

$$\text{loss}_{rate} = \frac{\text{loss}_{epoch=1} - \text{loss}_{epoch=n}}{\text{loss}_{epoch=1}} \tag{3-6}$$

3.5　实验与分析

ModuleNet 的执行分为搜索和训练两个阶段。第一阶段首先搜索得到最优的结构，通过定义的搜索算法（算法3.1），令 $N_{cell} = 5$，$\mathcal{G} = 30$ 和 $p_{size} = 40$，搜索得到最优的种群 pop_{final}。然

后，在第二阶段，开放架构中的所有参数可训练，并对参数进行微调。通过这个评估阶段，最终确定给定任务的最优结构。对于分类任务，统一用3层全连接网络（输入大小-4096-4096-类别数）和交叉熵损失函数作为网络的结构和训练函数。在搜索阶段，进行了20个epoch训练，使分类器的参数收敛；在评估阶段，进行了50个epoch微调，用于对比的原始架构经过约350个epoch的训练或微调，以达到最优性能。ModuleNet搜索和训练得到的模型获得了与原始架构相当甚至更好的性能。下面具体分析在不同数据集上的效果。

3.5.1 CIFAR-10的结果

本节介绍两种实验：一种是以人类手工设计的网络作为原始网络进行搜索的实验，另一种是以NAS方法搜索得到的性能比较好的网络上进行搜索的实验，并且进行了时间对比。

1. 基于手工设计网络的搜索实验

选取了人工设计的7个经典网络（ResNet34、ResNet50、ResNet101、VGG13、VGG16、VGG13bn、VGG16bn）作为原始网络，从中提取module构成knowledge_base，实验结果见表3-1，可见，通过搜索算法，可以在现有手工设计的网络结构基础上搜索得到更优的网络结构。由图3-5可以看出，虽然搜索的体系结构只包含一个与原始体系结构不同的模块，但它可以带来巨大的性能提升。

表 3-1　搜索到的架构与原有架构在 CIFAR-10 上的对比结果

方　　法	测试误差/%
ResNet 系列网络中性能最好的网络[163]	6.43
VGG 系列网络中性能最好的网络[164]	6.27
ModuleNet 搜索得到的网络	5.81

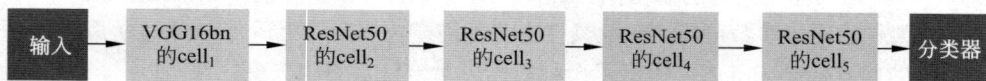

图 3-5　基于手工设计网络结构搜索得到的 CIFAR-10 任务的最优结构

2. 基于NAS设计网络的搜索实验

在此基础及NAS搜索得到的网络结构上验证ModuleNet算法。我们选取了NAS的经典搜索算法DARTS的一系列模型结构（DARTS、P-DARTS、PC-DARTS），构建knowledge_base，经过搜索得到的网络结构的测试集精度见表3-2，ModuleNet方法可以在NAS搜索得到的结构上得到更优的结构，提升了网络性能，搜索得到的网络结构如图3-6所示。由表3-2的实验结果可以看出，ModuleNet方法不仅适用于人类手工设计的网络，同时也适用于NAS搜索的网络结构，可以快速搜索得到更优的网络结构。

表 3-2　搜索到的架构与原有架构在 CIFAR-10 上的对比结果

方　　法	测试误差/%
DARTS + cutout[165]	2.86
P-DARTS + cutout[166]	2.91
PC-DARTS-CIFAR† + cutout[167]	2.87

续表

方 法	测试误差/%
PC-DARTS-ImageNet[‡] + cutout[167]	2.80
ModuleNet + cutout	2.77

注：方法均使用了 cutout 数据增强的方法。
[†] 针对 CIFAR-10 任务在 PC-DARTS 系列网络中搜索得到的最优结构。
[‡] 针对 ImageNet 任务在 PC-DARTS 系列网络中搜索得到的最优结构。

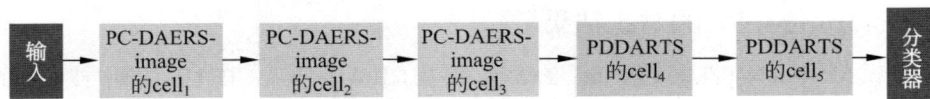

图 3-6 基于 NAS 设计网络结构搜索得到的 CIFAR-10 任务的最优结构

3. GPU 损耗

本部分比较了 GPU 在搜索阶段的耗时。所有实验都在同一台配置了英特尔至强 E5-2620 CPU、128G RAM 和 4 块 NVIDIA 2080 GPU 的服务器上进行。表3-3给出了搜索时间对比。在相同的实验配置下，知识继承搜索方法 ModuleNet 对搜索到的体系结构进行一个 epoch 训练的时间为0.22min，而无知识继承的常用的 NAS 搜索方法对搜索到的体系结构进行一个 epoch 训练的时间为1.01min。因此，所提出的知识继承 NAS 方法可以显著减少搜索时间。

表 3-3 搜索时间对比

方 法	1 epoch 时间[*]/min	搜索时间/GPU 天
One-shot NAS 系列方法[†]	1.01	5.5
ModuleNet[‡]	0.22	2.0

[†] One-shot NAS 是无知识继承的常用 NAS 方法。
[‡] ModuleNet 是提出的知识继承搜索方法。
[*] 1 epoch 时间为网络训练过程平滑阶段 10 个 epoch 的平均时间。

3.5.2 CIFAR-100 的结果

本小节将进一步验证 ModuleNet 的效率。作为与 CIFAR-10 类似的标准实验，首先针对知识库中的新模块进行微调，更新知识库中的新模块。然后，使用与3.5.1节相同的配置进行搜索。搜索得到的最优网络结构见图3-7，结果对比见表3-4。ResNet 最优架构（ResNet34、ResNet50 和 ResNet101）的测试误差为22.97%，VGG 最优架构（VGG13、VGG16、VGG13bn 和 VGG16bn）的测试误差为28.27%。ModuleNet 搜索出来的最优结构的误差仅为17.99%，比 ResNet 系列和 VGG 系列的误差减少了至少4.98%和10.28%。ModuleNet 从知识库中找到了网络的不同组合，构建的新的网络结构取得了更好的性能。值得注意的是，对比 CIFAR-10 和 CIFAR-100 的结果，不同的数据集需要不同的架构来保证更好的性能，简单地堆叠相同的单元或迁移为其他数据集设计的架构可能不会带来最好的结果。

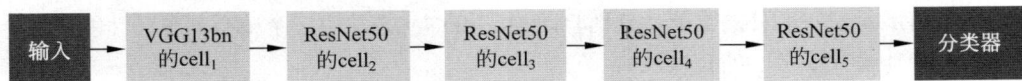

图 3-7 基于手工设计网络结构搜索得到的 CIFAR-100 任务的最优结构

表 3-4 搜索到的结构与原有架构在 CIFAR-100 上的对比结果

方　法	测试误差/%
Best for ResNet + cutout[163]	22.97
Best for VGG + cutout[164]	28.27
ModuleNet + cutout	17.99

注：方法均使用了 cutout 数据增强的方法。

3.5.3　ImageNet 的对比结果

为了测试 ModuleNet 在大数据集上的表现，将在 CIFAR-10 或 CIFAR-100 中搜索到的架构，即从人工设计的 7 个经典网络上搜索得到的结构迁移到 ImageNet 上。从图3-5和图3-7中可以看到，ModuleNet 搜索到的最优架构是用 VGG 取代了 ResNet 中的第 1 个 module。可能的原因是，在浅层中模块需要滤除更多的无用信息，而在深层中，由于无用信息的丢失，模块在过滤时需要更加谨慎。因此，在浅层中使用了更擅长过滤信息的 VGG 模块，而更善于识别和保留有用信息的 ResNet 模块则被用作深层。为了验证上述解释，在 ImageNet 上做了两个实验：用 VGG13bn 的第一个 module 分别替换 ResNet50 和 ResNet101 的第一个 module，记为 ModuleNet-Exp$_1$ 和 ModuleNet-Exp$_2$，结果见表3-5。

表 3-5 在 ImageNet 数据集上的结果对比

方　法	测试误差/%	
	top-1	top-5
VGG13bn[168]	28.45	9.63
ResNet50[168]	23.85	7.13
ModuleNet-Exp$_1$‡	22.74	6.96
ResNet101[168]	22.63	6.44
FairDARTS[169]	22.80	6.50
ModuleNet-Exp$_2$†	21.31	5.80

‡ ModuleNet-Exp$_1$ 是在 VGG 和 ResNet50 系列网络基础上搜索得到的结构。
† ModuleNet-Exp$_2$ 是在 VGG 和 ResNet101 系列网络基础上搜索得到的结构。

表中的实验继承了在 ImageNet 数据集中训练的 VGG13bn、ResNet50 和 ResNet101 模型的知识。VGG13bn、ResNet50 和 ResNet101 的测试误差（top-1）分别为28.45%、23.85% 和 22.63%。与 ResNet50 和 VGG 相比，由 VGG 和 ResNet50 重新组装的 ModuleNet-Exp$_1$ 的性能至少提高了1.11% 。与 ResNet101 相比，由 VGG 和 ResNet101 重新组装的 ModuleNet-Exp$_2$ 的性能也略有提高。

3.5.4　消融实验

本小节将展示一些额外的实验，分别验证 ModuleNet 方法中三个核心部分（性能评估、演化算法搜索和非参数连接）的有效性。

1. 性能评估的有效性

作为搜索算法的核心部分，式(3-4)中的 Score 在演化过程中对不同架构进行比较起着重要作用。因此，评估函数的效率非常重要，直接关系到 ModuleNet 的最终表现。本小节将进行更多实验来验证评估函数 Score 的性能。

作为一种旨在提高图像分类任务性能的 NAS 算法，其基本评价指标应该是测试误差。因此，将评估函数 Score 与经过完全训练后的架构的测试误差进行比较，挑选了训练过程中生成的 200 个网络结构，经过在训练集上充分训练后得到测试集上面的测试误差（Test Error），同时由式(3-4)获得它们的得分（Score）。

图 3-8 画出了 200 个网络的 Score 和测试误差，由此可见，提出的评价指标 Score 和最终经过训练后的测试误差呈现正相关性，由于 Score 综合考虑了训练过程的损失变化、验证集精度及网络相似度三方面的因素，可以较为准确地代表网络的性能，图 3-8 也证明了评估函数 Score 可以用于搜索更好的架构。

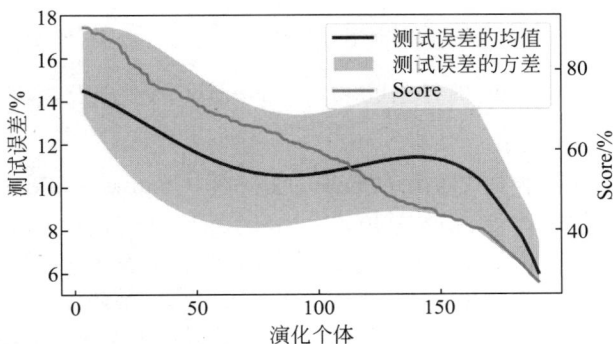

图 3-8　指标 Score 和测试误差的关系

此外，还分析了式(3-4)的评估函数 Score 中的每一项，以使 Score 的结果更具说服力。利用图 3-8 中的数据计算了每项与测试误差之间的相关性系数（coe），见表 3-6。$loss_{rate}$ 和 err_{val} 与测试误差有很强的相关性，这与它们的定义有关。虽然 sim 本身与测试误差没有很强的相关性，但将这三个项目合并为 Score 后，可以发现相关性有所增加。

表 3-6　式(3-4)中的每一项和测试误差之间的相关性系数（coe）

参数项	与测试误差的相关性系数 coe
err_{val}	0.79
$loss_{rate}$	−0.72
sim	−0.26
Score	0.82

2. 演化算法搜索的有效性

一般来说，进化算法 NSGA-II 是一种多目标优化算法。本小节选择 NSGA-II 作为搜索算法，是为了提高搜索算法的可扩展性。之后其他目标，如参数量、延迟或浮点运算量，也可以很容易地扩展到当前的搜索框架中。目前，ModuleNet 只将 Score 作为唯一目标。评价进化算法的效率分为两个方面：一方面要判断该算法搜索到的结构的最终表现，这在 3.5 节中的表格中已经展示了，如表 3-1、表 3-2、表 3-4 等；另一方面是算法的收敛性。虽然突变和交叉是在世代之间进行的，但仍然希望经过世代进化后，活着的世代的基因型会变得相对稳定。因此，计算的连续两代之间 [用新存活的物种（new survival）表示] 的基因型变化如图 3-9 所示。

由图3-9可以看到，在每个单独实验中，种群中的基因型在经过几代进化后总是趋于稳定。由这些结果可以得到结论:进化算法NSGA-II适合提出的模块化网络场景下的NAS任务。

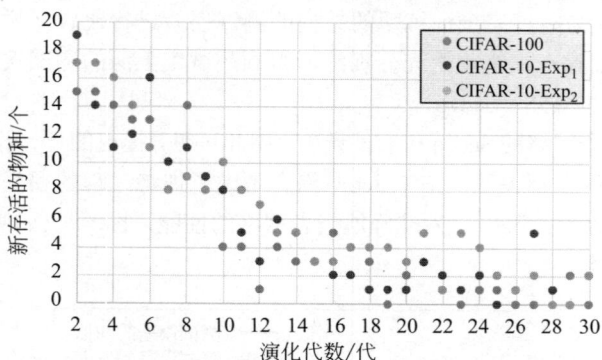

图 3-9　随着迭代次数的增加，演化个体的变化

3. 非参数连接

正如3.3.3节所述，使用非参数连接（Channel Pool 和 Channel DePool）可以减少搜索时的可训练参数，从而缩短搜索时间。虽然从理论上讲，在连接前一个module和后一个module时，可以保持足够的多样性，但这些操作可能会留下一个问题:非参数连接是否会对性能判断产生负面影响？为了验证提出的非参数连接的效率，本节做了进一步的实验。

在实验中每个文本模块（module）之间应用1×1的卷积来实现不同通道module之间的转换。1×1的卷积是改变通道维度并保留其他维度的最简单的方法。此外，它还包含可训练的参数，使其可以根据梯度进行调整。在实验中使用了从所有30代种群中搜索到的架构，并对无参数架构和连接1×1卷积的架构进行了比较。这些架构都是在搜索设置（固定每个文本模块的参数并调整其他参数）下训练的，从而得到了每个架构的验证精度（acc_{val}），acc_{val}的对比如图3-10所示。acc_{val} w/o params指的是采用非参数连接的架构的验证精度，而acc_{val} w params指的是采用1×1卷积的参数连接的架构的验证精度。

如图3-10所示，使用非参数连接可以保持甚至加强算法的差分能力。具体来说，对于那些较好的架构（X轴左端），两个指标（非参数连接的acc_{val}和参数连接的acc_{val}）都显示出较好的结果。此外，对于那些位于X轴中间的架构，非参数连接（acc_{val} w/o params）可能会带来更好的差异化状态。因此，非参数连接不但可用，而且更适合ModuleNet搜索算法。

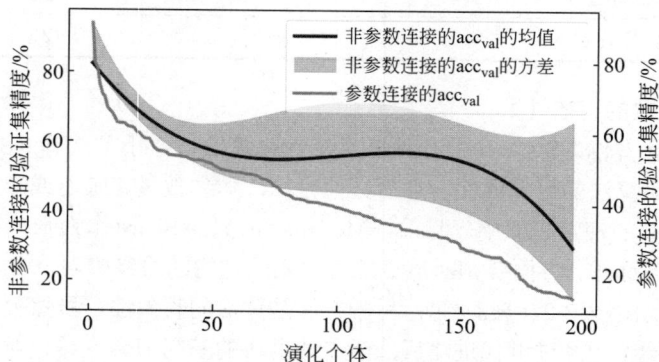

图 3-10　参数连接和非参数连接的实验结果对比

3.6　本章小结

本章介绍了一种新颖的NAS算法ModuleNet，该算法可充分继承现有知识并探索新的架构设计，现有模型的架构和训练参数都可用于进一步探索。通过将现有架构分解成一个个模块（module），可以使用统一视图对其进行重组和再发现。为了连接不同的module，提出了非参数连接（Channel Pool和Channel DePool），大大减少了搜索的计算消耗。此外，还提出了一种有效的性能评估方法，以避免陷入现有的网络架构，并在各种架构之间创造平等的机会。这样可使CNN在不同任务和数据集之间快速转移，并始终保证性能的提升。

在实验中，发现ModuleNet的搜索架构不但在人类设计的现有模型中表现最优，而且在NAS搜索的CIFAR-10、CIFAR-100和ImageNet分类任务模型中表现也最优。此外，通过实验展示了Score方程、进化算法和module之间连接结构设计的效率。所有这些都表明，现有知识非常重要，ModuleNet为继承这些知识建立了新的NAS方案。其实，ModuleNet还有很多可以进一步改进的方向。比如，Score方程只能表示相关性关系，如果能表示线性关系就更好了；还可以在搜索算法中添加一些扩展功能，以满足其他限制条件。这些都有可能是未来研究的潜在方向。

第4章 基于宽度卷积神经网络的宽度神经网络架构搜索

4.1 引言

受到宽度学习系统的启发，本章提出了高效的宽度神经网络架构搜索——BNAS-v1。与其他 NAS 方法不同，BNAS-v1 精心设计了一种基于细胞的宽度搜索空间——宽度卷积神经网络（broad connvolutional neural network，BCNN）。此外，BNAS-v1 采用权重共享策略与强化学习算法以快速地搜索到最优的 BCNN 结构。BNAS-v1 的主要创新点如下：

(1) BCNN 能够在具有较浅拓扑结构的前提下取得令人满意的性能；

(2) 证明了 BCNN 的万能逼近能力；

(3) 基于 BCNN 灵活的连接方式，为其设计了两个变种；

(4) BNAS-v1 的搜索效率在基于强化学习的 NAS 方法中排名第一。

本章内容安排如下：4.2 节给出了问题的描述与研究内容；4.3 节介绍了 BCNN 的卷积模块、增强模块、多尺度特征融合、知识嵌入、万能逼近能力及与宽度学习系统之间的区别；4.4 节给出了 BCNN 的两个变种；4.5 节提出了基于强化学习的搜索算法；4.6 节描述了 BNAS-v1 在架构搜索与评估阶段的实验设置，并展示了所得结构在 CIFAR-10 与 ImageNet 上的性能，最后给出了 BNAS-v1 与其他主流 NAS 方法的比较与分析；4.7 节对本章内容进行了总结。

4.2 问题描述与研究内容

基于权重共享的 ENAS[26] 采用 REINFORCE[170] 算法仅用 0.45 天便能够通过单块 NVIDIA GTX 1080Ti GPU 搜索到高性能的深度卷积神经网络。为了提高所得模型的分类性能及鲁棒性，ENAS 将架构搜索与评估阶段中 N_k（图1-3中卷积细胞的数量）的值分别设置为 2 和 5。ENAS 通过下面两个迭代步骤实现最优架构搜索：

(1) ENAS 将 CIFAR-10 作为搜索数据集，并利用整个数据集对深度超网络进行训练。在每个步骤中，ENAS 利用一个递归神经网络控制器从深度超网络中采样一个子模型，并继承上一步骤中的权重进行训练。

(2) 为了搜索到高精度模型，ENAS 利用基于策略梯度的强化学习算法更新递归神经网络控制器的参数。其中，ENAS 将每个采样的结构表征为一个结构序列，并得到其在验证集上的精度。随后，结构序列与验证精度分别作为马尔可夫决策过程中的动作序列及奖赏，并利用基于策略梯度的强化学习方法优化递归神经网络控制器中的参数。

一般而言，模型训练及推理所需的时间与模型的深度成正比。然而，ENAS在搜索过程中所使用的搜索空间具有较深的拓扑结构，从而导致训练深度超网络及获取验证精度耗费了大量时间。显然，降低搜索空间的深度能够进一步提升ENAS的搜索效率，但可能造成所得结构的性能损失。

本章通过两组基于ENAS[①]的对比实验研究减少搜索空间深度对搜索效率及所得模型精度的影响。在实验1中，ENAS在搜索阶段所使用的深度超网络由5个细胞组成（令图1-3中的 $N_k = 1$），在评估阶段所使用的深度超网络由17个细胞组成（令图1-3中的 $N_k = 5$，为ENAS的默认评估超参数）；在实验2中，ENAS在搜索阶段所使用的可拓展架构由8个细胞组成（令图1-3中的 $N_k = 2$，为ENAS的默认搜索超参数），在评估阶段所使用的深度超网络同样由17个细胞组成。最后，每组实验将搜索得到的10组候选细胞结构在CIFAR-10上训练630个迭代周期并得到最终精度[②]。实验1与实验2所得结构使用ENAS的默认评估超参数进行训练后的分类性能如图4-1所示，且搜索效率分别为0.26 GPU天、0.38 GPU天。在搜索效率方面，实验1通过减少超网络深度的方法比实验2取得了约32%的提升；在分类精度方面，实验2的最优结构比实验1高约0.3%。综上所述，在保证所得模型精度的前提下，设计一种具有较浅拓扑结构的搜索空间是提升NAS搜索效率的有效手段。

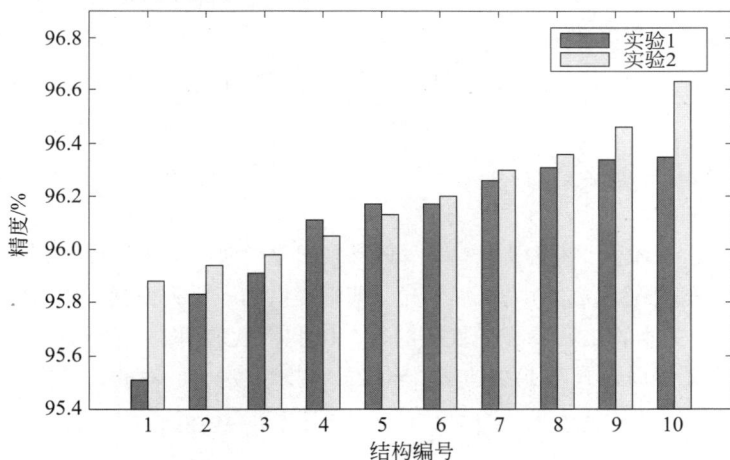

图 4-1 基于ENAS的两个实验性能比较

4.3 宽度卷积神经网络

如图4-2所示，BCNN由 u 个卷积模块 [记作 $\mathrm{Conv}_i(i = 1, 2, 3, \cdots, u)$] 与 v 个增强模块 [记作 $\mathrm{En}_j(j = 1, 2, 3, \cdots, v)$] 组成，其中，卷积模块用于深度、宽度特征提取，增强模块用于增强每个卷积模块输出的多尺度特征。每个卷积模块由 $N_k + 1$ 个卷积细胞组成：N_k 个深度细胞及1个宽度细胞分别用于深度、宽度特征提取。其中，u 由输入图像的大小确定，例如，当数据集为CIFAR-10（图像大小为32×32）时，$u = 2$；当数据集为ImageNet（图像大小为224 ×224）时，$u = 5$。N_k 与 v 为自定义参数（如何确定最优的 N_k 与 v 见4.6节）。此外，BCNN通过多尺度特征融合与知识嵌入以保证其能够在较浅的拓扑结构下取得高性能。下面对BCNN的4个组

---

① https://github.com/melodyguan/enas.
② 上述实验均在单块 NVIDIA GeForce GTX 2080Ti GPU 上完成。

成部分、万能逼近能力及与宽度学习系统的比较进行介绍。

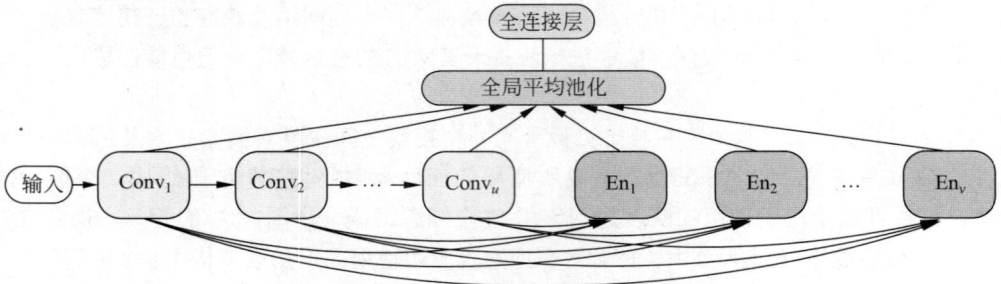

图 4-2　宽度卷积神经网络

4.3.1　卷积模块

卷积模块的结构如图4-3所示。在每个卷积模块中，深度细胞与宽度细胞的拓扑结构相同，但两者的步长不同：深度细胞的步长为1，宽度细胞的步长为2。深度细胞的输出特征作为宽度细胞的输入，经过宽度细胞处理得到了宽度特征。宽度细胞的输出特征图与输入特征图相比具有如下特征：宽度、高度减半，通道数翻倍。对于 Conv_i 而言，其深度特征 $\boldsymbol{Z}_h^{(i)}(h=1,2,3,\cdots,N_\mathrm{k})$ 与宽度特征 $\boldsymbol{Z}_{N_\mathrm{k}+1}^{(i)}$ 可以定义为

$$\boldsymbol{Z}_h^{(i)} = \varphi_\mathrm{d}(\boldsymbol{Z}_{h-2}^{(i)}, \boldsymbol{Z}_{h-1}^{(i)}; \underbrace{\{\boldsymbol{W}_h^{(i)\mathrm{deep}}}_{\mathrm{stride}=1}, \boldsymbol{B}_h^{(i)\mathrm{deep}}\}), \ i=1,2,3,\cdots,u \tag{4-1}$$

$$\boldsymbol{Z}_{N_\mathrm{k}+1}^{(i)} = \varphi_\mathrm{b}(\boldsymbol{Z}_{N_\mathrm{k}-1}^{(i)}, \boldsymbol{Z}_{N_\mathrm{k}}^{(i)}; \underbrace{\{\boldsymbol{W}_{N_\mathrm{k}+1}^{(i)\mathrm{broad}}}_{\mathrm{stride}=2}, \boldsymbol{B}_{N_\mathrm{k}+1}^{(i)\mathrm{broad}}\}), \ i=1,2,3,\cdots,u \tag{4-2}$$

式中：stride 为步长，$\{\boldsymbol{W}_h^{(i)\mathrm{deep}}, \boldsymbol{B}_h^{(i)\mathrm{deep}}\}$ 与 $\{\boldsymbol{W}_{N_\mathrm{k}+1}^{(i)\mathrm{broad}}, \boldsymbol{B}_{N_\mathrm{k}+1}^{(i)\mathrm{broad}}\}$ 分别为 Conv_i 中深度、宽度细胞的权重、偏置矩阵；$\varphi_\mathrm{d}(\cdot), \varphi_\mathrm{b}(\cdot)$ 为深度、宽度细胞提供的一系列变换（如深度可分离卷积[32]、池化、跳跃式连接）。换言之，卷积模块中的每个细胞将其前两个细胞的输出作为输入以对不同的特征进行融合。然而，式(4-1)中的 $\boldsymbol{Z}_{-1}^{(i)}$ 与 $\boldsymbol{Z}_0^{(i)}$ 均未被定义。对此，补充说明如下：

$$\{\boldsymbol{Z}_{-1}^{(i)}, \boldsymbol{Z}_0^{(i)}\} = \{\boldsymbol{Z}_{N_\mathrm{k}}^{(i-1)}, \boldsymbol{Z}_{N_\mathrm{k}+1}^{(i-1)}\}, \ i=2,3,4,\cdots,u \tag{4-3}$$

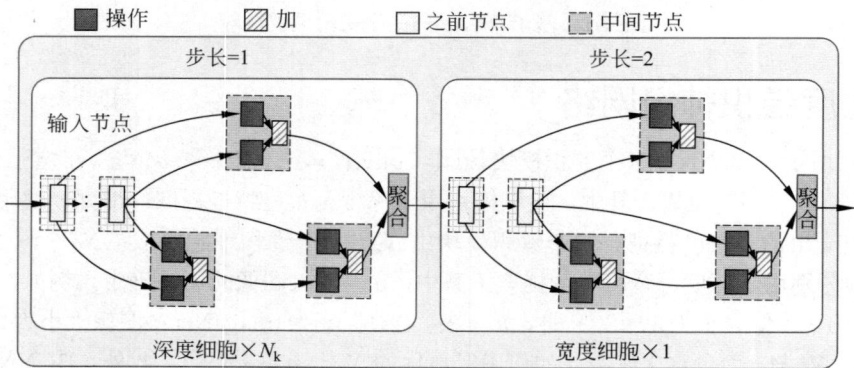

图 4-3　卷积模块

此外，一个卷积核大小为3×3的卷积操作在被嵌入BCNN之前，用于给 Conv_1 的前两个细胞提供输入信息。因此，3×3卷积的输出可表示为 $\boldsymbol{Z}_\xi^{(1)}$，其中 $\xi \leqslant 0$。

4.3.2 增强模块

增强模块的结构如图4-4 所示。对于 En_j $(j=1,2,3,\cdots,v)$ 而言，其增强特征表征 $\boldsymbol{H}^{(j)}$ 可表示为

$$\boldsymbol{H}^{(j)} = \varphi_{\text{e}}(\delta(\boldsymbol{Z}_0^{(1)}, \boldsymbol{Z}_{N_k+1}^{(1)}, \cdots, \boldsymbol{Z}_{N_k+1}^{(u-1)}), \boldsymbol{Z}_{N_k+1}^{(u)}; \{\underbrace{\boldsymbol{W}^{(j)\text{en}}}_{\text{stride}=1}, \boldsymbol{B}^{(j)\text{en}}\}) \tag{4-4}$$

式中：$\boldsymbol{W}^{(j)}$ 与 $\boldsymbol{B}^{(j)}$ 分别为 En_j 中增强细胞的权重、偏置矩阵；$\varphi_{\text{e}}(\cdot)$ 为增强细胞提供的一系列变换；$\delta(\cdot)$ 为 1×1 卷积与聚合操作的组合函数。

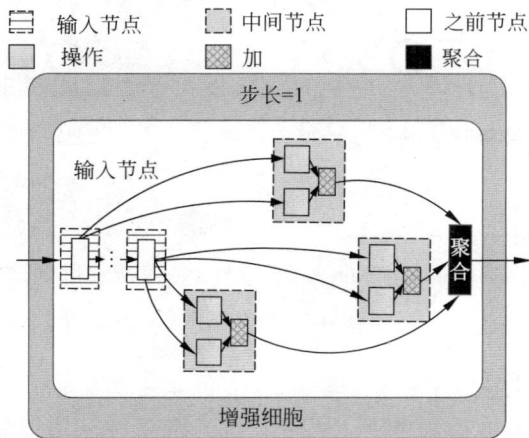

图 4-4 增强模块

增强模块将所有卷积模块的输出特征作为输入，通过增强细胞中的一系列非线性变换来实现卷积特征的增强。增强特征包含更多的尺度信息，能够更加有效地表征目标特征，从而进一步提升分类性能。

4.3.3 多尺度特征融合

BCNN采用多尺度特征融合，将每个卷积模块与增强模块的输出（即不同尺度的特征图）输入全局平均池化（global average pooling，GAP）层中，以生成更加合理、综合的特征，从而保证能够在较浅拓扑结构的前提下获得令人满意的性能。其中，BCNN将每个卷积模块中最后一个深度细胞的输出输入GAP层中用于特征融合。因此，GAP层的最终输出可表示为

$$\boldsymbol{O} = \phi(\boldsymbol{Z}_{N_k}^{(1)}, \boldsymbol{Z}_{N_k}^{(2)}, \cdots, \boldsymbol{Z}_{N_k}^{(u)}, \boldsymbol{H}^{(1)}, \boldsymbol{H}^{(2)}, \cdots, \boldsymbol{H}^{(v)}) \tag{4-5}$$

式中：$\phi(\cdot)$ 为关于 1×1 卷积、聚合操作与GAP层的组合函数。

4.3.4 知识嵌入

知识嵌入的原理如图4-5所示。本章通过大量实验得到如下结论：与尺寸较大的特征图相比，尺寸较小的特征图更有助于BCNN获得高的性能。换言之，为了构建高性能的BCNN，Conv_r 的输出通道数应多于 Conv_s，其中 $r>s$ 且 $0<s,r\leqslant u$。BCNN通过 1×1 卷积实现知识嵌入，且嵌入位置为：① 卷积模块与GAP层之间的每条连接；② 卷积模块与增强模块之间的每条连接；③ 增强模块与GAP层之间的每条连接。对于与GAP层相关的知识嵌入而言，1×1 卷积将

每个卷积模块中最后一个深度细胞、每个增强模块的输出作为输入，并输出具有不同重要性的特征图；对于与增强模块相关的知识嵌入而言，1×1卷积将每个卷积模块中宽度细胞的输出作为输入，并输出具有不同重要性的特征图作为增强模块的输入。其中，尺度特征的重要性通过输出通道数进行度量：通道数越多，该尺度特征越重要。此外，1×1卷积具有不同的步长以便将所有特征图转换为相同尺寸进行聚合。因此，式(4-4) 中 $\delta(\boldsymbol{Z}_0^{(1)}, \boldsymbol{Z}_{N_k+1}^{(1)}, \cdots, \boldsymbol{Z}_{N_k+1}^{(u-1)})$ 的输出是聚合多个以 $\boldsymbol{Z}_0^{(1)}, \boldsymbol{Z}_{N_k+1}^{(1)}, \cdots, \boldsymbol{Z}_{N_k+1}^{(u-1)}$ 作为输入的知识嵌入的输出而得到的。

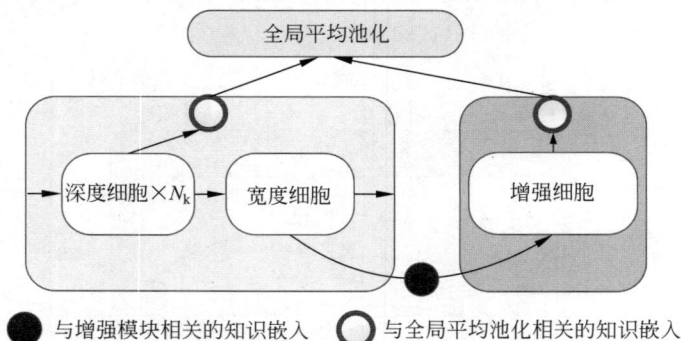

图 4-5 知识嵌入

4.3.5 万能逼近能力

作为神经网络中的一种全新范式，本章证明了 BCNN 的万能逼近能力，以为其有效性提供理论支撑。

如4.3.3小节所述，GAP 层将具有不同重要性的卷积模块与增强模块的输出作为输入，随后输出最终结果。其中，每个输入通道均被 GAP 层转换为一个单像素特征图，即一个关于输入数据 $\boldsymbol{x}$ 的神经元输出。为了方便表述，现假设 Conv_1 的输出 $\boldsymbol{Z}_{N_k}^{(1)}$ 的通道数为 c。因此，$\boldsymbol{Z}_{N_k}^{(i)}(i = 2, 3, 4, \cdots, u)$ 与 $\boldsymbol{H}^{(j)}(j = 1, 2, 3, \cdots, v)$ 的输出通道数分别为 $c \times 2^{(i-1)}$ 和 $c \times 2^j$。相应地，u 个卷积模块与 v 个增强模块分别为最后的全连接层提供 $U = c \times (2^u - 1)$ 和 $V = c \times v \times 2^u$ 个神经元输出。

对于定义在 $\mathbb{R}^d$ 上的标准立方体 $\mathrm{I}^d = [0;1]^d$，任意定义连续函数 $f \in \mathrm{C}(\mathrm{I}^d)$ 和激活函数 σ，可将 BCNN 等价表示为

$$f_{\boldsymbol{p}_{u,v}} = \sum_{i=1}^{U} w_i \sigma(\boldsymbol{x}; \{\varphi_{\mathrm{d}}, \varphi_{\mathrm{b}}, \phi, \boldsymbol{W}_i^{\mathrm{conv}}, \boldsymbol{B}_i^{\mathrm{conv}}\}) + \sum_{j=U+1}^{U+V} w_j \sigma(\boldsymbol{x}; \{\delta, \varphi_{\mathrm{e}}, \phi, \boldsymbol{W}_j^{\mathrm{en}}, \boldsymbol{B}_j^{\mathrm{en}}\}) \quad (4\text{-}6)$$

式中：$\boldsymbol{p}_{u,v} = (u, v, c, w_1, w_2, \cdots, w_{U+V}, \boldsymbol{W}^{\mathrm{conv}}, \boldsymbol{B}^{\mathrm{conv}}, \boldsymbol{W}^{\mathrm{en}}, \boldsymbol{B}^{\mathrm{en}})$ 为 BCNN 中的所有参数，$\{\boldsymbol{W}^{\mathrm{conv}}, \boldsymbol{B}^{\mathrm{conv}}\}$ 与 $\{\boldsymbol{W}^{\mathrm{en}}, \boldsymbol{B}^{\mathrm{en}}\}$ 分别为卷积模块和增强模块中的参数。此外，本章利用 $\boldsymbol{\xi}_{u,v} = (w_1, w_2, \cdots, w_{U+V}, \boldsymbol{W}^{\mathrm{conv}}, \boldsymbol{B}^{\mathrm{conv}}, \boldsymbol{W}^{\mathrm{en}}, \boldsymbol{B}^{\mathrm{en}})$ 表示定义在概率度量 $\zeta_{u,v}$ 上的随机变量。对于定义在 I^d 上的紧集 Ω，连续函数 f 与 $f_{\boldsymbol{p}_{u,v}}$ 之间的距离可通过式(4-7)进行度量：

$$\chi_{\Omega}(f, f_{\boldsymbol{p}_{u,v}}) = \sqrt{\mathbb{E}\left[\int_{\Omega}(f(\boldsymbol{x}) - f_{\boldsymbol{p}_{u,v}}(\boldsymbol{x}))^2 \mathrm{d}\boldsymbol{x}\right]} \quad (4\text{-}7)$$

基于上述定义，本节给出了如下定理：

定理 4.1 对于任意连续函数 $f \in \mathrm{C}(\mathrm{I}^d)$ 及紧集 $\Omega \in \mathrm{I}^d$，使用非常数边界特征映射 ϕ、δ、φ

及绝对可积分激活函数 σ（定义域为 I^d，因此 $\int_{\mathrm{I}^d} \sigma^2(\boldsymbol{x})\mathrm{d}\boldsymbol{x} < \infty$）的 BCNN 有一系列关于概率度量 $\zeta_{u,v}$ 的连续函数 $\{f_{\boldsymbol{p}_{u,v}}\}$ 使得

$$\lim_{u,v \to \infty} \chi_{\Omega}(f, f_{\boldsymbol{p}_{u,v}}) = 0 \tag{4-8}$$

此外，可训练参数集合 $\boldsymbol{\xi}_{u,v}$ 根据分布 $\zeta_{u,v}$ 生成。

证明：首先给出如下定义：连续函数 $f \in \mathrm{C}(\mathrm{I}^d)$，BCNN 的逼近函数 $f_{\boldsymbol{p}_{u,v}}$，GAP 层输出中与卷积模块相关部分与全连接层之间的权重矩阵 $\boldsymbol{w}_{\mathrm{c}} = [w_{\mathrm{c}1}, w_{\mathrm{c}2}, \cdots, w_{\mathrm{c}U}]$，GAP 层输出中与增强模块相关部分与全连接层之间的权重矩阵 $\boldsymbol{w}_{\mathrm{e}} = [w_{\mathrm{e}1}, w_{\mathrm{e}2}, \cdots, w_{\mathrm{e}V}]$。

包含 U(任意正整数) 个卷积模块的 BCNN 可以表示为

$$f_{\boldsymbol{w}_{\mathrm{c}}} = \sum_{i=1}^{U} w_{\mathrm{c}i}\sigma(\boldsymbol{x}; \{\varphi_{\mathrm{d}}, \varphi_{\mathrm{b}}, \phi, \boldsymbol{W}_i^{\mathrm{conv}}, \boldsymbol{B}_i^{\mathrm{conv}}\}) \tag{4-9}$$

其中，BCNN 的可训练参数根据预先定义的分布 $\zeta_{u,v}$ 生成。由于特征映射 φ_{b}、φ_{d}、ϕ 是非常数边界的，因此定义在 I^d 上且与输入 $\boldsymbol{x}$ 相关的残差函数

$$f_{r_u}(\boldsymbol{x}) = f(\boldsymbol{x}) - f_{\boldsymbol{w}_{\mathrm{c}}}(\boldsymbol{x}) \tag{4-10}$$

是有界的、可积分的。根据文献 [171] 可知，对于 $\forall \varepsilon > 0$，总能找到一个函数 $f_{b_u} \in \mathrm{C}(\mathrm{I}^d)$ 满足不等式：

$$\chi_{\Omega}(f_{b_u}, f_{r_u}) < \frac{\varepsilon}{2} \tag{4-11}$$

此外，更加详细的讨论可参考文献 [150]。

为了逼近 f_{b_u}，定义函数：

$$f_{\boldsymbol{w}_{\mathrm{e}}} = \sum_{j=1}^{V} w_{\mathrm{e}j} \underbrace{\sigma(\boldsymbol{x}; \{\delta, \varphi_{\mathrm{e}}, \phi, \boldsymbol{W}_j^{\mathrm{en}}, \boldsymbol{B}_j^{\mathrm{en}}\})}_{\vartheta_j} \tag{4-12}$$

其中，可训练参数根据预先定义的分布 $\zeta_{u,v}$ 生成。类似地，由于特征映射 δ、φ_{e}、ϕ 是非常数边界的，因此式(4-12)中的组合函数 $\vartheta_j(j = 1, 2, 3, \cdots, V)$ 是绝对可积分的。根据文献 [172] 中的相关定理，对于 $\forall \varepsilon > 0$，总能找到一系列 $f_{\boldsymbol{w}_{\mathrm{e}}}$ 满足表达式：

$$\chi_{\Omega}(f_{b_u}, f_{\boldsymbol{w}_{\mathrm{e}}}) < \frac{\varepsilon}{2} \tag{4-13}$$

最后，连续函数 f 与 BCNN 的逼近函数 $f_{\boldsymbol{p}_{u,v}}$ 之间的距离为

$$
\begin{aligned}
\chi_{\mathrm{I}^d}(f, f_{\boldsymbol{p}_{u,v}}) &= \sqrt{\mathbb{E}\left[\int_{\Omega} (f(\boldsymbol{x}) - f_{\boldsymbol{p}_{u,v}}(\boldsymbol{x}))^2 \mathrm{d}\boldsymbol{x}\right]} \\
&= \sqrt{\mathbb{E}\left[\int_{\Omega} ((f(\boldsymbol{x}) - f_{\boldsymbol{w}_{\mathrm{c}}}(\boldsymbol{x})) - f_{\boldsymbol{w}_{\mathrm{e}}})^2 \mathrm{d}\boldsymbol{x}\right]} \\
&= \sqrt{\mathbb{E}\left[\int_{\Omega} (f_{r_u} - f_{\boldsymbol{w}_{\mathrm{e}}})^2 \mathrm{d}\boldsymbol{x}\right]} \\
&= \chi_{\Omega}(f_{r_u}, f_{\boldsymbol{w}_{\mathrm{e}}}) \\
&\leqslant \chi_{\Omega}(f_{b_u}, f_{r_u}) + \chi_{\Omega}(f_{b_u}, f_{\boldsymbol{w}_{\mathrm{e}}})
\end{aligned}
$$

$$< \frac{\varepsilon}{2} + \frac{\varepsilon}{2}$$
$$= \varepsilon \tag{4-14}$$

综上可得

$$\lim_{u,v \to \infty} \chi_\Omega(f, f_{\boldsymbol{p}_{u,v}}) = 0 \tag{4-15}$$

4.3.6　比较:宽度卷积神经网络与宽度学习系统

受到 BLS 及其变种 CCFBLS、CFEBLS 的启发,本章提出了 BCNN 及其两个变种(见4.4节)。然而,两者之间仅具有类似的拓扑结构,其他特点却不尽相同:

(1) 组成元素。 BCNN 的主要组成元素是具有强大特征提取能力的细胞结构(由卷积、池化、跳跃式连接等复杂算子组成),而非 BLS 中使用的神经元。

(2) 连接方式。为了保证模型性能,BCNN 在卷积模块与 GAP 层、卷积模块与增强模块、增强模块与 GAP 层之间使用了知识嵌入。

(3) 拓扑结构。BCNN 及其变种的设计受到了 BLS 及其变种的启发,但两者之间的拓扑结构并非完全相同。在 BLS 中,其所有特征映射节点均直接参与输入数据的特征提取。在 BCNN 中,仅第一个卷积模块被用于直接提取输入数据的特征。此外,每个卷积细胞将其前两个细胞的输出作为输入,即 BCNN 的拓扑结构是宽且深的。

(4) 设计方法。与人工设计的 BLS 不同,BCNN 的设计方式为自动设计。因此,BNAS-v1 可以根据特定任务设计出最合适的 BCNN。

(5) 优化算法。 BLS 采用增量学习算法以优化其权重。不同的是,BNAS-v1 采用基于梯度下降的算法更新 BCNN 中的权重参数。

4.4　宽度卷积神经网络变种

BLS 是一种可通过添加一定限制而进行灵活修改的神经网络范式。基于该特点,文献[150]提出了多个 BLS 的变种,如 CCFBLS、CFEBLS。受到这两个变种的启发,我们通过改变 BCNN 的拓扑结构提出了两个变种:① 卷积模块堆叠且最后一个卷积模块连接增强模块的宽度卷积神经网络(cascade of convolution blocks with its last block connected to the enhancement blocks broad convolutional neural network,BCNN-CCLE);② 堆叠卷积模块与增强模块的宽度卷积神经网络(cascade of convolution blocks and enhancement blocks broad convolutional neural network,BCNN-CCE)。BCNN 及其两个变种之间的主要差异在于拓扑结构,分别如图4-6、图4-7所示。

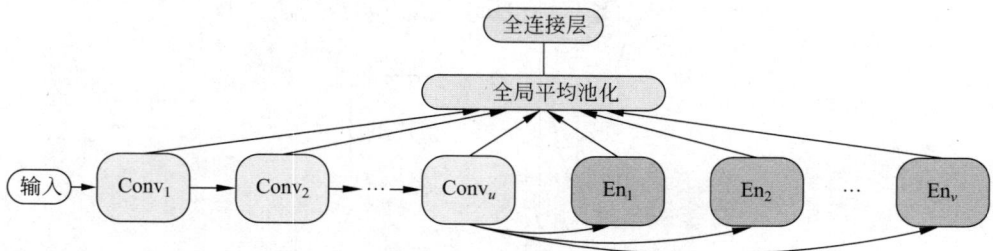

图 4-6　BCNN-CCLE 结构图

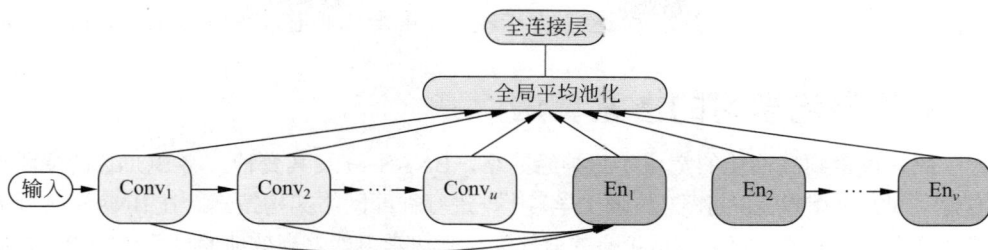

图 4-7　BCNN-CCE 结构图

4.4.1　变种 1：BCNN-CCLE

BCNN-CCLE 是在 CCFBLS[150] 的基础上发展而来的。BCNN-CCLE 中的每个增强模块仅将最后一个卷积模块的输出作为输入。换言之，BCNN-CCLE 中最后一个卷积模块包含了增强模块所需的所有信息。

BCNN-CCLE 中卷积模块的相关表达式见式(4-1)～式(4-3)。对于 BCNN-CCLE 的第 j 个增强模块 En_j 而言，其增强特征 $\boldsymbol{H}^{(j)}$ 可定义为

$$\boldsymbol{H}^{(j)} = \varphi_{\mathrm{e}}(\boldsymbol{Z}_{N_{\mathrm{k}}}^{(u)}, \boldsymbol{Z}_{N_{\mathrm{k}}+1}^{(u)}; \{\boldsymbol{W}^{(j)}, \boldsymbol{B}^{(j)}\}), \quad j = 1, 2, 3, \cdots, v \tag{4-16}$$

式中：$\boldsymbol{W}^{(j)}$ 和 $\boldsymbol{B}^{(j)}$ 分别为第 j 个增强模块 En_j 中增强细胞的权重与偏置矩阵；$\varphi_{\mathrm{e}}(\cdot)$ 为增强细胞提供的一系列变换。

与 BCNN 类似，BCNN-CCLE 在同样的位置采用了知识嵌入：

(1) 对于卷积模块与 GAP 层、卷积模块与增强模块之间的知识嵌入而言，每个卷积模块的重要性是其前一个卷积模块的 2 倍（如 GAP 层从 Conv_x 和 Conv_y 中分别接收 a 与 $2a$ 个通道，其中 $y = x + 1$）；

(2) 对于增强模块与 GAP 层之间的知识嵌入而言，每个增强模块具有相同的重要性（如 GAP 层从 En_x 和 En_y 中均接收 b 个通道，其中 $1 \leqslant x, y \leqslant v$）。

4.4.2　变种 2：BCNN-CCE

BCNN-CCE 是在 CFEBLS[150] 的基础上发展而来的。与 BCNN 相比，BCNN-CCE 主要有两处不同：① 仅第一个增强模块将所有卷积模块的输出作为输入；② 增强模块是深度堆叠的而非并行排列。

同样地，BCNN-CCE 中卷积模块的相关表达式见式(4-1)～式(4-3)。对于 BCNN-CCE 的第 j 个增强模块 En_j 而言，其增强特征 $\boldsymbol{H}^{(j)}$ 可分为如下三种情况：

$$\begin{cases} \varphi_{\mathrm{e}}(\delta(\boldsymbol{Z}_{N_{\mathrm{k}}+1}^{(1)}, \cdots, \boldsymbol{Z}_{N_{\mathrm{k}}+1}^{(u-1)}), \boldsymbol{Z}_{N_{\mathrm{k}}+1}^{(u)}; \{\boldsymbol{W}^{(j)}, \boldsymbol{B}^{(j)}\}), & j = 1 \\ \varphi_{\mathrm{e}}(\boldsymbol{Z}_{N_{\mathrm{k}}+1}^{(u)}, \boldsymbol{H}^{(1)}; \{\boldsymbol{W}^{(j)}, \boldsymbol{B}^{(j)}\}), & j = 2 \\ \varphi_{\mathrm{e}}(\boldsymbol{H}^{(j-2)}, \boldsymbol{H}^{(j-1)}; \{\boldsymbol{W}^{(j)}, \boldsymbol{B}^{(j)}\}), & \text{其他} \end{cases} \tag{4-17}$$

式中：$\boldsymbol{W}^{(j)}$ 和 $\boldsymbol{B}^{(j)}$ 分别为第 j 个卷积模块 En_j 中增强细胞的权重与偏置矩阵；$\varphi_{\mathrm{e}}(\cdot)$ 为增强细胞提供的一系列变换。如前文所述，$\delta(\cdot)$ 为 1×1 卷积与聚合操作的组合函数。

与 BCNN、BCNN-CCLE 类似，BCNN-CCE 在同样的位置采用了知识嵌入。BCNN-CCE 与 BCNN、BCNN-CCLE 的不同之处在于：每个增强模块对于 GAP 层具有不同的重要性，例如，

GAP 层从 En_x 和 En_y 中分别接收 c 个通道,并接收 En_v 的全部通道,其中 $1 \leqslant x, y < v, y = x+1$。

4.5 基于强化学习的搜索算法

为了快速搜索到高性能的宽度卷积神经网络,BNAS-v1 及其变种(将 BCNN 的变种作为宽度搜索空间)采用权重共享[26] 与强化学习[170] 进行神经网络架构搜索。在 BNAS-v1 及其变种的搜索过程中,在使用权重共享策略的前提下,强化学习能够高效地通过两个阶段,即宽度超网络训练和 LSTM 控制器训练(图4-8),对 LSTM 控制器参数 θ 进行更新。其中,宽度超网络中定义了在特定候选操作下所有可能的 BCNN 结构;LSTM 控制器参数 θ 控制操作选择的概率分布,即采样策略 $\pi(\cdot)$。

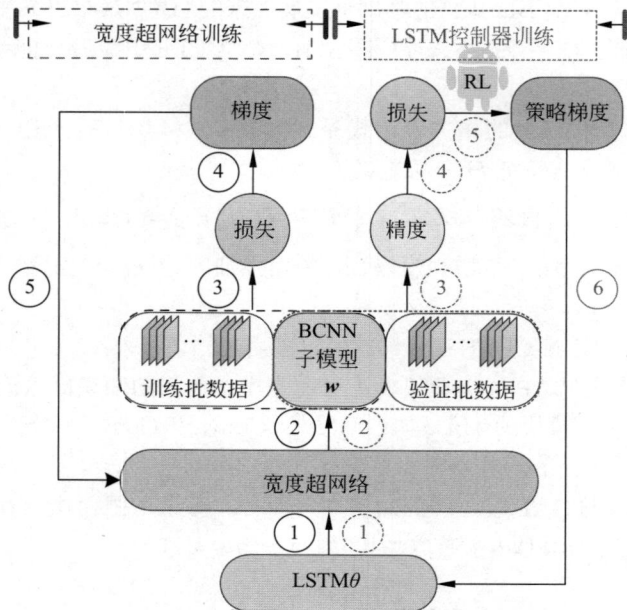

图 4-8 基于强化学习的搜索算法

在第一个阶段中,使用整个搜索数据集对宽度超网络进行训练。在每个步骤,LSTM 控制器根据采样策略 $\pi(\cdot)$ 从宽度超网络中采样一个 BCNN 子结构而非整个宽度超网络进行训练,具体的迭代训练过程如下:

(1) 首先,LSTM 控制器根据采样策略 $\pi(\cdot)$ 采样一个动作序列 $a_{1:r}$ 用于表征卷积细胞和增强细胞;

(2) 根据采样得到的两种细胞确定一个 BCNN 的子结构 arch,并从宽度超网络中继承其权重 w;

(3) 将一个训练批数据作为 arch 的输入,从而得到相应的损失;

(4) 根据上述损失计算关于宽度超网络的梯度(未被采样到的部分梯度为 0);

(5) 更新宽度超网络。

在第二个阶段中,通过基于策略梯度的强化学习算法对 LSTM 控制器进行训练,具体的迭代训练过程如下:

(1) 首先，LSTM 控制器根据采样策略 $\pi(\cdot)$ 采样一个动作序列 $a_{1:\Gamma}$ 用于表征卷积细胞和增强细胞；

(2) 根据采样得到的两种细胞确定一个 BCNN 的子结构 arch，并从宽度超网络中继承其权重 $\boldsymbol{w}$；

(3) 将一个验证批数据作为 m 的输入，从而得到相应的验证精度 $\mathcal{R}(m;\boldsymbol{w})$；

(4) 根据 $\mathcal{R}(\mathrm{arch};\boldsymbol{w})$ 得到关于 θ 的损失；

(5) 将上述损失作为基于策略梯度的强化学习算法的输入计算 θ 的梯度；

(6) 通过计算得到的策略梯度更新 θ，即采样策略 $\pi(\cdot)$，使得 LSTM 控制器能够搜索到更高精度的 BCNN。

在上述优化过程中，BNAS-v1 要求强化学习能够最大化期望奖赏：

$$J(\theta) = \mathbb{E}_{\pi(a_{1:\Gamma};\theta)}[\mathcal{R}(m;\boldsymbol{w})] \tag{4-18}$$

因此，我们采用 REINFORCE[170] 计算关于 θ 的策略梯度：

$$\nabla_\theta J(\theta) = \sum_{t=1}^{T} \mathbb{E}_{\pi(a_{1:\Gamma};\theta)}[\nabla_\theta \lg \pi(a_t|a_{(t-1):1};\theta)\mathcal{R}(m;\boldsymbol{w})] \tag{4-19}$$

上述两个阶段重复交叉迭代多次后，BNAS-v1 便能够发现高性能的 BCNN。

4.6　实验与分析

本章通过一系列实验验证了 BNAS-v1 及其两个变种的有效性。其中，将 BCNN-CCLE、BCNN-CCE 作为宽度搜索空间的宽度神经网络架构搜索方法分别称为 BNAS-v1-CCLE 和 BNAS-v1-CCE。首先，通过大量实验为 BNAS-v1 及其两个变种所使用的宽度卷积神经网络确定了相应的超参数：① 搜索阶段中增强模块的数量 v_s；② 评估阶段中增强模块的数量 v_d；③ 评估阶段中深度细胞的数量 N_k。然后，BNAS-v1 及其两个变种用于在 CIFAR-10 上搜索 BCNN 结构，以测试其搜索效率及最终所得结构的性能。随后，将 BNAS-v1 及其变种所得的最优结构迁移到大规模图像分类任务 ImageNet 上。ImageNet 图像分类实验不仅能够评估 BNAS-v1 及其变种所得结构的可迁移能力，还可以验证 BCNN 及其变种强大的多尺度特征提取能力及其多尺度特征融合策略的有效性。最后，将根据在 CIFAR-10 与 ImageNet 上的实验结果给出关于 BNAS-v1 及其变种的定性、定量分析。

4.6.1　BCNN 的超参数确定

由于 BCNN 能够在较浅拓扑结构的前提下取得较高的分类性能，因此为了提升 BNAS-v1 及其变种效率，将搜索阶段中 BCNN 及其变种中深度细胞的个数设置为 0。此外，搜索阶段中增强细胞个数的取值范围为 $\{1,2\}$。评估阶段需要确定 BCNN 中的两个超参数：① 增强模块的数量；② 每个卷积模块中深度细胞的数量。如前文所述，搜索与评估阶段之间 BCNN 的差异过大会使所得模型的精度下降。因此，v_d 与 N_k 分别从 $\{1,2,3\}$ 与 $\{0,1,2\}$ 中选择。

为了评价每个超参数组合的优劣，该实验将 5 个候选结构精度的均值与方差作为度量准则。搜索与评估两个阶段的实验设置与 4.6.2 小节保持一致，实验结果见表 4-1。由于 BNAS-v1 与 BNAS-v1-CCLE 具有类似的实验结果，表 4-1 中仅给出了 BNAS-v1 及 BNAS-v1-CCE 的实验结果。由表 4-1 可知，BNAS-v1 及其变种的最优超参数组合为：①BNAS-v1 搜索阶段的增强模

块的数量为 2（$v_s = 2$），评估阶段增强模块的数量为 1（$v_d = 1$），评估阶段每个卷积细胞内深度特征的个数为 1（$N_k = 1$）；②BNAS-v1-CCLE 搜索阶段的增强模块的数量为 2，评估阶段增强模块的数量为 1 和评估阶段每个卷积细胞内深度特征的个数为 2（$v_s = 2, v_d = 1, N_k = 1$）；③BNAS-v1-CCE 搜索阶段的增强模块的数量为 2，评估阶段增强模块的数量为 2 和评估阶段每个卷积细胞内深度特征的个数为 2（$v_s = 2, v_d = 2, N_k = 2$）。

表 4-1　BNAS-v1 与 BNAS-v1-CCE 的超参数确定

方法	超参数			精度/%					(均值±方差)/%
	v_s	v_d	N_k	结构1	结构2	结构3	结构4	结构5	
BNAS-v1	1	1	0	94.56	95.50	95.51	95.64	95.78	95.40±0.19
			1	96.42	96.63	96.56	96.21	96.64	96.49±0.03
			2	96.32	96.78	96.51	96.58	96.32	96.50±0.03
		2	0	94.34	95.53	95.60	96.02	95.80	95.46±0.34
			1	96.40	96.56	96.36	96.48	96.37	96.43±0.01
			2	95.85	96.65	96.51	96.41	96.58	96.40±0.08
		3	0	93.95	95.75	95.57	95.37	94.97	95.12±0.41
			1	96.49	96.59	96.53	96.24	96.50	96.47±0.01
			2	96.57	96.79	96.01	96.56	96.64	96.51±0.07
	2	1	0	95.20	95.65	94.74	95.86	95.11	95.31±0.16
			1	96.86	96.82	96.28	96.77	96.79	96.70±0.05
			2	96.83	96.36	96.43	96.76	96.72	96.62±0.04
		2	0	94.72	93.89	93.12	95.56	95.72	94.60±0.98
			1	96.79	96.46	96.45	96.56	96.49	96.55±0.02
			2	96.73	96.37	96.48	96.72	96.74	96.61±0.02
		3	0	95.44	95.52	95.28	95.55	94.85	95.33±0.07
			1	96.70	96.72	96.47	96.55	96.66	96.62±0.01
			2	96.76	96.01	96.63	96.50	96.82	96.54±0.08
BNAS-v1-CCE	1	1	0	95.24	95.34	94.11	93.76	94.74	94.64±0.38
			1	96.08	95.91	96.07	96.17	95.55	95.96±0.05
			2	96.40	95.79	95.96	96.42	96.68	96.25±0.11
		2	0	94.89	95.41	94.91	94.78	95.05	95.01±0.05
			1	95.82	95.89	96.13	96.00	95.33	95.83±0.08
			2	96.38	96.55	95.94	96.15	95.83	96.17±0.07
		3	0	95.73	95.42	95.43	95.26	95.53	95.47±0.02
			1	96.30	95.93	96.46	96.25	95.92	96.17±0.05
			2	96.42	95.74	96.07	95.94	96.01	96.04±0.05
	2	1	0	95.51	95.51	95.03	95.85	95.65	95.51±0.07
			1	96.22	96.17	96.67	96.53	96.40	96.40±0.04
			2	95.62	96.73	96.40	96.64	96.68	96.41±0.17
		2	0	95.06	95.78	94.74	95.38	95.61	95.31±0.14
			1	96.32	96.11	95.91	96.39	96.42	96.23±0.04
			2	96.71	96.56	96.13	96.63	96.77	96.56±0.05

续表

方法	超参数		N_k	精度/%					(均值±方差)/%
	v_s	v_d		结构1	结构2	结构3	结构4	结构5	
BNAS-v1-CCE	2	3	0	95.39	95.53	95.53	95.31	95.87	95.53±0.04
			1	95.70	96.07	96.25	96.54	96.10	96.13±0.07
			2	96.44	96.63	96.48	96.41	96.56	96.50±0.01

4.6.2　CIFAR-10图像分类

类似地，BNAS-v1及其变种仍选择CIFAR-10作为代理数据集实现BCNN的架构搜索。其中，BNAS-v1及其变种采用的数据增强方式与ENAS[26] 相同。在BNAS-v1及其变种中，预先定义的候选操作集合为：3×3深度可分离卷积、5×5深度可分离卷积、3×3最大池化、3×3平均池化和跳跃式连接。此外，卷积细胞与增强细胞中的节点个数为7。

在搜索阶段，BNAS-v1及其变种采用Nesterov动量，且其学习率服从 $lr_{max}=0.05$、$lr_{min}=0.0005$、$T_0=10$ 且 $T_{mul}=2$ 的余弦规则[173]，以优化宽度超网络的权重参数。此外，整个搜索过程使用CIFAR-10迭代训练BNAS-v1及其变种的次数为150，每个训练步骤中同时将128幅图片作为输入。BNAS-v1及其变种利用学习率为0.0035的Adam优化器完成LSTM控制器的训练过程。与超参数确定实验不同，此处选择10个候选结构并将其在CIFAR-10上迭代训练630次，并根据测试精度选择最优结构。

BNAS-v1及其变种在CIFAR-10上搜索到的最优结构如图4-9所示。为了探究宽度卷积神经网络在不同参数量下的性能，将BNAS-v1及其变种搜索到的每组最优结构通过控制输入通道数的方式构建了三个不同大小（小、中、大模型）的宽度卷积神经网络。其中，BNAS-v1及其变种仅在评估阶段使用了数据增强方法——cutout（简记为c/o）[174]，而未在搜索阶段中使用。BNAS-v1及其变种所得结构在不同参数量下的CIFAR-10分类性能及与其他主流NAS方法的比较分别见表4-2～表4-4。显然，BNAS-v1及其变种的搜索效率最多需要0.20 GPU天，处于业界领先水平且所得结构的最优性能基本与其他NAS方法保持一致。具体的实验分析见4.6.4小节。

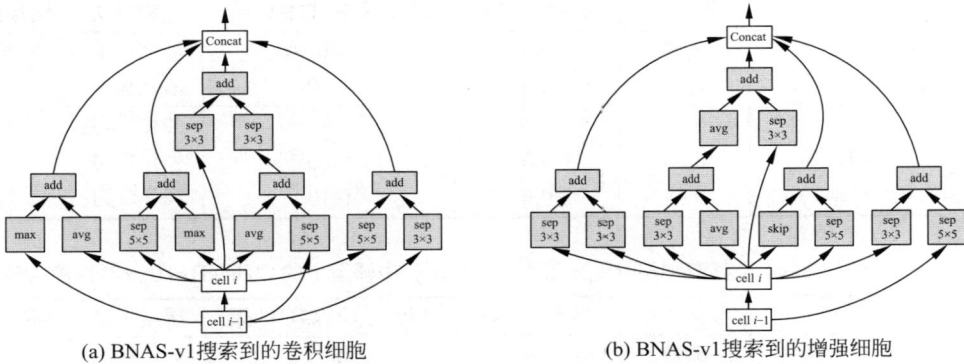

(a) BNAS-v1搜索到的卷积细胞　　　　(b) BNAS-v1搜索到的增强细胞

图 4-9　BNAS-v1及其变种在CIFAR-10上搜索到的最优结构

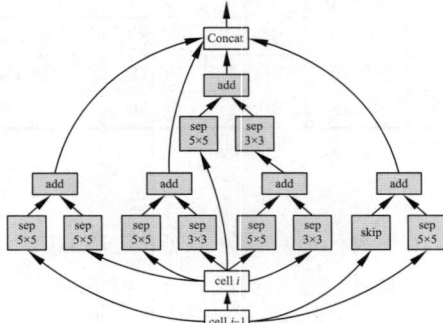

(c) BNAS-v1-CCLE搜索到的卷积细胞

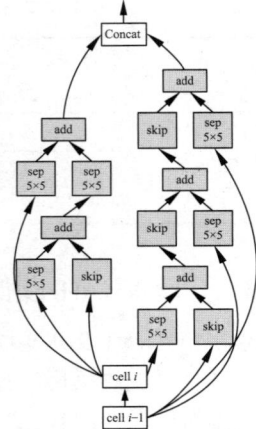

(d) BNAS-v1-CCLE搜索到的增强细胞

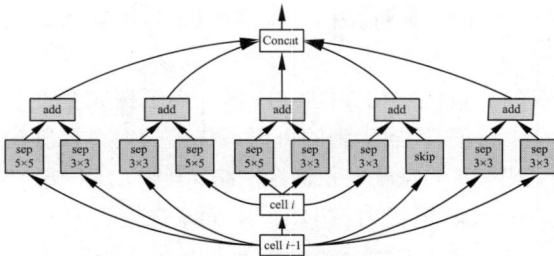

(e) BNAS-v1-CCE搜索到的卷积细胞

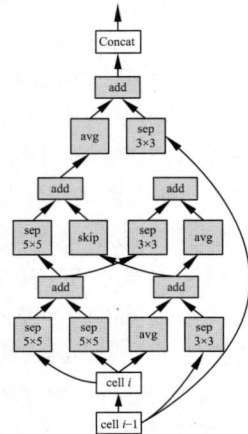

(f) BNAS-v1-CCE搜索到的增强细胞

图 4-9 （续）

表 4-2   BNAS-v1 及其变种与其他主流 NAS 方法在小模型上的 CIFAR-10 分类性能比较

结　　构	误差/%	参数量/M	搜索效率/GPU 天	搜索方法	拓扑结构
LEMONADE + c/o[58]	4.57	0.5	80	演化算法	深
DPP-Net + c/o[175]	4.62	0.5	4.00	演化算法	深
BNAS-v1 + c/o	3.83	0.5	0.20	强化学习	宽
BNAS-v1-CCLE + c/o	3.63	0.5	0.20	强化学习	宽
BNAS-v1-CCE + c/o	3.58	0.6	0.19	强化学习	宽

表 4-3   BNAS-v1 及其变种与其他主流 NAS 方法在中模型上的 CIFAR-10 分类性能比较

结　　构	误差/%	参数量/M	搜索效率/GPU 天	搜索方法	拓扑结构
LEMONADE + c/o[58]	3.69	1.1	80	演化算法	深
DPP-Net + c/o[175]	4.78	1.0	4.00	演化算法	深
BNAS-v1 + c/o	3.46	1.1	0.20	强化学习	宽
BNAS-v1-CCLE + c/o	3.40	1.1	0.20	强化学习	宽
BNAS-v1-CCE + c/o	3.24	1.0	0.19	强化学习	宽

表 4-4 BNAS-v1 及其变种与其他主流 NAS 方法在大模型上的 CIFAR-10 分类性能比较

结　构	误差/%	参数量/M	搜索效率/GPU天	搜索方法	拓扑结构
AmoebaNet-A + c/o[23]	3.34±0.06	3.2	3150	演化算法	深
AmoebaNet-B + c/o[23]	2.55±0.05	2.8	3150	演化算法	深
Hierarchical Evo[40]	3.75±0.12	15.7	300	演化算法	深
LEMONADE + c/o[58]	3.05	4.7	80	演化算法	深
DARTS(二阶) + c/o[27]	2.83±0.06	3.3	4.00	梯度下降	深
DARTS(一阶) + c/o[27]	3.00	2.9	1.50	梯度下降	深
P-DARTS + c/o[28]	2.50	3.4	0.30	梯度下降	深
PC-DARTS + c/o[31]	2.57±0.07	3.6	0.10	梯度下降	深
NASNet-A + c/o[24]	2.65	3.3	1800	强化学习	深
NASNet-B + c/o[24]	3.73	2.6	1800	强化学习	深
MANAS + c/o[176]	2.63	3.4	2.80	强化学习	深
ENAS + c/o[26]	2.89	4.6	0.45	强化学习	深
BNAS-v1 + c/o	2.97	4.7	0.20	强化学习	宽
BNAS-v1-CCLE + c/o	2.95	4.1	0.20	强化学习	宽
BNAS-v1-CCE + c/o	2.88	4.8	0.19	强化学习	宽

4.6.3　ImageNet 图像分类

　　由于 BNAS-v1 及其变种均是基于细胞搜索空间的，因此可将其搜索到的结构迁移到 ImageNet 上以解决大规模图像分类任务。该实验不仅能够验证 BNAS-v1 及其变种所得结构的可迁移能力，还可以证明宽度卷积神经网络强大的多尺度特征提取能力。与 CIFAR-10 图像分类实验类似，此处同样采用了标准的数据预处理方法（如随机裁剪、翻转），并将不同尺寸的图像大小统一为 224×224。由于计算资源的限制，此处仅将 BNAS-v1 及其变种所得三组结构中的最优结构（即 BNAS-v1-CCE 所得结构）进行迁移。

　　为了实现 ImageNet 图像分类，BCNN-CCE 的超参数设置如下：① 卷积模块数量为 5；② 每个卷积模块中的深度细胞数量为 1；③ 增强模块数量为 1。此外，实验中使用的几个重要参数为：① ImageNet 遍历次数为 150 次；② 批大小为 256；③ 优化器为 SGD 且其动量与权重衰减分别为 0.9 和 3×10^{-5}；④ 初始学习率为 0.1，当 ImageNet 遍历到第 70、100 及 130 次时学习率衰减为当前值的 1/10。其他超参数（如标签平滑、梯度截断边界等）的设置可参考 DARTS[27]。表 4-5 总结了宽度卷积神经网络在 ImageNet 上的分类性能（参数量和精度），并将其与其他主流的 ImageNet 分类器进行了比较。显然，BNAS-v1 所得变种能够以最少的参数量取得极具竞争力的分类精度。

表 4-5 BNAS-v1 与其他主流 NAS 方法在 ImageNet 上的分类性能比较

结　构	测试误差/%		参数量/M	拓扑结构
	top-1	top-5		
Inception v1[121]	30.2	10.1	—	深
MobileNet-224[126]	29.4	—	6	深
ShuffleNet (2x)[128]	29.1	10.2	10	深

续表

结　　构	测试误差/%		参数量/M	拓扑结构
	top-1	top-5		
AmoebaNet-A[23]	25.5	8.0	5.1	深
AmoebaNet-B[23]	26.0	8.5	5.3	深
NASNet-A[24]	26.0	8.4	5.3	深
NASNet-B[24]	27.2	8.7	5.3	深
NASNet-C[24]	27.5	9.0	4.9	深
PNASNet[25]	25.8	8.1	5.1	深
LEMONADE[58]	26.9	9.0	4.9	深
DARTS[27]	26.7	8.7	4.7	深
FBNet-B[42]	25.9	—	4.5	深
P-DARTS (CIFAR-10)[28]	24.4	7.4	4.9	深
P-DARTS (CIFAR-100)[28]	24.7	7.5	5.1	深
PC-DARTS (CIFAR-10)[31]	25.1	7.8	5.3	深
BNAS-v1	25.7	8.5	3.9	宽

4.6.4　结果分析

在 CIFAR-10 图像分类实验中，BNAS-v1 及其变种搜索到的结构均被用于构建不同规模（小模型约 0.5M 参数，中模型约 1M 参数，大模型约 4M 参数）的模型。对于小/中模型，BNAS-v1 及其变种选择 LEMONADE[58] 和 DPP-Net[175] 作为对比方法。显然，BNAS-v1 及其变种能够在更短的时间内搜索到具有更高性能的宽度卷积神经网络以解决小规模图像分类任务。特别地，与对比方法相比，BNAS-v1-CCE 所得结构搭建的小模型（表4-2）在分类精度上的增幅超过 1.04%。对于大模型，BNAS-v1 及其变种选择多个主流方法（如 AmoebaNet[23]、NASNet[24]、DARTS[27]、ENAS[26]、P-DARTS[28]、PC-DARTS[31]）作为对比方法。显然，本章所提出的方法能够取得有竞争力的分类性能。在 BNAS-v1 及其变种中，BNAS-v1-CCE 所得模型取得了最好的性能：使用 4.8M 参数取得了 2.88% 的测试误差。

在 ImageNet 图像分类实验中，我们将 BNAS-v1 及其变种同时与手工设计模型（如 Inception[121]、MobileNet[126]、ShuffleNet[128]）及自动设计模型（如 AmoebaNet[23]、NASNet[24]、DARTS[27]、P-DARTS[28]、PC-DARTS[31]）进行了比较。就分类精度而言，本章所提出的方法取得了 25.7% 的 top-1 测试误差，该结果与性能最好的 P-DARTS 之间差距约为 1.3%。上述实验结果能够有效地证明宽度卷积神经网络具有强大的多尺度特征提取能力。就参数量而言，BNAS-v1 通过最少的参数量（3.9M）取得了极具竞争力的分类精度。由于宽度卷积神经网络对其提取的多尺度特征融合为更合理、综合的表征，使得 BNAS-v1 仅使用少量的参数便能做出更精准的决策。

4.6.5　搜索效率

BNAS-v1 及其变种的搜索效率①分别比 AmoebaNet[23]、NASNet[24] 快 15750 倍、9000 倍，即 3~4 个数量级。BNAS-v1 及其变种的搜索速度比那些相对高效的 NAS 方法，如 Hierarchical

---

① BNAS-v1 及其变种的搜索效率在本实验中分别为 0.20、0.20 和 0.19 GPU 天，后续数据以 0.20GUP 天为基础进行计算。

Evo[40]、PNAS[25]、LEMONADE[58]，分别快 1500 倍、1125 倍及 400 倍。下面我们给出 BNAS-v1 及其变种与部分业界最高效的 NAS 方法（如 DPP-Net[175]、DARTS[27]、P-DARTS[28]、PC-DARTS[31]、ENAS[26]）之间的比较。

BNAS-v1 及其变种的搜索效率比 DPP-Net 快 20 倍。此外，BNAS-v1 及其变种所得模型的分类性能更高。DARTS 是一种基于梯度的 NAS 方法，将离散搜索空间转换为连续搜索空间后使用一/二阶逼近仅需 1.5/4 GPU 天便能够搜索到高性能的深度模型。BNAS-v1 及其变种的搜索效率比一/二阶逼近 DARTS 快 7.5/20 倍。BNAS-v1 及其变种所得结构的分类性能比一阶逼近 DARTS 更高，但低于二阶逼近 DARTS。P-DARTS 和 PC-DARTS 是在 DARTS 的基础上发展而来的，且其搜索效率处于业界领先水平。BNAS-v1 及其变种的搜索效率比 P-DARTS 快 1.5 倍，但比 PC-DARTS 慢 0.10 GPU 天。

特别地，我们所提方法的搜索效率比 ENAS（其搜索效率在基于强化学习的 NAS 方法中排名第一）快 2.25 倍，且两者所得结构的分类精度相当。如前文所述，BNAS-v1 及其变种所采用的优化方法为 ENAS 中采用的权重共享和强化学习，即宽度卷积神经网络为两者之间的唯一差异。因此，我们所提出的宽度搜索空间在避免所得结构性能损失的前提下，能够有效地提升架构搜索效率。

4.7　本章小结

针对目前 NAS 中存在的问题，本章提出了一种高效的宽度神经网络架构搜索方法——BNAS-v1，其核心思想是通过设计一种宽度搜索空间——BCNN 代替深度搜索空间，从而进一步提升 NAS 的搜索效率。其中，BCNN 能够使用宽度拓扑结构取得极具竞争力的分类性能。作为神经网络中的一种新型范式，本章同时给出了关于 BCNN 万能逼近能力的证明，为其有效性提供了有力的理论支撑。此外，本章通过设计具有不同拓扑结构的 BCNN 提出了 BNAS-v1 的两个变种：BNAS-v1-CCLE 与 BNAS-v1-CCE。同时，本章为 BNAS-v1 及其变种中所使用的宽度卷积神经网络分别确定了最优的结构超参数。最后，BNAS-v1 及其变种将 CIFAR-10 作为代理数据集实现了架构搜索以验证其性能（搜索效率与分类精度），并将所得结构迁移到 ImageNet 上以验证 BCNN 解决大规模图像分类任务的能力。

实验结果显示，所提出的 BCNN 能够在保证所得结构性能的前提下，大幅提升 NAS 的搜索效率。就搜索效率而言，基于强化学习的 BNAS-v1 及其变种最多需要 0.20 GPU 天便能够搜索到一个宽度卷积神经网络，该搜索效率比 ENAS（其搜索效率在基于强化学习的 NAS 方法中排名第一）快 2.25 倍。就分类性能而言，BNAS-v1 及其变种所得结构性能处于业界领先水平，尤其是在小、中模型上。对于 ImageNet 图像分类实验而言，BNAS-v1 所得结构仅用较少的参数量便可取得极具竞争力的分类性能，进而验证了 BCNN 强大的多尺度特征提取能力及多尺度特征融合的有效性。

第5章
可微分的宽度神经网络架构搜索

5.1 引言

针对ENAS[26]中存在的问题,第4章提出了基于BCNN的BNAS-v1及其两个变种——BNAS-v1-CCLE和BNAS-v1-CCE。在保证所得模型性能的前提下,BNAS-v1及其变种取得了极高的搜索效率——最多需要0.20 GPU天,在基于强化学习的NAS方法中排名第一。BNAS-v1及其变种能够具有优异性能的主要原因是:所提出的BCNN能够使用较少的细胞取得极具竞争力的分类性能。与之前采用深度搜索空间的NAS方法相比,采用宽度搜索空间的BNAS-v1在搜索效率方面具有如下优势:① 更快的单步训练时间;② 更高的内存效率。第一个优势意味着,在搜索过程中处理相同数量的数据时,BNAS-v1及其变种的训练速度更快,提升了搜索效率。第二个优势意味着,在同样的硬件配置下,BNAS-v1及其变种能够在搜索过程中同时处理更多的数据,从而进一步提升搜索效率。然而,受到ENAS中存在的不公平训练问题的影响,BNAS-v1及其变种未能充分利用BCNN所带来的两个优势,导致其搜索效率的提升有限。

针对BNAS-v1无法充分利用BCNN的两个优势的问题,本章提出了可微分的宽度神经网络架构搜索——BNAS-v2,其总览如图5-1所示。一方面,BNAS-v2采用连续松弛策略解决宽度超网络不公平训练问题。另一方面,BNAS-v2提出置信学习率(confident learning rate,CLR),并引入部分通道连接策略以解决连续化宽度搜索空间存在的性能崩塌问题。BNAS-v2能够在保证所得模型精度的前提下,进一步提升宽度神经网络架构搜索的效率。BNAS-v2的主要创新点如下:

(1) 通过连续松弛策略构建了可微分的宽度神经网络架构搜索(differentiable broad neural architecture search,BNAS-D),以进一步提升搜索效率。其中,连续松弛策略将候选操作的选择看作一种关于所有候选操作的softmax形式。

(2) 针对BNAS-D中存在的性能崩塌问题,提出了CLR并引入了部分通道连接策略。主要包括:所提出的CLR随宽度超网络训练时间的增加而增大;部分通道连接策略仅更新宽度超网络中的部分通道,能够进一步降低BNAS-D的内存占用。本章将使用CLR与部分通道连接的BNAS-D,分别记作BNAS-v2-CLR和BNAS-v2-PC(partial-connected BNAS-v2)。

(3) 由于能够充分利用BCNN的两个优势,BNAS-v2-CLR与BNAS-v2-PC的搜索效率分别比BNAS-v1快2.22倍(0.09 GPU天)与4倍(0.05 GPU天——比搜索效率排名第一的PC-DARTS快2倍)。此外,BNAS-v2所得结构的分类精度比BNAS-v1更高。

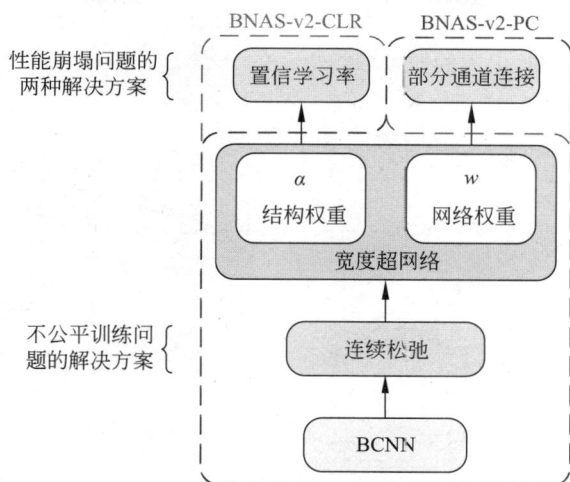

图 5-1　BNAS-v2 总览

　　本章的内容安排如下：5.2节给出了问题描述和研究内容；5.3节对 BNAS-v2 中所使用的宽度搜索空间进行了简单介绍，并对宽度搜索空间的连续松弛策略进行了阐述；5.4节给出了 CLR 与部分通道连接的具体实现方法；5.5节提出了针对 BNAS-v2-CLR 与 BNAS-v2-PC 的架构优化算法；5.6节给出了所用数据集与实验细节，确定了置信学习率中的最优置信因子，描述了 BNAS-v2 在 CIFAR-10 与 ImageNet 上的相关实验，验证了置信学习率对于缓解性能崩塌问题的有效性；5.7节对本章内容进行了总结。

5.2　问题描述与研究内容

5.2.1　不公平训练问题

　　ENAS 采用权重共享与强化学习相结合的方式实现高效的神经网络架构搜索。然而，上述优化策略导致超网络训练过程中存在不公平训练问题，如图5-2所示。其中，每个细胞均可表示为 DAG 中的一条路径。不公平训练问题产生的具体步骤如下：

　　(1) 根据采样策略 $\pi(\cdot)$，ENAS 利用一个 LSTM 控制器从 DAG 中采样一条路径 [图5-2(a) 中的红色实线]；

　　(2) 通过一个训练批数据对采样路径上的操作进行训练 [图5-2(b)]；

　　(3) 根据采样策略 $\pi(\cdot)$，ENAS 利用 LSTM 采样 DAG 中另外一条路径 [图5-2(c) 中的红色实线]；

　　(4) 通过另一个训练批数据对采样路径上的操作进行训练 [图5-2(d)]，其中每个被采样到的操作均继承了图5-2(b) 中的权重，而非初始化权重；

　　(5) 重复上述采样步骤 [图5-2(e)]；

　　(6) 重复上述训练步骤 [图5-2(f)] 直至遍历完整个搜索数据集；

　　(7) 随后，ENAS 采用基于策略梯度的强化学习算法更新采样策略 $\pi(\cdot)$。

　　与那些训练次数较少的操作 [如图5-2(f) 中的5×5卷积] 相比，强化学习算法更加倾向于采样那些训练多次的操作 [如图5-2(f) 中的1×1卷积]。造成上述结果的原因是完全训练的操作能够取得更高的验证集精度（即奖赏）。然而，在整个DAG被完全训练的前提下，具有更大感受野的5×5卷积比1×1卷积有更大的概率取得更高的分类精度。

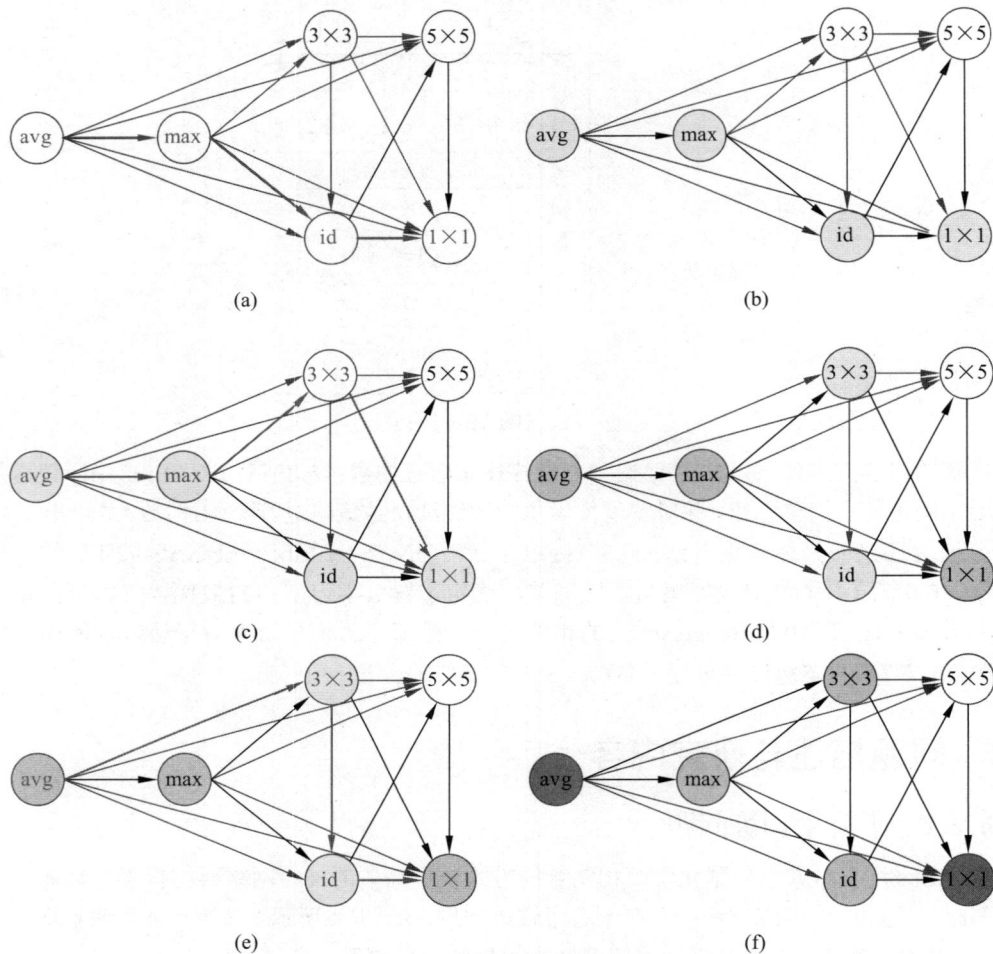

彩图5-2

(a)

(b)

(c)

(d)

(e)

(f)

图 5-2 BNAS-v1 及其变种中存在的不公平训练问题

由于采用了与ENAS相同的优化策略，因此BNAS-v1中同样存在不公平训练问题。此外，内存高效使搜索效率提升的同时，也加重了不公平训练问题。为了充分利用宽度搜索空间的两个优势，本章采用连续松弛策略实现宽度搜索空间的连续化，从而构建可微分的搜索空间。随后，便可通过基于梯度下降的算法同时更新整个宽度超网络，而非仅更新被采样到的路径。然而，连续化的宽度搜索空间产生了另一个问题——性能崩塌。

5.2.2 性能崩塌问题

在连续化的宽度搜索空间中，与那些有权重的操作（如卷积）相比，基于梯度下降的搜索算法更加倾向于选择那些无权重的操作（如池化、跳跃式连接），从而导致所得结构性能较低，即性能崩塌问题。该问题具有如下特征：

(1) 在宽度超网络的训练前期，无权重操作的输出与其输入之间的差距较小导致其梯度更大，进而使得此类操作被选择到的概率大大增加；

（2）随着宽度超网络训练时间的增加，由于有权重操作在特征提取能力上的优势，无权重操作的统治性优势逐渐被弱化；

（3）对于 NAS 中所使用的搜索空间而言，其头部细胞（如深度搜索空间中的卷积细胞、宽度搜索空间中的卷积细胞）所受到的影响比尾部细胞（如深度搜索空间中的下采样细胞、宽度搜索空间中的增强细胞）更小。

5.3　可微分的宽度搜索空间

在第4章中，BNAS-v1 及其变种在 CIFAR-10 上的性能比较见表5-1。其中，BNAS-v1 及其变种的搜索过程在单块 NVIDIA GTX 1080Ti GPU 上完成，且其所得结构被堆叠为三个不同规模的模型：小模型（参数量约为0.5M）、中模型（参数量约为1M）及大模型（参数量约为4M）。显然，无论是搜索效率还是所得模型的精度，BNAS-v1-CCE 均是最好的。因此，BNAS-v2 选择 BNAS-v1-CCE 所使用的 BCNN 作为宽度搜索空间，其结构如图5-3所示。

表 5-1　BNAS-v1 及其变种在 CIFAR-10 上的性能比较

结　　构	搜索效率/GPU 天	测试误差/%		
		小模型	中模型	大模型
BNAS-v1	0.20	3.83	3.46	2.97
BNAS-v1-CCLE	0.20	3.63	3.40	2.95
BNAS-v1-CCE	0.19	3.58	3.24	2.88

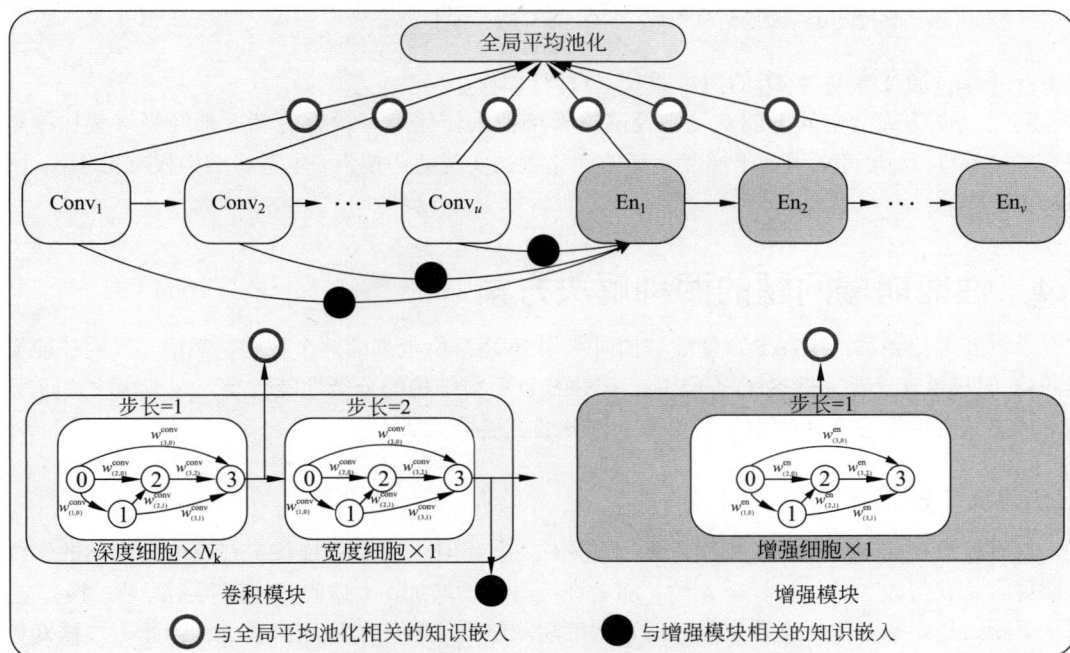

图 5-3　BNAS-v2 所使用的宽度卷积神经网络

BCNN 包含四个主要组成部分：卷积模块、增强模块、知识嵌入及多尺度特征融合。卷积

模块使用 N_k 个深度细胞（步长为 1）及 1 个宽度细胞（步长为 2）分别实现深度、宽度特征提取。第一个增强模块将所有宽度细胞的输出作为输入以实现多尺度特征增强，且所有增强模块均以深度方式进行堆叠。BCNN 通过知识嵌入策略控制每个卷积模块的输出到 GAP 层与第一个增强模块的重要性。其中，BCNN 通过一个 1×1 卷积实现知识嵌入，并通过输出特征图的通道数对多尺度特征的重要性进行度量。多尺度特征融合使得 GAP 层能够将卷积模块与增强模块提取的多尺度特征融合为更全面的表征信息，从而保证宽度卷积神经网络能够在具有较浅拓扑结构的前提下取得令人满意的分类性能。

为了便于阐述连续松弛策略，本小节将对基于细胞的宽度搜索空间重新定义。宽度搜索空间中的每个细胞（如深度、宽度与增强细胞）均可看作一个由 N_n 个节点组成的 DAG：2 个输入节点 $\{x_{(0)}, x_{(1)}\}$，$N_n - 3$ 个中间节点 $\{x_{(2)}, x_{(3)}, x_{(4)}, \cdots, x_{(N-2)}\}$ 及 1 个输出节点 $x_{(N-1)}$。每个中间节点 $x_{(i)}$ 为操作 $o_{(i,j)}(\cdot)$ 输出的特征图。其中，每个操作均从一个预先定义且包含多个候选操作（如卷积、池化）的搜索空间 $\mathcal{O}$ 中进行选择，并用于 $x_{(j)}$ 的非线性变换。因此，可将每个中间节点表示为

$$x_{(i)} = \sum_{j<i} o_{(i,j)}(x_{(j)}) \tag{5-1}$$

此外，每个细胞的输出是将所有中间节点的输出进行聚合后得到的。

为了缓解 BNAS-v1 中存在的不公平训练问题，BNAS-v2 在构建宽度超网络时将每个中间节点与所有候选操作进行关联，从而使得其优化算法能够同时更新每条可能的路径，即细胞。其中，每个候选操作将当前节点之前所有节点的输出作为输入。受到 DARTS[27] 的启发，此处将宽度搜索空间中每个细胞的边 (i, j) 松弛为

$$f_{(i,j)}(x_{(j)}) = \sum_{o \in \mathcal{O}} \frac{\exp(\alpha_{(i,j)}^o)}{\sum_{o' \in \mathcal{O}} \exp(\alpha_{(i,j)}^{o'})} o(x_{(j)}) \tag{5-2}$$

式中：$o(x_{(j)})$ 通过维度为 $|\mathcal{O}|$ 的超参数 $\alpha_{(i,j)}^o$ 进行加权。

随后，便将离散空间下的宽度神经网络架构搜索转化为可微分的宽度神经网络架构搜索——BNAS-D，因此可采用基于梯度下降的优化方法实现架构搜索。本章将结构权重记作 α，网络权重记作 w。

5.4 性能崩塌问题的两种解决方案

经过连续松弛后，BNAS-D 便能够同时利用 BCNN 所带来的两个优势。然而，受到性能崩塌问题（见 5.2 节或者文献 [81]）的影响，BNAS-D 所得结构的分类性能较差。为了解决该问题，本章提出了置信学习率（CLR）并引入了部分通道连接策略[31]。

5.4.1 置信学习率

与有权重操作（如卷积）相比，无权重操作（如池化、跳跃式连接）在宽度超网络的训练前期更容易获得较大的结构权重 α[31]。随着训练时间的增加，上述问题逐渐得到缓解。换言之，用于更新结构参数 α 的梯度置信度应随着宽度超网络训练时间的增加而增大。因此，与搜索数据集遍历次数相关的 CLR 可表示为

$$\mathrm{lr}_{\mathrm{conf}}(t) = (\frac{t}{T})^{\beta} \times \mathrm{lr}_{\mathrm{base}} \tag{5-3}$$

式中：t 为当前遍历次数，且其取值范围从 1 到最大遍历次数 T；β 为置信因子，且其值的大小与宽度超网络的置信度（即训练程度）成正比；$\mathrm{lr_{base}}$ 为结构权重的初始学习率。图5-4对使用不同置信因子的CLR进行了直观展示，其中 $\mathrm{lr_{base}} = 0.0003$ 为DARTS[27]所采用的结构权重学习率。

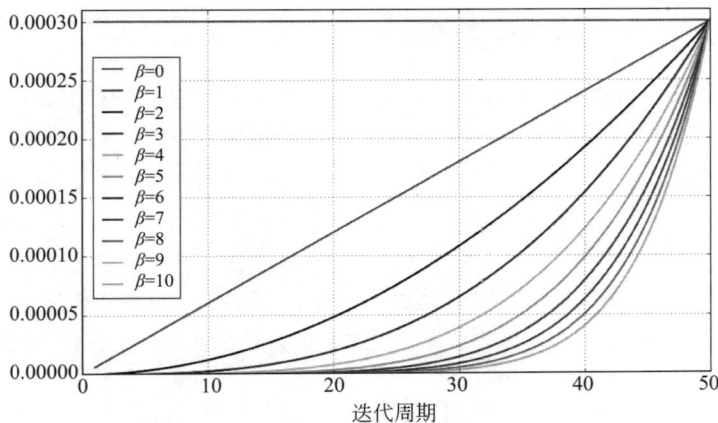

图 5-4　使用不同置信因子的置信学习率曲线

为CLR确定合适的置信因子 β 是非常重要的。随着 β 的增大，在宽度超网络的训练前期，置信学习率的取值约等于0，即只有网络权重 w 被更新，结构权重 α 一直处于冻结状态。上述情况类似于PC-DARTS[31]中为了缓解性能崩塌问题而使用的热启动（warmup）策略，即遍历搜索数据集15次之后开始更新结构参数 α。因此，本章通过准则5.1为CLR确定置信因子 β。

准则5.1　最优的置信因子 β 应使得CLR从搜索数据集遍历15次左右时开始更新BNAS-D的结构权重。

5.4.2　部分通道连接

对于节点 $x_{(j)}$ 与 $x_{(i)}$ 之间的连接，部分通道连接[31]仅将特征图的部分通道输入 $|\mathcal{O}|$ 个操作中，并将其他通道复制后直接作为输出的一部分。进而，BNAS-v2-PC的连续松弛可表示为

$$f_{(i,j)}^{\mathrm{PC}}(x_{(j)}; M_{(i,j)}) = \sum_{o \in \mathcal{O}} \frac{\exp(\alpha_{(i,j)}^o)}{\sum_{o' \in \mathcal{O}} \exp(\alpha_{(i,j)}^{o'})} o(M_{(i,j)} * x_{(j)}) + (1 - M_{(i,j)}) * x_{(j)} \qquad (5\text{-}4)$$

式中：$M_{(i,j)}$ 为通道采样掩码，且其取值为0（未被选中）或者1（被选中）；$M_{(i,j)} * x_{(j)}$ 为被选中的通道；$(1 - M_{(i,j)}) * x_{(j)}$ 代表未被选中的通道。由于仅采样了部分通道，BNAS-v2-PC的内存效率相对于BNAS-v2-CLR得到进一步提升，进而其搜索过程中能够同时处理的数据量比BNAS-v2-CLR更多，即BNAS-v2-PC的搜索效率比BNAS-v2-CLR更高。

部分通道连接策略仅将小部分输入通道用于混合操作，从而能够有效缓解性能崩塌问题[31]。然而，部分通道连接策略会导致整个搜索过程产生较大的波动。为了缓解搜索过程不稳定的问题，BNAS-v2-PC采用了边标准化方法，即通过一组超参数 $\gamma_{(i,j)}$ 对边 (i,j) 进行加权。因此，$x_{(i)}$ 可表示为

$$x_{(i)}^{\mathrm{PC}} = \sum_{j < i} \frac{\exp(\gamma_{(i,j)})}{\sum_{j' < i} \exp(\gamma_{(i,j')})} \cdot f_{(i,j)}(x_{(j)}) \qquad (5\text{-}5)$$

最优结构中每个操作 $o_{(i,j)}$ 的确定方式为

$$o_{(i,j)} = \underset{o \in \mathcal{O}}{\text{argmax}} \frac{\exp(\alpha^o_{(i,j)})}{\sum\limits_{o' \in \mathcal{O}} \exp(\alpha^{o'}_{(i,j)})} \cdot \frac{\exp(\gamma_{(i,j)})}{\sum\limits_{j' < i} \exp(\gamma_{(i,j')})} \tag{5-6}$$

5.5 基于梯度下降的搜索算法

连续松弛策略使得宽度神经网络架构搜索能够通过基于梯度下降的优化算法进行架构搜索。由于 BNAS-v2-CLR 和 BNAS-v2-PC 采用了不同的策略来缓解性能崩塌问题,因而导致两者的优化方法不同。

5.5.1 BNAS-v2-CLR

与 DARTS[27] 类似,BNAS-v2-CLR 通过下降 $\text{lr}_w * \nabla_w \mathcal{L}_{\text{train}}(w, \alpha)$ 和 $\text{lr}_{\text{conf}} * \nabla_\alpha \mathcal{L}_{\text{val}}(w - \xi \nabla_w \mathcal{L}_{\text{train}}(w, \alpha), \alpha)$ 分别对 w 和 α 进行更新。此外,$\mathcal{L}$ 为损失函数,ξ 用于控制逼近阶数,具体规则为

$$\begin{cases} \xi = 0, & \text{一阶} \\ \xi > 0, & \text{二阶} \end{cases} \tag{5-7}$$

BNAS-v2-CLR 的搜索算法如图5-5所示,结构权重与网络权重的具体更新迭代过程如下:

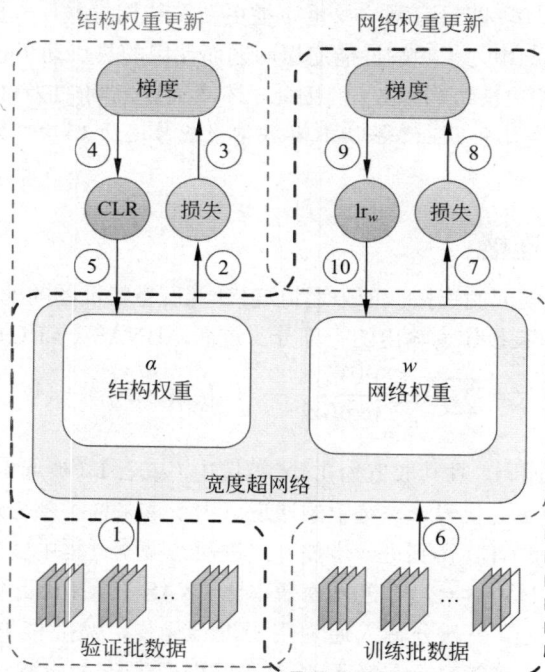

图 5-5　BNAS-v2-CLR 的搜索算法

(1) 将一个验证批数据输入宽度超网络中(①),并计算相应的损失函数(②);

(2) 根据上述损失,计算关于结构权重的梯度(③);

(3) 利用所提出的 CLR 计算置信梯度(④),即 $\text{grad}_{\text{conf}} = \text{lr}_{\text{conf}} * \nabla_\alpha \mathcal{L}_{\text{val}}(w - \xi \nabla_w \mathcal{L}_{\text{train}}(w, \alpha), \alpha)$,以更新结构权重(⑤);

(4) 将一个训练批数据输入宽度超网络中(⑥)，并计算相应的损失函数(⑦)；

(5) 根据所得损失，计算关于网络权重的梯度(⑧)；

(6) 计算学习率 lr_w 与所得梯度的乘积(⑨)，即 $\mathrm{lr}_w * \nabla_w \mathcal{L}_{\mathrm{train}}(w, \alpha)$，以更新网络权重(⑩)。

5.5.2　BNAS-v2-PC

BNAS-v2-PC 的具体优化过程见算法5.1。由于 BNAS-v2-CLR 与 BNAS-v2-PC 采用了不同的策略来缓解性能崩塌问题，所以二者的搜索算法存在两点不同：

(1) BNAS-v2-PC 通过部分通道连接与边标准化策略的组合对宽度超网络进行构建；

(2) BNAS-v2-PC 通过两组超参数，即 α 和 γ，确定最优结构。

算法 5.1 BNAS-v2-PC

通过式(5-4)及式(5-5)将每条边 (i,j) 进行连续化为 $f_{(i,j)}^{\mathrm{PC}}(x_{(j)}^{\mathrm{PC}}; M_{(i,j)})$，并通过 $\alpha_{(i,j)}$ 与 $\gamma_{(i,j)}$ 表示

while not converged **do**

　通过 $\nabla_w \mathcal{L}_{\mathrm{train}}(w, \alpha, \gamma)$ 优化 w

　通过 $\nabla_\alpha \mathcal{L}_{\mathrm{val}}(w - \xi \nabla_w \mathcal{L}_{\mathrm{train}}(w, \alpha, \gamma), \alpha, \gamma)$ 优化 α 与 γ

end while

通过式(5-6)确定 $o_{(i,j)}$

5.6　实验与分析

本章通过一系列实验验证了 BNAS-v2-CLR 与 BNAS-v2-PC 的有效性。

5.6.1　数据集与实验细节

1. 数据集

与 BNAS-v1 相同，BNAS-v2 仍选择 CIFAR-10、ImageNet 作为实验数据集。CIFAR-10 由 60000 幅大小为 32×32 的图片组成，其中 50000 幅图片用于模型训练，10000 幅图片用于模型测试。BNAS-v2 利用一系列标准的数据增强方法(如随机翻转、随机裁剪)对 CIFAR-10 进行处理。ImageNet 是针对大规模图像分类任务的主流数据集。该数据集由约 130 万幅不同大小的图片组成，且被近似等分为 1000 个类别。ImageNet 的数据预处理过程与 BNAS-v1 相同，且将所有图像的尺寸统一为 224×224。

2. 实验细节

BNAS-v2-CLR 利用 CIFAR-10 进行架构搜索，并将所得结构迁移到 ImageNet 上以验证其可迁移能力。得益于部分通道连接的内存高效性，BNAS-v2-PC 在 CIFAR-10 与 ImageNet 上均能够进行架构搜索。在之前基于梯度下降的 NAS 框架中，搜索空间 $\mathcal{O}$ 共包含 8 个候选操作：3×3 可分离卷积、5×5 可分离卷积、3×3 空洞卷积、5×5 空洞卷积、3×3 最大池化、3×3 平均池化、跳跃式连接及零操作(节点之间无连接)。BNAS-v2-PC 仍采用上述搜索空间。由于所提出的 CLR 无法使得增强细胞受到的性能崩塌问题得到有效缓解，BNAS-v2-CLR 将跳跃式连接从搜索空间 $\mathcal{O}$ 中删除。图5-6展示了 BNAS-v2-CLR 使用跳跃式连接时产生的性能崩塌问题，子图的

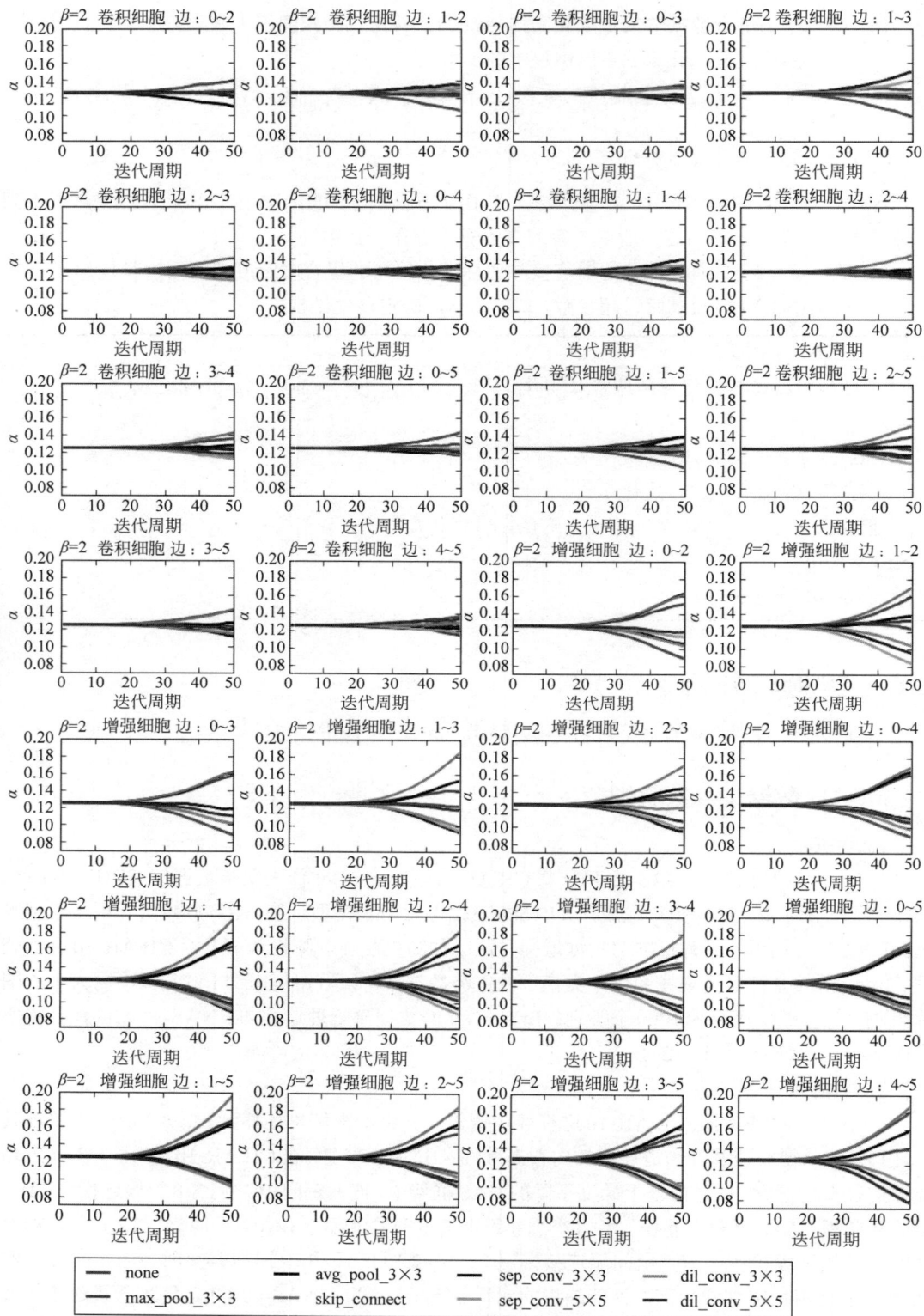

彩图5-6

图 5-6　BNAS-v2-CLR ($\beta = 2$) 使用跳跃式连接时产生的性能崩塌问题

序号由左到右、自上而下递增。其中，子图1~14为卷积细胞每条边上各个操作的结构权重变化情况；子图15~28为增强细胞每条边上各个操作的结构权重变化情况。显然，CLR能够有效地缓解卷积细胞中存在的性能崩塌问题，但无法撼动跳跃式连接（图5-6中的蓝色实线）在增强细胞中的主导地位。此外，一个全部由跳跃式连接组成的增强细胞无法使得宽度卷积神经网络取得极具竞争力的分类性能。如文献 [81] 所述，直接将原始图像作为输入的第一个细胞所接收到的信息比最后一个细胞所接收到的信息含有更少的噪声，从而导致增强细胞比卷积细胞受到的性能崩塌问题更为严重。

5.6.2　置信因子确定

为了能够依据5.4.1小节中的准则5.1为CLR确定最优的置信因子 β，本章将其取值范围设置为1、2、3和4，并将最浅边（连接第一个输入节点 $x_{(0)}$ 与第一个中间节点 $x_{(2)}$ 的边）所对应的结构权重作为确定最优置信因子的准则，实验结果如图5-7所示。

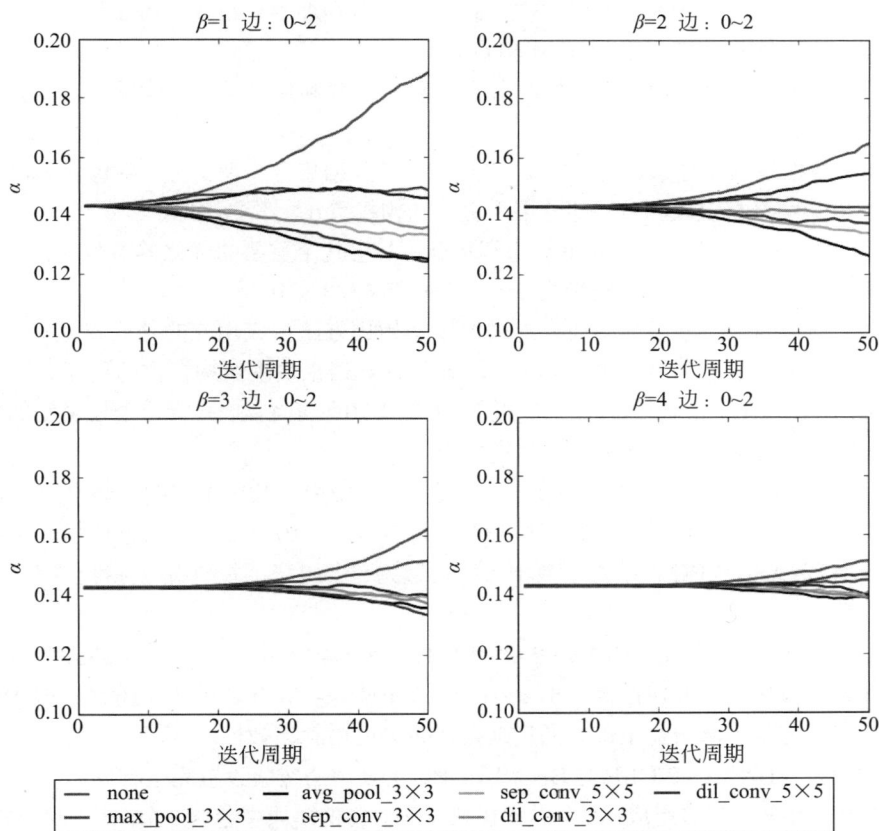

彩图5-7

图 5-7　BNAS-v2-CLR 使用不同置信因子时最浅边上每个操作对应的结构权重

当 $\beta = 1$ 时，结构权重 α 从第10个迭代周期之前便开始产生变化。此时，网络权重 w 还未被训练完全，从而导致梯度的置信度较低，进而无法缓解性能崩塌问题。当 $\beta = 3$、4时，结构权重 α 从第20个迭代周期后才开始产生变化。此时，网络权重 w 的训练时间过长，从而导致结构权重 α 无法被训练完全。当 $\beta = 2$ 时，结构权重 α 约从第15个迭代周期开始更新。此时，网络权

重 w 已被训练完全，同时结构权重 α 也有足够的时间进行训练。显然，$\beta = 2$ 为 BNAS-v2-CLR 的最优置信因子。在后续实验中，BNAS-v2-CLR 将 $\beta = 2$ 作为默认超参数。此外，图5-7中还有一个有趣的现象：无论置信因子取值多少，零操作（红色实线）均能够取得最大的结构权重。上述现象说明所提出的置信学习率仅改变有权重操作的结构权重在宽度超网络训练后期的趋势，而非在训练前期强行赋予无权重操作一个较小的结构权重。

5.6.3 CIFAR-10图像分类

本部分将利用 BNAS-v2-CLR、BNAS-v2-PC 实现在 CIFAR-10 上的架构搜索。首先给出了两种搜索与评估阶段的实验设置；其次展示了 BNAS-v2-CLR 和 BNAS-v2-PC 的实验结果，并进一步给出了关于精度和搜索效率的定量、定性分析。

1. 实验设置

在搜索阶段，BNAS-v2-CLR 与 BNAS-v2-PC 中相同的实验设置如下：

(1) 宽度超网络由 3 个细胞（2 个宽度细胞、1 个增强细胞）组成，每个细胞包含 6 个节点（1 个输入节点、4 个中间节点及 1 个输出节点）。

(2) 将宽度超网络的初始输入通道数设置为16，并利用搜索数据集将其训练50个迭代周期。

(3) 训练数据集的切分系数为 0.5，即将整个训练数据集分为两部分，各包含 25000 幅图片，一部分用于更新网络权重 w，另一部分用于更新结构权重 α。

(4) 采用 SGD 优化器对网络权重 w 进行更新，其中几个重要的优化器参数为：学习率采用服从余弦规则的退火衰减方式，动量为 0.9，权重衰减为 3×10^{-4}。

(5) 对于卷积细胞与增强细胞而言，采用零初始化方法生成相应的结构权重 α，并将动量为 $(0.5, 0.999)$、权重衰减为 10^{-3} 的 Adam[174] 作为优化器来实现结构权重的更新。

(6) BNAS-v2-CLR 与 BNAS-v2-PC 利用 CIFAR-10 搜索 4 次，并将每个搜索到的结构重新训练 3 次，将性能均值最高的结构作为最优结构。

此外，BNAS-v2-CLR 与 BNAS-v2-PC 在搜索阶段使用的几个不同的实验设置如下：

(1) BNAS-v2-CLR 将结构参数的学习率 η_α 设置为 3×10^{-4}，并采用置信学习率缓解性能崩塌问题。而 BNAS-v2-PC 将结构参数学习率设置为 6×10^{-4}，并利用边标准化缓解搜索波动问题。

(2) 为了训练网络权重 w，BNAS-v2-CLR 将批大小与学习率分别设置为 256 和 0.1，而 BNAS-v2-PC 将批大小与学习率分别设置为 512 和 0.2。与 BNAS-v2-CLR 相比，BNAS-v2-PC 能够采用更大的批大小与学习率得益于部分通道连接所带来的内存高效性。

在评估阶段，BNAS-v2-CLR 与 BNAS-v2-PC 所采用的实验设置完全相同：

(1) BCNN 由 8 个细胞组成：2 个卷积模块（每个卷积模块中包含 2 个深度细胞与 1 个宽度细胞）、2 个增强模块。

(2) 通过调整初始输入通道数的方式，将 BCNN 的参数量控制在 3~4M。

(3) 使用 SGD 优化器训练上述宽度模型 2000 次，其中，批大小为 128、学习率的初始值为 0.025 且采用服从余弦规则的退火衰减方式，动量为 0.9，权重衰减为 3×10^{-4}。

(4) 与 DARTS[27]、PC-DARTS[31] 类似，使用长度为 16 的 cutout[174] 数据增强策略，且每条路径有 30% 的概率被忽略。

(5) 每个结构根据上述实验设置训练3次，并将相应的均值与标准差作为最终结果。

2. 结果与分析

图5-8与图5-9分别展示了BNAS-v2-CLR与BNAS-v2-PC在不同逼近阶数下搜索到的最优CIFAR-10图像分类结构。此外，表5-2给出了BNAS-v2的搜索效率和精度，并与其他主流NAS方法进行了比较。

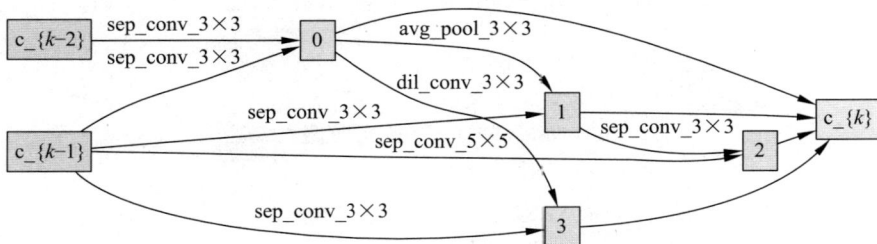

(a) BNAS-v2-CLR(一阶)搜索到的卷积细胞

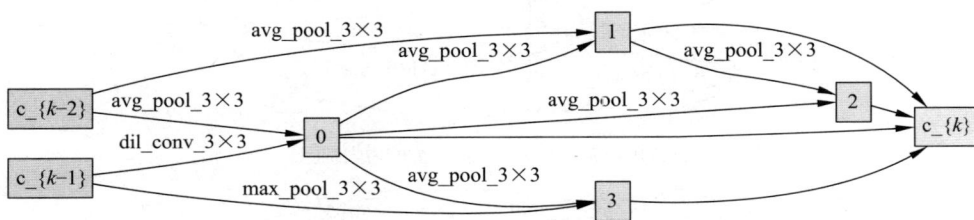

(b) BNAS-v2-CLR(一阶)搜索到的增强细胞

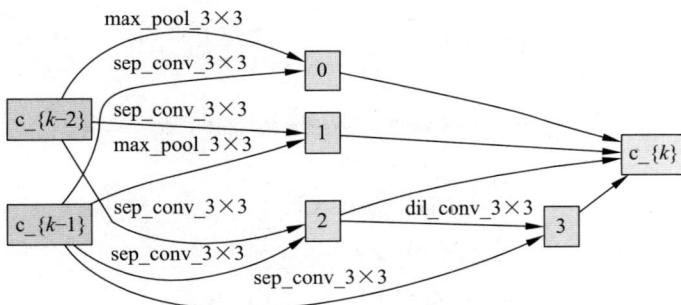

(c) BNAS-v2-CLR(二阶)搜索到的卷积细胞

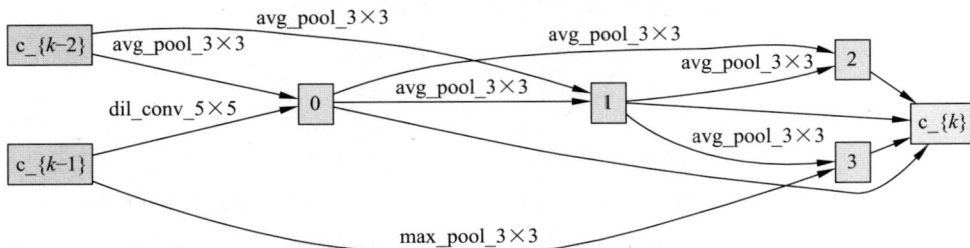

(d) BNAS-v2-CLR(二阶)搜索到的增强细胞

图 5-8　BNAS-v2-CLR 在 CIFAR-10 上使用不同逼近阶数时搜索到的最优结构

(a) BNAS-v2-PC(一阶)搜索到的卷积细胞

(b) BNAS-v2-PC(一阶)搜索到的增强细胞

(c) BNAS-v2-PC(二阶)搜索到的卷积细胞

(d) BNAS-v2-PC(二阶)搜索到的增强细胞

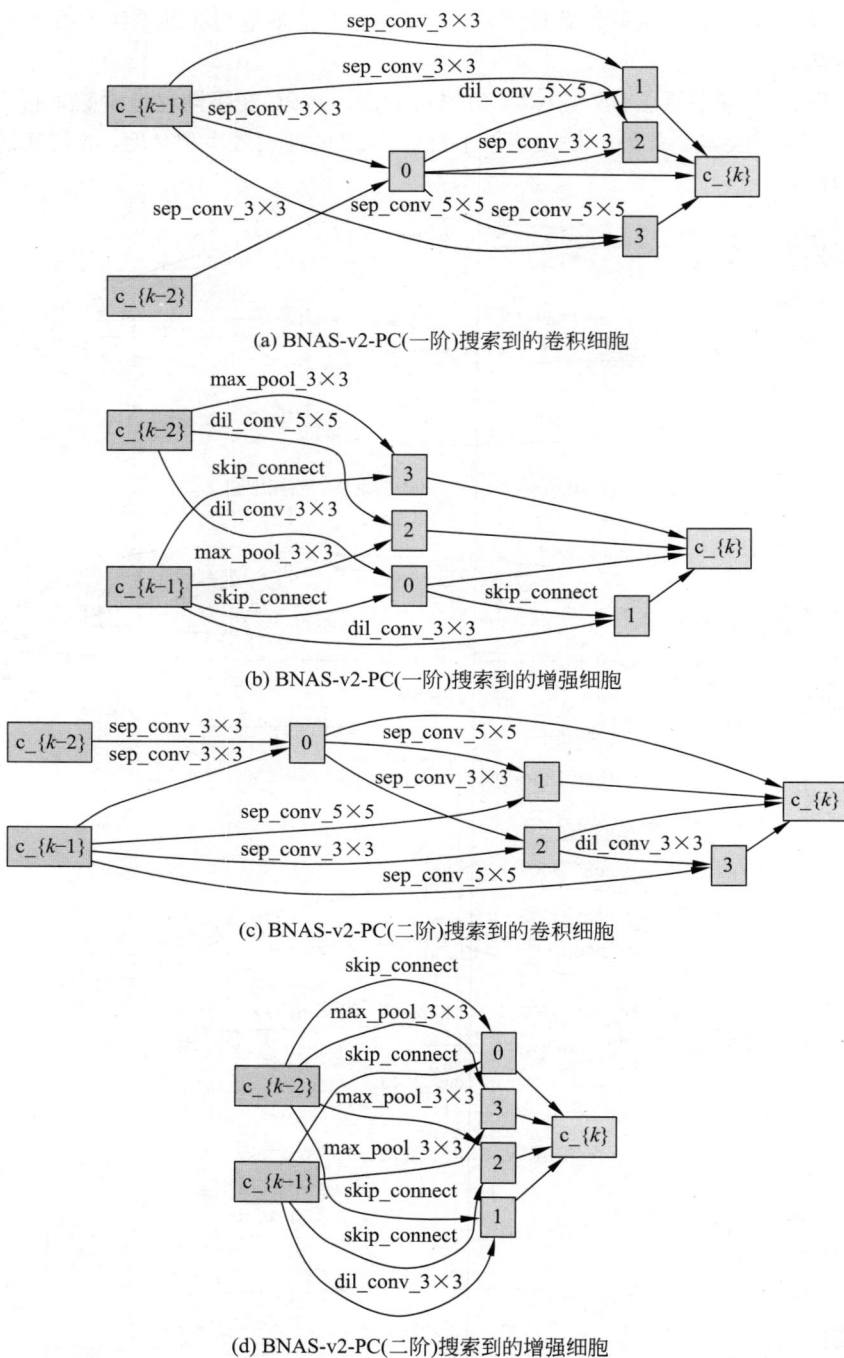

图 5-9　BNAS-v2-PC 在 CIFAR-10 上使用不同逼近阶数时搜索到的最优结构

　　由于 BNAS-v2 能够充分利用 BCNN 的两个优势，因此其搜索效率相比 BNAS-v1 而言得到了极大提升。就搜索效率与所得结构精度而言，BNAS-v2-CLR 与 BNAS-v2-PC 均能够超过BNAS-v1-CCE[①]。特别地，BNAS-v2-CLR（一阶）的搜索效率比 BNAS-v1-CCE 快 2.1 倍——

①该方法所使用的宽度卷积神经网络与 BNAS-v2 相同，且其性能在 BNAS-v1 及其变种中排名第一 (详见表5-1)。

0.09 GPU 天，且所得结构的精度 (97.33%±0.12%) 比 BNAS-v1-CCE 高 0.21%；BNAS-v2-PC（一阶）的搜索效率比 BNAS-v1-CCE 快 3.8 倍——0.05 GPU 天（比搜索效率排名第一的 PC-DARTS 快 2 倍），且所得结构的精度（97.21%±0.19%）比 BNAS-v1-CCE 更高。

表 5-2　BNAS-v2 与其他主流 NAS 方法在 CIFAR-10 上的性能比较

结　构	误差/%	参数量/M	搜索代价/GPU 天	搜索方法	细胞数量
LEMONADE[58]	3.05	4.7	80	演化算法	—
DARTS（一阶）[27]	3.00±0.14	3.3	0.45†	梯度下降	20
DARTS（二阶）[27]	2.76±0.09	3.3	1.50†	梯度下降	20
SNAS + 轻约束[37]	2.98	2.9	1.50	梯度下降	20
SNAS + 适度约束[37]	2.85±0.02	2.8	1.50	梯度下降	20
SNAS + 重约束[37]	3.10±0.04	2.3	1.50	梯度下降	20
P-DARTS[28]	2.50	3.4	0.30	梯度下降	20
PC-DARTS（一阶）[31]	2.57±0.07	3.6	0.10	梯度下降	20
PC-DARTS（二阶）[31]	—	—	OOM‡	梯度下降	—
ENAS[26]	2.89	4.6	0.45	强化学习	17
BNAS-v1[112]	2.97	4.7	0.20	强化学习	5
BNAS-v1-CCLE[112]	2.95	4.1	0.20	强化学习	5
BNAS-v1-CCE[112]	2.88	4.8	0.19	强化学习	8
BNAS-v2-CLR（一阶）	2.67±0.12	3.3	0.09	梯度下降	8
BNAS-v2-CLR（二阶）	2.80±0.09	3.2	0.19	梯度下降	8
BNAS-v2-PC（一阶）	2.79±0.19	3.7	0.05	梯度下降	8
BNAS-v2-PC（二阶）	2.77±0.09	3.5	0.09	梯度下降	8

† 基于作者公开在 https://github.com/quark0/darts 上的开源代码，通过单块 NVIDIA GTX 1080Ti GPU 对 DARTS 的搜索效率进行测试。
‡ 基于作者公开在 https://github.com/yuhuixu1993/PC-DARTS 上的开源代码，通过单块 NVIDIA GTX 1080Ti GPU 对 PC-DARTS 的搜索效率进行测试。测试时使用一阶逼近且批大小为 256。

　　与 DARTS[27] 相比，BNAS-v2-CLR（一阶）与 BNAS-v2-CLR（二阶）的搜索效率分别比其快 5 倍（0.09 GPU 天）、7.9 倍（0.19 GPU 天）。置信学习率使得 BNAS-v2-CLR（一阶）所得结构的精度比 DARTS（二阶）更高。BNAS-v2-PC（一阶）的搜索效率比基于部分通道连接的 PC-DARTS[31] 快 2 倍——0.05 GPU 天（约 70min）。此外，BNAS-v2-PC 所得结构的误差为 2.79%±0.19%，且其参数量为 3.7M。值得注意的是，使用文献 [31] 提供的开源代码①并采用二阶逼近时，PC-DARTS 会产生超出内存（out of memory，OOM）的报错②。产生该错误的主要原因为：PC-DARTS 无法获得足够的内存以构建二阶逼近所需的额外模型。然而，BNAS-v2-PC 不存在该问题，其主要原因为：在使用相同初始输入通道数的情况下，BNAS-v2 所采用的 BCNN 仅包含 3 个细胞，远远少于 PC-DARTS 的 8 个细胞，从而使得 BNAS-v2 在批大小为 512 的情况下仍然有足够的内存构建二阶逼近所需的额外模型。

　　除了搜索效率、分类性能方面的优越性外，BNAS-v2 所得结构使用的细胞个数仅为 8 个，

---
① https://github.com/yuhuixu1993/PC-DARTS。
② 所用硬件为 NVIDIA GTX 1080Ti GPU，并将批大小设置为 PC-DARTS 的默认超参数——256。此时，PC-DARTS（二阶）所需内存大小约为 12GB。

而非其他NAS方法所使用的17个或者20个细胞。该特点使得BNAS-v2所得结构能够获得比其他NAS方法所得结构更快的训练、推理速度，从而大大提升了其在资源受限设备（如智能手机、平板电脑、智能音箱）上的友好程度。

5.6.4 ImageNet图像分类

本部分不仅验证了表5-2中BNAS-v2-CLR（一阶）、BNAS-v2-PC（二阶）所得结构在大规模图像分类数据集——ImageNet上的可迁移能力，还利用BNAS-v2-PC（一阶）实现了直接在ImageNet上进行无代理架构搜索。首先给出了上述两个模型在进行模型迁移时的实验设置；其次阐述了无代理架构搜索的实验设置；最后对相关实验结果进行了展示，并进一步给出了关于搜索效率和分类精度的定量、定性分析。

1. 可迁移能力验证实验设置

一般而言，使用深度搜索空间的NAS方法将所得结构迁移到ImageNet上所采用的方法如下：

(1) 通过3个步长为2的3×3卷积将大小为224×224的原始图像转化为一系列大小为28×28的特征图；

(2) 利用所得模型对上述大小为28×28的特征图进行图像分类。

在该小节中，将采用两种方式对BNAS-v2所得结构的可迁移能力进行验证：① 仍采用上述模型搭建方式，并将最终的ImageNet分类模型记作BNAS-v2-x-C2[①]，即使用2个卷积模块构建ImageNet分类器；② 使用5个卷积模块构建ImageNet分类器，并将所得模型记作BNAS-v2-x-C5。如第4章所述，BCNN中卷积模块的数量是由第一个卷积模块所接收到的输入大小决定的。因此，可将大小为224×224的图像输入包含5个卷积模块的BCNN中来完成大规模图像分类任务。

BNAS-v2-x-C2中共包含8个细胞：每个卷积模块由2个深度细胞和1个宽度细胞组成，卷积模块的个数为2。BNAS-v2-x-C5由11个细胞组成：每个卷积模块由1个深度细胞和1个宽度细胞组成，卷积模块的个数为1。在BNAS-v2-x-C5的评估阶段，利用SGD优化器将其在8块NVIDIA Tesla V100 GPU上训练150次。部分训练细节如下：批大小为768，初始学习率为0.1（当训练到第80、120、140次时变为当前值的1/10），动量为0.9，权重衰减为3×10^{-5}，输入初始通道数为6，标签平滑为0.1及梯度截断边界为5.0。由于拓扑结构的差异，BNAS-v2-x-C2能够同时处理更多的输入图像数据。因此，BNAS-v2-x-C2在评估阶段所用的超参数设置如下：训练次数为250次，所用硬件设备为2块NVIDIA Tesla V100 GPU，批大小为1024，优化器为SGD，初始学习率为0.5且其衰减方式与PC-DARTS[31]相同，BNAS-v2-CLR-C2与BNAS-v2-PC-C2（CIFAR-10）的初始通道数分别为48和50。

2. 无代理架构搜索实验设置

由于BCNN与部分通道连接的内存高效性，BNAS-v2-PC能够直接在ImageNet上进行架构搜索。

如前文所述，ImageNet共包含1000类、约130万幅大小不一的图片。为了实现ImageNet的无代理架构搜索，将通过从每个类别中随机采样同样数量图像的方式构建两个ImageNet子集：用于训练网络权重的训练集（数据量为总数据量的10%）及用于结构权重训练的验证集（数据

---

① 此处的x代表CLR或者PC。

量为总数据量的2.5%)。在搜索过程中,将3个步长为2的3×3卷积插入BCNN之前,应将大小为224×224的原始输入图像转化为一系列大小为28×28的特征图,便可将在5.6.3小节使用的搜索模型用于ImageNet的无代理架构搜索。该实验通过1块NVIDIA Tesla V100 GPU便可完成,且搜索过程中所使用的批大小与初始学习率分别为512和0.2。此外,搜索过程中所使用的超参数与BNAS-v2-PC在5.6.3小节所使用的超参数保持一致。在模型评估阶段,BNAS-v2-PC在ImageNet上搜索到的C2结构由10个细胞组成:每个卷积模块包含3个深度细胞、1个宽度细胞,每个增强模块包含1个增强细胞。

3. 实验与分析

BNAS-v2-PC在ImageNet上直接搜索到的卷积、增强细胞如图5-10所示。表5-3展示了BNAS-v2与其他主流NAS方法在ImageNet上的性能比较。

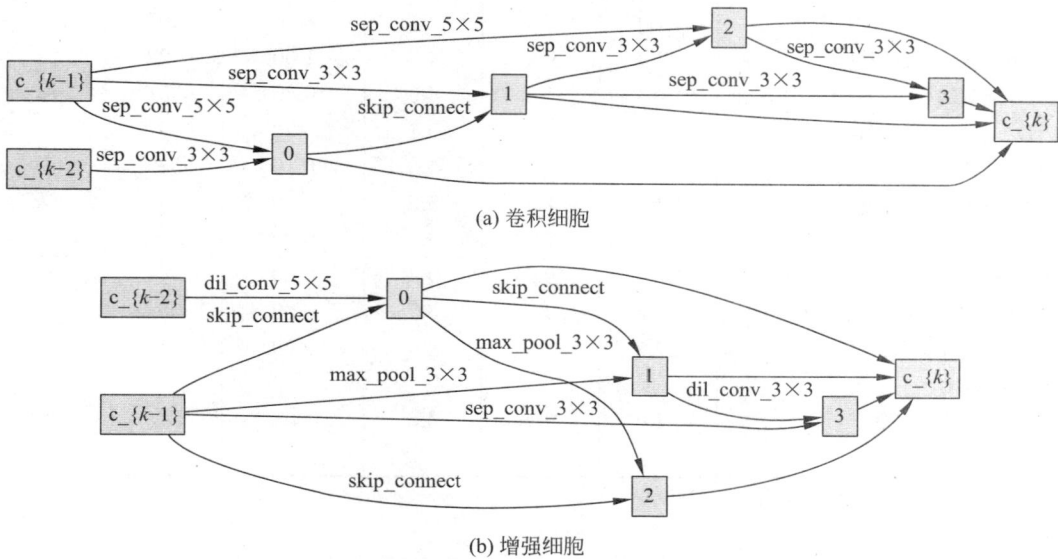

(a) 卷积细胞

(b) 增强细胞

图 5-10　BNAS-v2-PC 在 ImageNet 上直接搜索到的最优分类结构

一方面,BNAS-v2-CLR-C2与BNAS-v2-CLR-C5均取得了极具竞争力的分类精度。此外,BNAS-v2-CLR-C5的分类精度比BNAS-v2-CLR-C2更高,且前者所用参数量更少。上述结果显示,BCNN中所采用的多尺度特征融合策略能够有效地提升分类性能。由表5-3可见,BNAS-v2-CLR-C2的每秒浮点操作数(FLOPs)——441M为所有对比方法中最少的。然而,BNAS-v2-CLR-C5的FLOPs——938M是较多的且不满足移动设置要求(FLOPs小于600M),尽管其参数量仅为3.7M。导致上述结果的原因是BNAS-v2-CLR-C5前3个卷积模块的特征图尺寸过大。

表 5-3　BNAS-v2 与其他主流 NAS 方法在 ImageNet 上的性能比较

结　　构	测试误差/%		参数量/ M	搜索效率/ GPU 天	FLOPs/ M	拓扑结构
	top-1	top-5				
Inception v1[121]	30.2	10.1	6.6	—	1448	深
MobileNet[126]	29.4	10.5	4.2	—	569	深
ShuffleNet[128]	26.4	10.2	约5.0	—	524	深

续表

结　　构	测试误差/%		参数量/	搜索效率/	FLOPs/	拓扑结构
	top-1	top-5	M	GPU 天	M	
AmoebaNet-A[23]	25.5	8.0	5.1	3150	555	深
AmoebaNet-B[23]	26.0	8.5	5.3	3150	555	深
AmoebaNet-C[23]	24.3	7.6	6.4	3150	570	深
NASNet-A[24]	26.0	8.4	5.3	1800	564	深
NASNet-B[24]	27.2	8.7	5.3	1800	488	深
NASNet-C[24]	27.5	9.0	4.9	1800	558	深
PNAS[25]	25.8	8.1	5.1	225	588	深
DARTS (二阶)[27]	26.7	8.7	4.7	1.50	574	深
ProxylessNAS (GPU)[43]†	24.9	7.5	7.1	8.30	465	深
SNAS+ 轻约束[37]	27.3	9.2	4.3	1.50	522	深
P-DARTS (CIFAR-10)[28]	24.4	7.4	4.9	0.30	557	深
P-DARTS (CIFAR-100)[28]	24.7	7.5	5.1	0.30	577	深
PC-DARTS (CIFAR-10)[31]	25.1	7.8	5.3	0.10	586	深
PC-DARTS (ImageNet)[31]†	24.2	7.3	5.3	3.80	597	深
BNAS-v1[112]	25.7	7.8	3.9	0.20	1180	宽
BNAS-v2-CLR-C2 (一阶)	27.3	9.0	4.4	0.09	441	宽
BNAS-v2-CLR-C5 (一阶)	27.2	9.0	3.7	0.09	938	宽
BNAS-v2-PC-C2 (二阶) (CIFAR-10)	27.2	8.8	4.6	0.09	475	宽
BNAS-v2-PC-C2 (一阶) (ImageNet)†	27.0	10.5	4.6	0.19‡	576	宽

† 直接在 ImageNet 上搜索得到的结构。
‡ 无代理架构搜索效率第一。

另一方面，BNAS-v2-PC 在 ImageNet 上的无代理架构搜索效率仍在所有无代理架构搜索方法中排名第一。在使用单块 NVIDIA Tesla V100 GPU 的前提下，BNAS-v2-PC 在 ImageNet 上的整个搜索过程耗时约为 4.6h（约为之前排名第一的方法——PC-DARTS 的 1/20）。BNAS-v2-PC 在两个数据集上所得结构在参数量与 FLOPs 指标上均能超越 PC-DARTS。此外，BNAS-v2 所得的所有结构均能够使用较少的参数量取得极具竞争力的分类精度，再一次验证了多尺度特征融合、先验知识嵌入在 BCNN 中的有效性。显然，BNAS-v2-PC-C2（ImageNet）的分类精度比 BNAS-v2-PC-C2（CIFAR-10）高，由此可知，相对于有代理架构搜索而言，BNAS-v2-PC 可以使用无代理架构搜索发现更高精度的 ImageNet 分类器。

对于 ImageNet 分类精度而言，BNAS-v2 与 PC-DARTS 之间仍存在一定的差距，即宽度与深度模型之间的差距。由于受到硬件资源条件的限制，相关实验并未确定 BCNN 的最优超参数，如深度细胞、增强细胞的个数及卷积模块的数量。上述参数对于 BCNN 的分类性能而言均具有重要影响。其中，卷积模块的数量决定了输入到 GAP 层的尺度特征种类。在 YOLOv3 的骨干网络设计中，采用了三种多尺度信息（32×32、16×16、8×8 大小的特征图）进行预测，从而取得了比之前版本的 YOLO 检测框架更高的性能。为了进一步缩小宽度搜索空间与深度搜索空间之间的性能差距，需要通过大量的 ImageNet 分类实验来确定一系列超参数的最优值。

5.6.5 其他数据集图像分类

为了进一步验证BNAS-v2的泛化能力,本小节实现了BNAS-v2在MNIST、FashionMNIST、NORB及SVHN四个数据集上的图像分类实验。

1. 实验设置

对于每个数据集而言,BNAS-v2及其他NAS方法均采用相同的结构与设置。BNAS-v2由8个细胞组成:4个深度细胞、2个宽度细胞及2个增强细胞。四种比较方法——NASNet、AmoebaNet、DARTS及PC-DARTS均由20个细胞组成。在本实验中,优化器为SGD,且其批大小为128,学习率为0.025且服从余弦衰减方式,动量为0.9,权重衰减为3×10^{-4}。在训练过程中,每条边有0.3的概率被删掉。

2. 结果与分析

实验结果见表5-4。在四种图像分类数据集上,BNAS-v2取得了较好的泛化能力:在SVHN数据集上排名第一,在其他三个数据集上均排名第二。在四种比较方法中,泛化性能最好的是NASNet:在MNIST与FashionMNIST上均获得了最优性能,而在其他两个数据集上均排名第三。然而,基于梯度的NAS方法——DARTS与PC-DARTS上的泛化性能均不够理想。其中,DARTS在四个数据集上均排名倒数第一;PC-DARTS只有在SVHN数据集上表现较好,在其他数据集上均排名倒数第二。综上所述,BNAS-v2在CIFAR-10上搜索到的结构能够很好地泛化到其他数据集。

表 5-4　BNAS-v2与其他主流NAS方法在四种图像分类数据集上的性能比较

结　构	参数量/M	精度/%				细胞	搜索效率/GPU天
		MNIST	FashionMNIST	NORB	SVHN		
NASNet[24]	1.5/1.3†	99.64(1)	95.47(1)	93.34 (3)	96.87 (3)	20	1800
AmoebaNet[23]	1.5	99.62 (3)	95.33 (2)	93.73(1)	96.85 (4)	20	3150
DARTS[27]	1.5	99.58 (5)	95.24 (5)	91.83 (5)	96.76 (5)	20	0.45
PC-DARTS[31]	1.4	99.61 (4)	95.26 (4)	93.00 (4)	96.98(1)	20	0.1
BNAS-v2-CLR (ours)	1.5	99.63 (2)	95.33 (2)	93.37 (2)	96.98(1)	8	0.09

† 使用 NVIDIA Tesla P100 GPU 对 NORB 与 SVHN 进行训练时,参数量为 1.5M 时会导致 OOM 报错。

5.6.6 消融实验

1. 置信学习率的有效性

该部分通过两组实验对置信学习率在缓解性能崩塌问题方面的有效性进行了验证。在第一组实验中,BNAS-D、使用warmup策略的BNAS-D、使用CLR的BNAS-D(即BNAS-v2-CLR)以及使用PC策略的BNAS-D在使用相同超参数组合的情况下,完成4次结构搜索并分别得到一组细胞结构(卷积细胞与增强细胞)。在第二组实验中,DARTS、使用warmup策略的DARTS、使用CLR的DARTS以及使用PC策略的DARTS在使用相同超参数组合的情况下,完成4次结构搜索并分别获得一组细胞结构(卷积细胞与增强细胞)。

如文献[177]所述,两种细胞中卷积操作的数量θ基本上与模型的性能成正比。因此,该实验将θ作为模型所得结构性能的度量方式:所得结构中卷积操作的数量越多,该结构便越有可能获得高性能。BNAS-D、使用warmup策略的BNAS-D、使用CLR的BNAS-D以及使用PC(部分通道连接)策略的BNAS-D在4次重复搜索过程中两种细胞包含卷积操作的数量如图5-11所示。DARTS、使用warmup策略的DARTS、使用CLR的DARTS以及使用PC策略的DARTS

在4次重复搜索过程中两种细胞包含卷积操作的数量如图5-12所示。

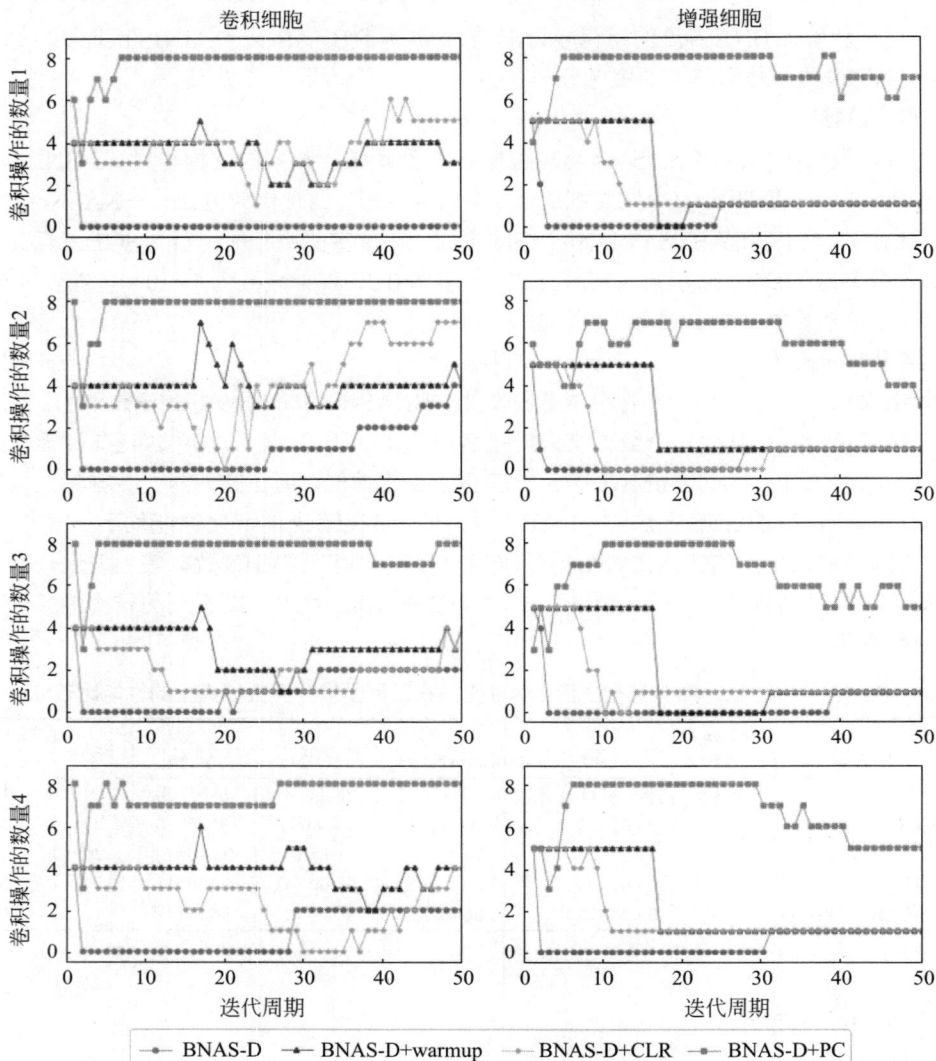

图 5-11　BNAS-D、使用 warmup 策略的 BNAS-D、使用 CLR 的 BNAS-D 以及使用 PC 策略的 BNAS-D 在 4 次重复搜索过程中两种细胞包含卷积操作的数量

在不使用任何策略的 BNAS-D 所得的 4 组结构中，θ 的均值约为 3。其中，第二次实验所得结构中共包含 5 个卷积操作。将该结构使用 BNAS-v2 的默认参数训练 600 次后，其精度为 96.74% 且参数量为 3.7M。warmup 策略有助于缓解 BNAS-D 中存在的性能崩塌问题：在 4 次搜索所得结构中，θ 的均值为 4.5。对于使用置信学习率的 BNAS-D 而言，4 次搜索实验所得结构中 θ 的值分别为 6、8、5、5，均值为 6（为 BNAS-D 所得结构中卷积数量的 2 倍）。同样地，将使用置信学习率的 BNAS-D（即 BNAS-v2-CLR）的第一组结构使用相同的参数在 CIFAR-10 上训练 600 次，最终性能：分类精度为 97.1%，参数量为 3.4M。此外，将其第二次搜索所得结构使用相同的参数在 CIFAR-10 上训练 600 次，最终性能：分类精度为 97.33%，参数量为 3.3M。显然，所提出的置信学习率比 warmup 策略更加擅长缓解 BNAS-D 中存在的性能崩塌问题。而且，两组

实验结果也证明：模型的性能基本上与卷积操作的数量成正比[177]。

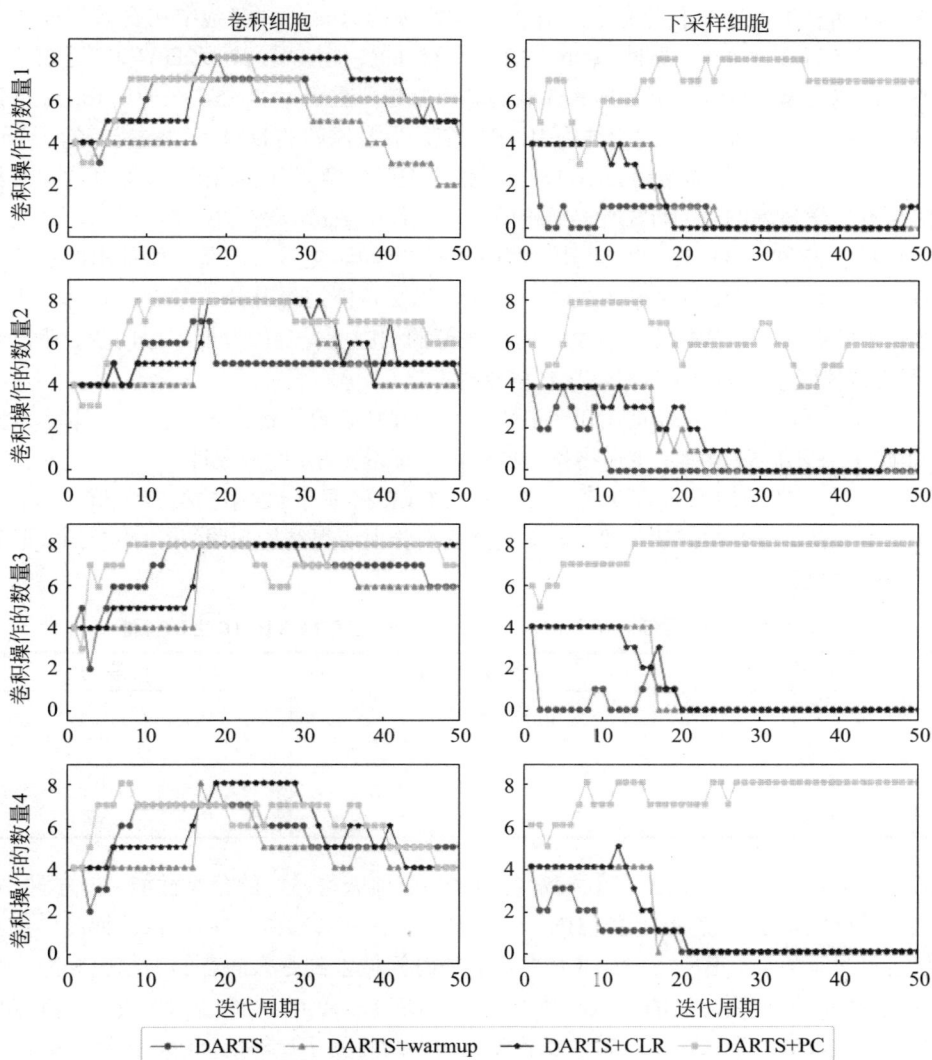

图 5-12　DARTS、使用 warmup 策略的 DARTS、使用 CLR 的 DARTS 以及使用 PC 策略的 DARTS 在 4 次重复搜索过程中两种细胞包含卷积操作的数量

彩图5-12

　　以全局的视角来看，BNAS-v2-CLR 所得结构中的卷积操作数量先呈下降趋势，随后增长到一个较大值。在 θ 减少的过程中，尽管置信学习率已经足够小，但那些无权重操作仍会被赋予比有权重操作更大的结构权重。产生上述问题的原因是：无权重操作的输入与输出相似度更高，进而相应的梯度也越大[31]。随着宽度超网络的收敛，卷积操作的数量开始逐渐增加。此时，有权重操作能够更加有效地提升所得模型在验证集上的精度，进而使得相应的结构权重逐渐增大。

　　与 BNAS-D 不同的是，使用置信学习率的 DARTS 将置信因子的值设置为 4。通过大量实验可以得出：基于深度搜索空间的 NAS 方法在使用置信学习率时，应使用比 BNAS-v2-CLR 更大的置信因子 β，从而使得相应的 one-shot 模型训练完全。如图 5-12 所示，不使用任何策略的

DARTS 搜索到的每个结构中包含了约 5 个卷积操作,且只有一次学习到在下采样细胞中使用卷积操作(在两种细胞中均使用卷积操作的结构比那些只有一种细胞中包含卷积操作的结构有更大的概率获得高性能)。显然,BNAS-D 所受到的性能崩塌问题比 DARTS 更加严重,同样也验证了:搜索模型越浅,所受到的性能崩塌问题越严重[81]。此外,在使用 warmup 策略的 DARTS 通过 4 次重复实验搜索到的结构中,θ 的值能够与原始的 DARTS 保持一致,甚至更小。此外,warmup 策略并不能够帮助 DARTS 在下采样细胞中学习到卷积操作。在 4 次重复搜索实验中,使用置信学习率的 DARTS 所得结构中卷积操作的数量分别为 6、5、8、4,其均值约为 6(比不使用任何策略的 DARTS 搜索到更多的卷积操作)。更重要的是,所提出的置信学习率有助于 DARTS 在下采样细胞中学习到卷积操作,以尽可能地提升分类精度。此外,由于受到输入信息噪声的影响,搜索模型尾部的细胞比头部的细胞所受到的性能崩塌问题更为严重[81]。

2. 不同置信因子下 BNAS-v2-CLR 的性能

如 5.4.1 小节所述,准则 5.1 被用于为 BNAS-v2-CLR 确定最优的置信因子。本小节则通过 BNAS-v2-CLR 在不同置信因子下所得结构的性能验证准则 5.1 的有效性。

基于 5.6.3 小节所使用的实验设置,BNAS-v2-CLR 将进行 4 次架构搜索实验,其中置信因子 β 的取值为 1~4。在架构评估阶段,将 4 次重复实验中所得结构按照 5.6.3 小节的实验设置从头训练,实验结果见表 5-5。

表 5-5 不同置信因子下 BNAS-v2-CLR 在 CIFAR-10 上的性能

置信因子	参数量/M	误差/%
1	3.3	3.70
2	3.3	2.73
3	3.4	3.40
4	3.2	3.85

显然,当 $\beta=2$ 时,BNAS-v2-CLR 搜索到的结构能够获得最好的分类性能。一方面,宽度超网络得到了足够的训练,使其在更新 BNAS-v2-CLR 的结构参数时,所提供的梯度信息具有较高的置信度;另一方面,BNAS-v2-CLR 有足够的时间搜索到令人满意的高精度模型。当 $\beta=1$ 时,宽度超网络未能得到足够的训练,从而在更新 BNAS-v2-CLR 的结构参数时,其提供的梯度信息的置信度较低。当 $\beta=3$ 或 4 时,尽管宽度超网络得到了足够的训练,但剩余时间不足以使 BNAS-v2-CLR 搜索到一个高性能模型。

3. 基于完整 ImageNet 的无代理架构搜索

如 5.6.4 小节所述,BNAS-v2-PC 仅在部分 ImageNet 上进行架构搜索。本小节将利用 BNAS-v2-PC 在完整 ImageNet 上进行搜索,以进一步验证其搜索效率。为了保证比较的公平性,搜索实验仍在单块 NVIDIA Tesla V100 GPU 上运行。

在该实验中,ImageNet 的所有训练数据被分成两部分:80% 作为训练集用于更新网络权重 w,20% 作为验证集用于更新结构权重 α。与 5.6.4 小节所用的实验设置类似,BNAS-v2-PC 选择 SGD 作为优化器,并将宽度超网络训练 50 个迭代周期。其中,SGD 优化器所用的参数如下:批大小为 512,学习率为 0.2。此外,该实验仍在搜索过程中采用 warmup 策略。

无代理 NAS 方法在部分/完整 ImageNet 上的搜索效率比较结果见表 5-6。当使用部分 ImageNet 数据进行搜索时,BNAS-v2-PC 的搜索效率为 0.19 GPU 天,比 PC-DARTS 快 20 倍。当使用完整 ImageNet 数据进行搜索时，BNAS-v2-PC 的搜索效率为 1.48 GPU 天，比 ProxylessNAS 快约 5.6 倍。显然，BNAS-v2-PC 在完整 ImageNet 上的搜索效率仍然较高。

表 5-6　无代理 NAS 方法在部分/完整 ImageNet 上的搜索效率比较

结　　构	数据比例/%	搜索效率/ GPU 天
PC-DARTS[31]	12.5	3.80
ProxylessNAS[43]	100	8.30
BNAS-v2-PC①	12.5	0.19
BNAS-v2-PC②	100	1.48

① 在部分 ImageNet 上。

② 在完整 ImageNet 上。

5.7　本章小结

由于受到宽度超网络不公平训练问题的影响，BNAS-v1[112] 并不能够充分利用 BCNN 的两个优势，从而使得 BNAS-v1 的搜索效率相对于其他 NAS 方法而言提升有限。为了进一步提升宽度神经网络架构搜索的效率，本章提出了可微分的宽度神经网络架构搜索——BNAS-v2。BNAS-v2 采用连续松弛策略解决宽度超网络不公平训练问题。然而，连续化的宽度搜索空间容易导致搜索过程中产生性能崩塌问题，从而使所得模型的分类性能较差。为了解决上述问题，BNAS-v2 给出了两种方案：BNAS-v2-CLR 与 BNAS-v2-PC。在 BNAS-v2-CLR 中提出了置信学习率：用于更新结构权重 α 的梯度置信度应随宽度超网络训练程度的增加而增大，以解决搜索前期存在的性能崩塌问题。得益于部分通道连接策略的内存高效性，BNAS-v2-PC 不仅能够缓解性能崩塌问题，还可以进一步提升搜索效率，进而实现基于 ImageNet 的无代理架构搜索。

BNAS-v2 在 CIFAR-10、ImageNet 图像分类实验上的结果显示：BNAS-v2 在 CIFAR-10 与 ImageNet 上的搜索效率在所有 NAS 方法中均排名第一。一方面，与 BNAS-v1-CCE（与 BNAS-v2 使用具有相同拓扑结构的宽度卷积神经网络，且其搜索效率在 BNAS-v1 及其变种中排名第一）相比，BNAS-v2-PC 在 CIFAR-10 上的搜索效率比其快 3.8 倍——0.05 GPU 天，且所得模型具有更高的分类精度——（97.21±0.19）%。另一方面，BNAS-v2 可直接在大规模图像分类数据集——ImageNet 上进行无代理架构搜索，且其搜索效率为 0.19 GPU 天。对于 BNAS-v2 与 DARTS 而言，所提出的置信学习率能够有效缓解性能崩塌问题，从而使得所得结构具有更高的分类性能。BNAS-v2 在大规模图像分类任务中的分类精度与其他基于深度搜索空间的 NAS 方法之间还存在一定的差距。在未来工作中，可通过知识蒸馏方法[178, 179] 缩小两者之间的差距。

第**6**章

堆叠式宽度神经架构搜索

6.1 引言

在第5章中，BNAS-v2采用连续松弛策略解决了宽度超网络不公平训练问题，进一步将宽度神经架构搜索的效率提升至0.05 GPU天。然而，BNAS-v1与BNAS-v2所使用的宽度搜索空间中存在两个问题（图6-1）：① 尺度信息多样性丢失；② 知识嵌入设计耗时。

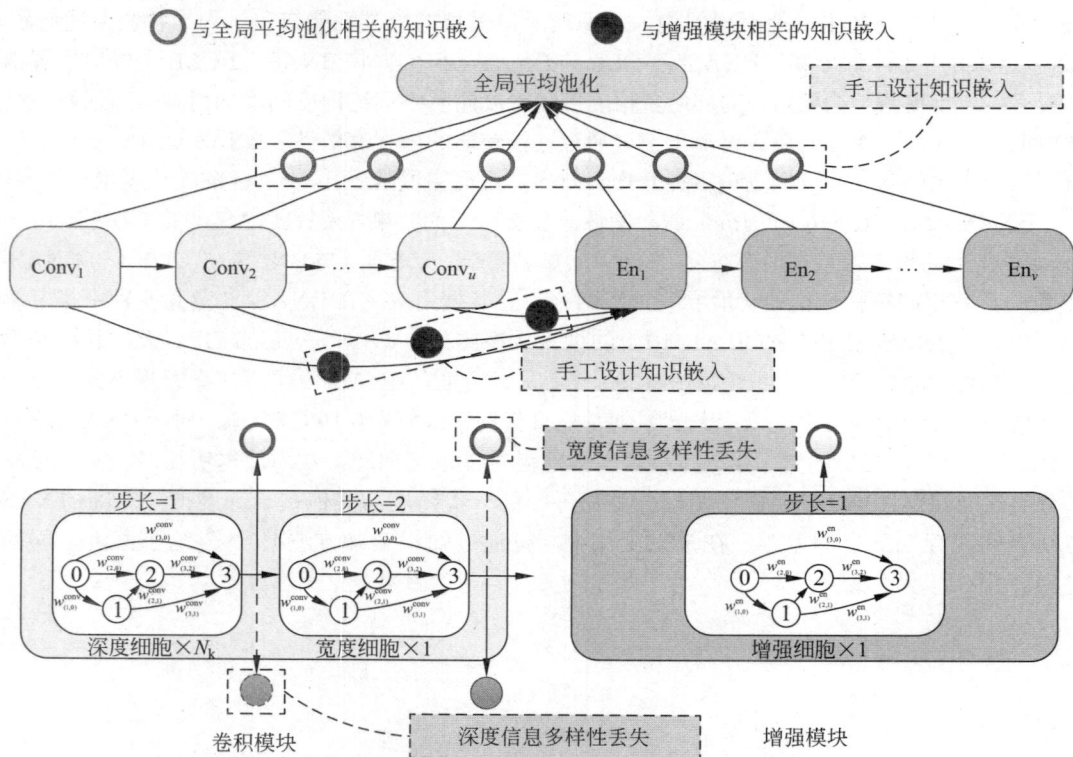

图 6-1　宽度搜索空间中存在的两个问题

针对宽度搜索空间中存在的两个问题，本章提出了堆叠式BNAS。一方面，本章提出了一种堆叠式宽度卷积神经网络，以解决传统宽度搜索空间中存在的尺度信息多样性丢失问题；另一方面，本章提出了一种可微分的知识嵌入搜索算法，以实现高效的知识嵌入自动学习。相对于

BNAS-v1 和 BNAS-v2 而言，堆叠式 BNAS 能够通过更高的搜索效率获得性能更高的结构。本章的主要创新点如下：

(1) 提出了一种全新的宽度搜索空间——堆叠式 BCNN，并证明了其万能逼近能力；

(2) 提出了一种可微分的知识嵌入搜索算法——KES，能够通过学习的方式自动地为堆叠式 BCNN 设计合理且有效的知识嵌入；

(3) 引入提前停止策略，避免堆叠式 BNAS 进行无用搜索，从而进一步提升搜索效率；

(4) 堆叠式 BNAS 的搜索效率比 BNAS-v2-PC 快 2.5 倍（0.02 GPU 天，这在所有的 NAS 方法中排名第一），且搜索到的结构比 BNAS-v2-PC 具有更高的分类精度。

本章的内容安排如下：6.2 节给出了问题描述与研究内容；6.3 节对堆叠式 BCNN 进行了详细介绍，包括基本模块、与 BCNN 之间的区别、信息流表示及通道流图等；6.4 节阐述了知识嵌入搜索算法，包括过参数化知识嵌入模块及其学习策略；6.5 节给出了堆叠式 BNAS 的具体优化方法，包括连续松弛、部分通道连接及提前停止策略；6.6 节给出了本章的实验与分析，其中描述了所用数据集与实验细节，展示了堆叠式 BNAS 在 CIFAR-10 与 ImageNet 上的相关实验与分析；6.7 节对本章内容进行了总结。

6.2　问题描述与研究内容

本节具体介绍基于宽度搜索空间的 BNAS-v1 与 BNAS-v2 两种方法中存在的问题：尺度信息多样性丢失和知识嵌入设计耗时。

6.2.1　尺度信息多样性丢失

如第 4 章所述，宽度搜索空间由 u 个卷积模块及 v 个增强模块组成。每个卷积模块包含两种细胞：深度细胞与宽度细胞。深度细胞的步长为 1，用于提取输入特征图的深度信息；宽度细胞的步长为 2，用于提取输入特征图的宽度信息。由于两种细胞具有不同的步长，因此两者的输出具有不同尺度的信息表征。为了融合尽可能多的尺度信息，两者的输出应同时输入 GAP 层与增强模块以实现多尺度信息的融合、增强。然而，宽度搜索空间的结构设计丢失了部分尺度信息。一方面，宽度搜索空间仅将深度细胞的输出输入 GAP 层以实现多尺度信息融合，从而丢失了宽度信息；另一方面，宽度搜索空间仅将宽度细胞的输出输入增强模块以实现多尺度信息增强，从而丢失了深度信息。

6.2.2　知识嵌入设计耗时

在进行多尺度信息融合及增强时，若将不同尺度信息赋予相同的重要性，此时宽度搜索空间的性能并不理想。为了使得宽度搜索空间能够取得令人满意的性能，我们花费了大量的人力物力为其设计了合理且有效的知识嵌入。一般而言，大尺寸特征图的重要性（通道数）远远小于小尺寸特征图。根据该先验知识，手工设计的知识嵌入具有如下特点：

(1) 知识嵌入的位置如图 6-1 所示；

(2) 最后一个卷积模块与第一个增强模块之间的知识嵌入不使用重要性限制；

(3) 最后一个增强模块与 GAP 层之间的知识嵌入不使用重要性限制；

(4) 重要性限制知识嵌入的输出重要性为输入的 25%；

(5) 不同重要性限制知识嵌入之间的输出重要性以系数为2的比例递增。

6.3　堆叠式宽度卷积神经网络

堆叠式BCNN由u个mini BCNN堆叠组成，其结构如图6-2所示。其中，u的值由第一个mini BCNN（mini BCNN$_1$）的输入大小决定：当输入数据为CIFAR-10时，由于其尺寸为32×32，因此u的取值为2。同样地，堆叠式BCNN将每个mini BCNN的输出输入GAP层以保留BCNN的多尺度信息融合能力。

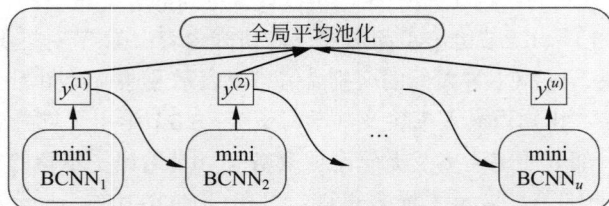

图 6-2　堆叠式 BCNN 结构图

6.3.1　基本模块

如图6-3所示，每个mini BCNN由$N_k + 1$个卷积细胞（包括N_k个步长为1的深度细胞与1个步长为2的宽度细胞）及1个步长为1的增强细胞组成。与BCNN及其变种类似，堆叠式BCNN中的深度、宽度细胞分别用于提取输入图像的深度、宽度特征。增强细胞将第N_k个深度细胞及宽度细胞的输出作为其输入，以实现多尺度信息增强。同样地，mini BCNN利用基于1×1卷积的知识嵌入以控制不同尺度信息的重要性。

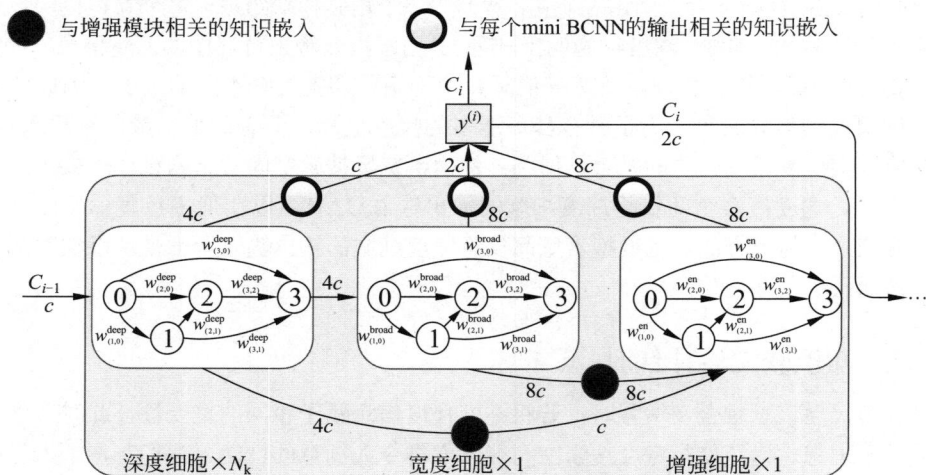

图 6-3　mini BCNN 结构图

6.3.2　与BCNN之间的区别

堆叠式BCNN与BCNN之间的区别主要有两点：① 堆叠式BCNN中GAP层接收的输入是每个mini BCNN中三种细胞输出的结合，而BCNN仅将每个模块中深度细胞的输出作为GAP层的输入；② 堆叠式BCNN中的增强细胞将两种卷积细胞的输出作为其输入，而BCNN仅将每个卷积模块中宽度细胞的输出作为其输入。上述两点区别使得堆叠式 BCNN 能够为 GAP 层及增强模块提供足够的特征多样性，并分别用于多尺度信息的融合与增强，进而能够取得比 BCNN 更好的分类性能。

6.3.3　信息流表示

堆叠式 BCNN 将一个步长为 1 的 3×3 卷积作为其前置层，并将其输出作为 mini BCNN$_1$ 中第一个深度细胞的两个输入，分别记作 $y_{-1}^{(1)}$、$y_0^{(1)}$。

对于 mini BCNN$_i(i = 1, 2, 3, \cdots, u)$ 而言，其输出 $y^{(i)}$ 可以通过 3 个细胞的输出获得：

$$y^{(i)} = \phi(\delta_{\text{do}}^{(i)}(y_{N_k}^{(i)}), \delta_{\text{bo}}^{(i)}(y_{N_k+1}^{(i)}), \delta_{\text{eo}}^{(i)}(y_{N_k+2}^{(i)})) \tag{6-1}$$

式中：ϕ 为通道维度的聚合操作；$\delta_{*o}^{(i)}$ 表示与 mini BCNN$_i$ 输出相关的知识嵌入。此外，$y_{N_k}^{(i)}$ 即深度特征 $Z_{N_k}^{(i)}$ 为最后一个深度细胞通过一系列操作 φ_{d} 得到的输出，其计算公式为

$$y_{N_k}^{(i)} = \varphi_{\text{d}}(y_{N_k-2}^{(i)}, y_{N_k-1}^{(i)}; \{\boldsymbol{W}_{N_k}^{(i)\text{deep}}, \boldsymbol{B}_{N_k}^{(i)\text{deep}}\}) \tag{6-2}$$

$y_{N_k+1}^{(i)}$ 即宽度特征 $Z_{N_k+1}^{(i)}$ 为宽度细胞通过一系列操作 φ_{b} 得到的输出，其计算公式为

$$y_{N_k+1}^{(i)} = \varphi_{\text{b}}(y_{N_k-1}^{(i)}, y_{N_k}^{(i)}; \{\boldsymbol{W}_{N_k+1}^{(i)\text{broad}}, \boldsymbol{B}_{N_k+1}^{(i)\text{broad}}\}) \tag{6-3}$$

$y_{N_k+2}^{(i)}$ 即增强特征 $H_{N_k+2}^{(i)}$ 为增强细胞通过一系列操作 φ_{e} 得到的输出，其计算公式为

$$y_{N_k+2}^{(i)} = \varphi_{\text{e}}(\delta_{\text{de}}^{(i)}(y_{N_k}^{(i)}), \delta_{\text{be}}^{(i)}(y_{N_k+1}^{(i)}); \{\boldsymbol{W}_{N_k+2}^{(i)\text{en}}, \boldsymbol{B}_{N_k+2}^{(i)\text{en}}\}) \tag{6-4}$$

式中：$\boldsymbol{W}_*^{(i)}$ 与 $\boldsymbol{B}_*^{(i)}$ 分别为 mini BCNN$_i$ 中相应的权重、偏置矩阵；$\delta_{*e}^{(i)}$ 表示与 mini BCNN$_i$ 中增强细胞相关的知识嵌入。

堆叠式 BCNN 输出的计算公式如下：

$$\boldsymbol{y} = \phi(y^{(1)}, y^{(2)}, \cdots, y^{(u)}) \tag{6-5}$$

6.3.4　通道流图

如图 6-3 所示，在 mini BCNN$_i$ 中，深度细胞输出通道数的计算公式为

$$c_{\text{deep}}^{(i)} = N_{\text{in}} \times 2^{i-1} \times c, \quad i = 1, 2, 3, \cdots, u \tag{6-6}$$

式中：N_{in} 代表中间节点的数量；c 为 mini BCNN$_1$ 中第一个深度细胞的输入通道数。此外，宽度细胞与增强细胞具有相同的输出通道数，且其计算公式为 $2 \times c_{\text{deep}}^{(i)}$。对于那些直接连接的细胞/输出节点（如宽度与增强细胞之间的连接、增强细胞与输出节点之间的连接）而言，相应的知识嵌入不降低其输入特征的重要性。对于那些非直接连接上的知识嵌入而言，其输入特征的重要性会变为原来的 1/4，如图 6-4 所示。

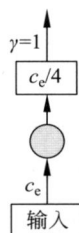

图 6-4　手工设计知识嵌入

6.3.5 万能逼近能力

给定初始通道数 c，且 mini BCNN_i 的输出通道数为 C_i，则式(6-1)可重写为

$$y^{(i)} = \phi(\boldsymbol{x}; \{\delta^{(i)}, \varphi^{(i)}, \boldsymbol{W}_{\mathrm{d}}^{(i)}, \boldsymbol{B}_{\mathrm{d}}^{(i)}, \boldsymbol{W}_{\mathrm{b}}^{(i)}, \boldsymbol{B}_{\mathrm{b}}^{(i)}, \boldsymbol{W}_{\mathrm{e}}^{(i)}, \boldsymbol{B}_{\mathrm{e}}^{(i)}\}) \tag{6-7}$$

式中：$\boldsymbol{x}$ 为输入数据。输入特征图经过 GAP 层处理后，$y^{(i)}$ 的每个通道均被转换成一个类似于神经元的单像素特征图。因此，可将 GAP 层的输出看作 C_i 个神经元。

给定一个标准的超立方体 $\mathrm{I}^d = [0;1]^d \in \mathbb{R}^d$ 及任意连续函数 $f \in \mathrm{C}(\mathrm{I}^d)$，可将堆叠式 BCNN 等价表示为

$$f_{\boldsymbol{p}_{N_{\mathrm{k}}, u}} = \sum_{z=1}^{Z} w_z \sigma(\boldsymbol{x}; \{\phi, \delta, \varphi, \boldsymbol{W}^{(1)}, \boldsymbol{B}^{(1)}, \cdots, \boldsymbol{W}^{(u)}, \boldsymbol{B}^{(u)}\}) \tag{6-8}$$

式中：$Z = \sum_{i=1}^{u} C_i$ 为 GAP 层输出的神经元个数；$\boldsymbol{w}$ 代表全连接层的权重；$\boldsymbol{p}_{N_{\mathrm{k}}, u} = (N_{\mathrm{k}}, u, c, w_1,$ $w_2, \cdots, w_z, \boldsymbol{W}, \boldsymbol{B})$ 为堆叠式 BCNN 中所有可训练参数集合；σ 为激活函数。给定概率度量 $\zeta_{N_{\mathrm{k}}, u}$，并定义随机生成的变量为 $\boldsymbol{\xi}_{N_{\mathrm{k}}, u} = (w_1, w_2, \cdots, w_z, \boldsymbol{W}, \boldsymbol{B})$。对于定义在 I^d 上的紧集 Ω 而言，任意连续函数与堆叠式 BCNN 之间的距离为

$$\chi_{\Omega}(f, f_{\boldsymbol{p}_{N_{\mathrm{k}}, u}}) = \sqrt{\mathbb{E}\left[\int_{\Omega} (f(\boldsymbol{x}) - f_{\boldsymbol{p}_{N_{\mathrm{k}}, u}}(\boldsymbol{x}))^2 \mathrm{d}\boldsymbol{x}\right]} \tag{6-9}$$

基于上述假设，本章给出了关于堆叠式 BCNN 万能逼近能力的定理及证明。

定理 6.1 给定任意连续函数 $f \in \mathrm{C}(\mathrm{I}^d)$，任意紧集 $\Omega \in \mathrm{I}^d$，使用非常数边界函数 ϕ、δ、φ 及绝对可积分激活函数 σ（定义域为 I^d，因此 $\int_{\mathbb{R}^d} \sigma^2(\boldsymbol{x})\mathrm{d}\boldsymbol{x} < \infty$）的堆叠式 BCNN 有一系列关于概率度量 $\zeta_{N_{\mathrm{k}}, u}$ 的连续函数 $\{f_{\boldsymbol{p}_{N_{\mathrm{k}}, u}}\}$ 使得

$$\lim_{u \to \infty} \chi_{\Omega}(f, f_{\boldsymbol{p}_{N_{\mathrm{k}}, u}}) = 0 \tag{6-10}$$

此外，可训练参数集合 $\boldsymbol{\xi}_{N_{\mathrm{k}}, u}$ 根据分布 $\zeta_{N_{\mathrm{k}}, u}$ 生成。

证明：首先给出如下定义：输入数据 $\boldsymbol{x}$，使用非常数边界函数 ϕ、δ、φ 并由 u' 个 mini BCNN 组成的堆叠式 BCNN，逼近函数 $f_{\boldsymbol{p}_{N_{\mathrm{k}}, u'}}$，生成可训练参数的概率分布 $\zeta_{N_{\mathrm{k}}, u'}$，全连接层的权重矩阵 $\boldsymbol{w}' = [w_1', \cdots, w_{Z'}']^{\mathrm{T}}$（其中 $Z' = \sum_{z=1}^{u'} C_z$），及补充权重 $\boldsymbol{w}'' = [w_1'', \cdots, w_{C_{u'+1}}'']^{\mathrm{T}}$。

对于任意的堆叠式 BCNN（包含 u' 个 mini BCNN 且 u' 为任意正整数），其输出为

$$f_{\boldsymbol{w}'} = \sum_{z=1}^{Z'} w_z' \sigma(\boldsymbol{x}; \{\phi, \delta, \varphi, \boldsymbol{W}^{(1)}, \boldsymbol{B}^{(1)}, \cdots, \boldsymbol{W}^{(u')}, \boldsymbol{B}^{(u')}\}) \tag{6-11}$$

随后将 $\boldsymbol{x}$ 作为其输入数据，堆叠式 BCNN 能够以一定残差逼近连续函数 f，有界、可积的残差函数 $f_{r_{u'}} \in \mathrm{I}^d$ 可表示为

$$f_{r_{u'}}(\boldsymbol{x}) = f(\boldsymbol{x}) - f_{\boldsymbol{w}'}(\boldsymbol{x}) \tag{6-12}$$

对于 $\forall \varepsilon > 0$ 而言，总能找到一个函数 $f_{b_{u'}} \in \mathrm{C}(\mathrm{I}^d)$ 满足条件：

$$\chi_{\Omega}(f_{b_{u'}}, f_{r_{u'}}) < \frac{\varepsilon}{2} \tag{6-13}$$

定义一个额外的 mini BCNN（即 mini $\text{BCNN}_{u'+1}$ 且其输出通道数为 $C_{u'+1}$）以逼近 $f_{b_{u'}}$，

则 mini $\text{BCNN}_{u'+1}$ 可等价表示为

$$f_{\boldsymbol{w}''} = \sum_{z=1}^{C_{u'+1}} w_z'' \underbrace{\sigma(\boldsymbol{x}; \{\phi, \delta, \varphi, \boldsymbol{W}^{(u'+1)}, \boldsymbol{B}^{(u'+1)}\})}_{\vartheta} \tag{6-14}$$

类似地，可根据式(4-13)与式(4-14)得到：

$$\lim_{u \to \infty} \chi_\Omega(f, f_{\boldsymbol{p}_{N_k, u}}) = 0 \tag{6-15}$$

6.4　知识嵌入搜索

为了实现堆叠式BCNN中知识嵌入的自动设计，本章设计了一种过参数化知识嵌入模块，并提出了一种知识嵌入搜索算法（knowledge embedding search，KES）。

6.4.1　过参数化知识嵌入模块

为了能够学习到合理且有效的知识嵌入，本章为堆叠式BCNN中每个非直接连接边上的知识嵌入均构建了一个过参数化知识嵌入模块，其结构如图6-5所示。图6-5中灰度值深浅表示节点信息流的权重。

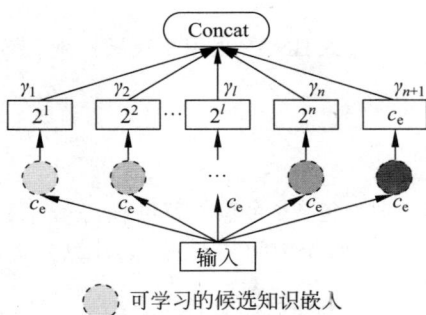

图 6-5　过参数化知识嵌入模块

为了便于后续表达，现假设非直接连接知识嵌入的输入通道数为 c_e。过参数化知识嵌入模块由 n 个输出通道为 $2^i(i=1,2,3,\cdots,n)$ 及1个输出通道为 c_e 的可学习知识嵌入组成，其中 n 的取值满足条件：

$$\underset{n}{\arg\max}\ 2^n, \quad \text{s.t.}\ 2^n < c_e \tag{6-16}$$

过参数化知识嵌入模块的输出 y_e 可通过聚合 $n+1$ 个可学习知识嵌入的输出得到：

$$y_e = \phi(\gamma_1 y_e^{(1)}, \gamma_2 y_e^{(2)}, \cdots, \gamma_{n-1} y_e^{(n+1)}) \tag{6-17}$$

式中：$y_e^{(l)}$ 与 $\gamma_l(l=1,2,3,\cdots,n+1)$ 分别表示第 l 个知识嵌入的输出与权重。

6.4.2　学习策略

过参数化知识嵌入模块构建完成后，将通过KES实现知识嵌入权重 γ 与网络权重 w 的联合优化。KES的目标是使得知识嵌入的权重收敛到 γ^*，该值能够最小化验证损失 $\mathcal{L}_{\text{val}}(w^*, \gamma^*)$，其中 w^* 通过最小化训练损失 $\mathcal{L}_{\text{train}}(w, \gamma^*)$ 得到。可以将上述目标看作一个双层优化问题：下层

变量为 w 及上层变量为 γ，且可将其表示为

$$\min_{\gamma} \mathcal{L}_{\mathrm{val}}(w^*(\gamma), \gamma),$$
$$\text{s.t.} w^*(\gamma) = \operatorname*{argmin}_{w} \mathcal{L}_{\mathrm{train}}(w, \gamma) \tag{6-18}$$

当式(6-18)中第二项的 γ 发生任何改变时，便需要重新对 $w^*(\gamma)$ 进行计算，因此优化式(6-18)需要极大的计算代价[27]。因此，我们提出了一种近似迭代优化方法——KES。在每次进行梯度下降时，KES 在网络权重 w 及知识嵌入权重 γ 各自的空间内，交替地对其进行优化。在第 t 步时，给定当前知识嵌入权重 γ_{t-1}，KES 沿着训练损失 $\mathcal{L}_{\mathrm{train}}(w_{t-1}, \gamma_{t-1})$ 下降的方向对 w_t 进行优化。随后，KES 保持 w_t 不变，并沿着验证损失下降的方向，通过：

$$\nabla_{\gamma} \mathcal{L}_{\mathrm{val}}(w_t. - \xi \nabla_w \mathcal{L}_{\mathrm{train}}(w_t, \gamma_{t-1}), \gamma_{t-1}) \tag{6-19}$$

对过参数化知识嵌入模块进行优化，其中 ξ 为优化过程中所采用的学习率。最后，KES 通过对每一个过参数化知识嵌入模块执行 argmax 函数，并将具有最大权重的可学习知识嵌入作为最优的知识嵌入。

6.5 优化方法

为了实现高效的架构搜索，堆叠式 BNAS 采用了连续松弛、部分通道连接及提前停止策略，具体的优化过程见算法 6.1。

6.5.1 连续松弛

在每个 mini BCNN 中，每个细胞包含 2 个输入节点 $\{x_{(0)}, x_{(1)}\}$，$N-3$ 个中间节点 $\{x_{(2)}, \cdots, x_{(N-2)}\}$ 及 1 个输出节点 $\{x_{(N-1)}\}$。每个中间节点 $x_{(i)}$ 的计算公式为

$$x_{(i)} = \sum_{j<i} o_{(i,j)}(x_{(j)}) \tag{6-20}$$

式中：$o_{(i,j)}$ 为中间节点 $x_{(i)}$ 与 $x_{(j)}$ 之间的操作且从候选操作集合 $\mathcal{O}$ 中选择。此外，整个细胞的输出 $x_{(N-1)}$ 是将所有中间节点的输出从通道维度进行聚合后得到。

随后，采用连续松弛策略将堆叠式 BCNN 转化为一个宽度超网络[27]。对于每个细胞中的边 (i, j)，则通过：

$$f_{(i,j)}(x_{(j)}) = \sum_{o \in \mathcal{O}} \frac{\exp(\kappa^o_{(i,j)})}{\sum\limits_{o' \in \mathcal{O}} \exp(\kappa^{o'}_{(i,j)})} o(x_{(j)}) \tag{6-21}$$

对其进行松弛，其中操作 $o(\cdot)$ 通过结构权重 $\kappa^o_{(i,j)}$ 进行加权。

6.5.2 部分通道连接

与 BNAS-v2 类似，堆叠式 BNAS 采用部分通道连接策略[31] 提升其在架构搜索过程中的内存高效性。在式(6-21)的基础上，对宽度超网络使用部分通道连接策略后可得

$$f^{\mathrm{PC}}_{(i,j)}(x_{(j)}; M_{(i,j)}) = \sum_{o \in \mathcal{O}} \frac{\exp(\kappa^o_{(i,j)})}{\sum\limits_{o' \in \mathcal{O}} \exp(\kappa^{o'}_{(i,j)})} o(M_{(i,j)} * x_{(j)}) + (1 - M_{(i,j)}) * x_{(j)} \tag{6-22}$$

式中：$M_{(i,j)}$ 的取值范围为 $\{0, 1\}$，用于控制特征图中通道的选取。

然而，使用部分通道连接策略后，堆叠式 BNAS 在搜索过程中会产生较大的波动。堆叠式 BNAS 采用边标准化方法缓解该问题：

$$x_{(i)}^{\text{PC}} = \sum_{j<i} \frac{\exp(\eta_{(i,j)})}{\sum\limits_{j'<i} \exp(\eta_{(i,j')})} \cdot f_{(i,j)}(x_{(j)}) \tag{6-23}$$

式中：$\eta_{(i,j)}$ 为中间节点 $x_{(i)}$ 与 $x_{(j)}$ 之间的边标准化权重。最后，搜索到的最优结构中的每个操作可通过函数 argmax 操作得到：

$$o_{(i,j)} = \underset{o\in\mathcal{O}}{\text{argmax}} \ \frac{\exp(\kappa_{(i,j)}^{o})}{\sum\limits_{o'\in\mathcal{O}} \exp(\kappa_{(i,j)}^{o'})} \cdot \frac{\exp(\eta_{(i,j)})}{\sum\limits_{j'<i} \exp(\eta_{(i,j')})} \tag{6-24}$$

6.5.3　提前停止策略

如 DARTS+[81] 中所述，提前停止策略能够有效避免 NAS 过程中的无效搜索。DARTS+ 中给出了两个关于提前停止的指标：① 跳跃式连接的数量；② 最优结构稳定不变的次数。

算法 6.1 堆叠式 BNAS 架构搜索

定义 p 为准则6.1中结构连续不变的最小次数，q 为当前结构连续不变的次数，KES 为是否使用 KES 的标志，$\text{arch}_{\text{prev}}$ 为上一个迭代周期的最优结构且初始化为 None

通过式(6-22)及式(6-23)将每条边 (i,j) 连续化为 $f_{(i,j)}^{\text{PC}}(x_{ij}^{\text{PC}}; M_{(i,j)})$，并通过 $\kappa_{(i,j)}$ 与 $\gamma_{(i,j)}$ 表示

定义结构参数集 $\alpha = [\kappa, \eta]$

if KES **then**

　　通过式(6-16)及式(6-17)构建过参数化知识嵌入模块，并通过 γ 表示

　　$\alpha = [\kappa, \eta, \gamma]$

end if

while 未收敛 **do**

　　通过 $\nabla_w \mathcal{L}_{\text{train}}(w, \alpha)$ 优化 w

　　通过 $\nabla_\alpha \mathcal{L}_{\text{val}}(w - \xi\nabla_w\mathcal{L}_{\text{train}}(w, \alpha), \alpha)$ 优化 α

　　通过函数 argmax 确定当前结构 $\text{arch}_{\text{curr}}$

　　$\text{arch}_{\text{prev}} = \text{arch}_{\text{curr}}$

　　if $\text{arch}_{\text{curr}} == \text{arch}_{\text{prev}}$ **then**

　　　　$q = q + 1$

　　　　if $q \geqslant p$ **then**

　　　　　　跳出循环

　　　　end if

　　else

　　　　$q = 1$

　　end if

end while

输出 $\text{arch}_{\text{curr}}$ 并作为最优结构

在第一个提前停止指标中，为了避免性能崩塌问题，当最优结构中跳跃式连接的数量大于1时，DARTS+将提前停止搜索。由于部分通道连接策略能够有效缓解性能崩塌问题，因此堆叠式BNAS并未选择第一个提前停止指标。在第二个提前停止指标中，当最优结构在几个迭代周期内不发生任何改变时，DARTS+将提前停止搜索。该准则意味着，当搜索过程到达一个成熟的阶段后可将其提前停止。综上，堆叠式BNAS将选择DARTS+中的第二个指标以实现提前停止，并服从提前停止准则6.1：

准则 6.1　当前结构连续在3个迭代周期内未发生任何改变时，堆叠式BNAS可提前停止搜索，并将停止时搜索到的结构作为最优结构。

6.6　实验与分析

本章通过一系列实验验证了堆叠式BNAS在图像分类任务上的有效性。

6.6.1　数据集与实验细节

1. 数据集

与BNAS-v2相同，堆叠式BNAS仍选择CIFAR-10、ImageNet作为实验数据集。CIFAR-10由60000幅大小为32×32的图片组成，其中50000幅图片用于模型训练，10000幅图片用于模型测试。堆叠式BNAS利用一系列标准数据增强方法（如随机翻转、随机裁剪）对CIFAR-10进行处理。ImageNet是针对大规模图像分类任务的主流数据集，由约130万幅不同大小的图片组成，且被近似等分为1000个类别。ImageNet的数据预处理过程与BNAS-v1相同，且将所有图像的尺寸统一为224×224。

2. 实验细节

堆叠式BNAS利用CIFAR-10进行架构搜索，并将所得结构迁移到ImageNet上以验证其可迁移能力。在之前基于梯度的NAS框架中，搜索空间$\mathcal{O}$共包含8个候选操作：3×3可分离卷积、5×5可分离卷积、3×3空洞卷积、5×5空洞卷积、3×3最大池化、3×3平均池化、跳跃式连接及零操作（节点之间无连接）。在BNAS-v2-CLR中，由于所提出的CLR无法使得增强细胞所受到的性能崩塌问题得到有效缓解，BNAS-v2-CLR将跳跃式连接从搜索空间$\mathcal{O}$中删除。堆叠式BNAS采用部分通道连接策略能够有效地缓解性能崩塌问题，因此本章的搜索空间与之前基于梯度的NAS框架保持一致。

本章将进行两组架构搜索实验：① 基于手工设计知识嵌入的堆叠式BNAS；② 基于知识嵌入搜索的堆叠式BNAS。在架构搜索阶段，每组实验将重复执行5次；在架构评估阶段，每个结构将重新从头训练3次，并取平均值作为最终结果。在CIFAR-10上的最优结构将被迁移到ImageNet上，以验证堆叠式BCNN在大规模图像分类任务上的有效性。

6.6.2　CIFAR-10图像分类

本小节将分别对两组架构搜索实验进行阐述，并根据实验结果对所用方法进行分析。

1. 基于手工设计知识嵌入的架构搜索

1) 实验设置

在架构搜索阶段，堆叠式宽度超网络由2个mini BCNN组成，其中每个mini BCNN包含

1个宽度细胞及1个增强细胞。此外，宽度超网络的初始通道数为16，并通过整个CIFAR-10将其最多训练50次。CIFAR-10中的50000幅训练数据将被均匀地分为两部分（每部分包含25000幅图片）：一部分作为训练数据更新网络权重w，另一部分作为验证数据优化结构权重α。本章采用SGD优化器对网络权重w进行优化，其学习率为0.2且服从退火衰减方式，批大小为512，动量为0.9，权重衰减为3×10^{-4}。此外，为了学习到高性能的堆叠式BCNN，Adam优化器被用于优化结构权重α，其所用学习率为6×10^{-4}，动量为$(0.5, 0.999)$，权重衰减为1×10^{-3}。为了能够保证搜索效率比较的公平性，堆叠式BNAS通过单块NVIDIA GTX 1080Ti GPU完成架构搜索实验。

在架构评估阶段，堆叠式BCNN由2个mini BCNN组成，其中每个mini BCNN包含2个深度细胞、1个宽度细胞及1个增强细胞。与BNAS-v2类似，堆叠式BNAS将初始通道数设置为44后，通过SGD优化器将其训练2000个迭代周期。SGD优化器的参数如下：批大小为128，初始学习率为0.05，动量为0.9，权重衰减为3×10^{-4}。此外，本章使用了与BNAS-v2相同的训练技巧：长度为16的cutout，并以0.3的概率随机屏蔽某个通道。

2) 实验结果

堆叠式BNAS搜索到的卷积细胞与增强细胞分别如图6-6及图6-7所示。此外，表6-1给出了堆叠式BNAS与其他主流NAS方法在CIFAR-10上的分类性能比较。

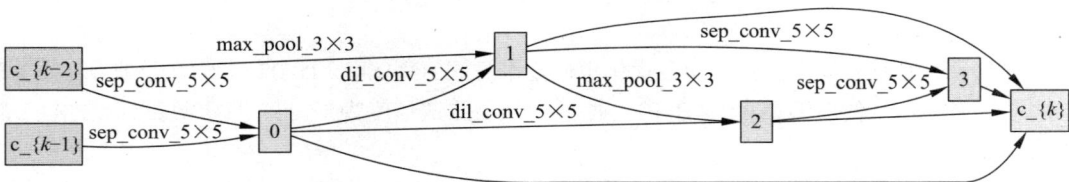

图 6-6　堆叠式BNAS搜索到的卷积细胞

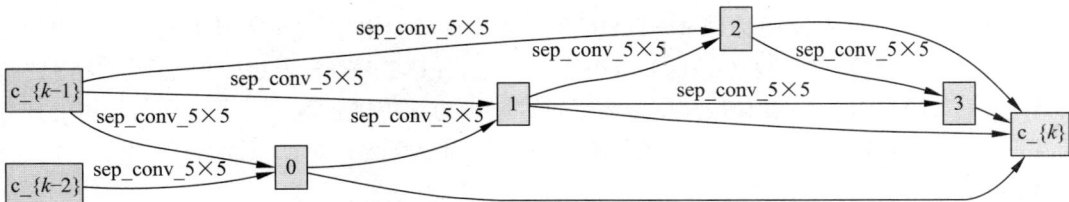

图 6-7　堆叠式BNAS搜索到的增强细胞

表 6-1　堆叠式BNAS与其他主流NAS方法在CIFAR-10上的分类性能比较

结　　构	误差/%	参数量/M	搜索效率/GPU天	搜索方法	拓扑结构
AmoebaNet-A[23]	3.34	3.2	3150	演化算法	深
AmoebaNet-B[23]	2.55	2.8	3150	演化算法	深
Hierarchical Evo[40]	3.75	15.7	300	演化算法	深
LEMONADE[58]	3.05	4.7	80	演化算法	深
DARTS（一阶）[27]	3.00	3.3	0.45	梯度下降	深
DARTS（随机）[27]	3.49	3.1	—	—	深
SNAS + 轻约束[37]	2.98	2.9	1.50	梯度下降	深

结　　构	误差/ %	参数量/ M	搜索效率/ GPU天	搜索方法	拓扑结构
SNAS + 适度约束[37]	2.85	2.8	1.50	梯度下降	深
SNAS + 重约束[37]	3.10	2.3	1.50	梯度下降	深
P-DARTS[28]	2.50	3.4	0.30	梯度下降	深
GDAS-NSAS[180]	2.73	3.5	0.40	梯度下降	深
PC-DARTS[31]	2.57	3.6	0.10	梯度下降	深
ENAS[26]	2.89	4.6	0.45	强化学习	深
BNAS-v1[112]	2.97	4.7	0.20	强化学习	宽
BNAS-v1-CCLE[112]	2.95	4.1	0.20	强化学习	宽
BNAS-v1-CCE[112]	2.88	4.8	0.19	强化学习	宽
BNAS-v2[181]	2.79	3.7	0.05	梯度下降	宽
随机	3.12	3.1	—	—	宽
堆叠式BNAS	2.71	3.7	0.02	梯度下降	宽
堆叠式BNAS+KES	2.78	2.9	0.15	梯度下降	宽

3) 结果分析

得益于所使用的宽度搜索空间及优化策略，堆叠式BNAS仅用0.02 GPU天（在所有NAS方法中排名第一）便能够在CIFAR-10上搜索到一个测试精度为97.29%且参数量为3.7M的堆叠式BCNN。

与那些基于深度搜索空间的NAS方法相比，堆叠式BNAS的搜索效率快5～157500倍，且其分类精度要优于大多数方法。就搜索效率而言，基于梯度的NAS方法具有较大的优势。例如，第一个基于梯度的NAS方法——DARTS[27]仅用0.45 GPU天便能够搜索到一个分类精度为97.00%的深度卷积神经网络；在DARTS的基础上，PC-DARTS[31]进一步提升了NAS的搜索效率——0.10 GPU天（在使用深度搜索空间的NAS方法中排名第一），且其所得模型的分类精度更高——97.43%。堆叠式BNAS的搜索效率比PC-DARTS快5倍，且所得模型的分类性能与PC-DARTS基本保持一致。

与基于BCNN的BNAS-v1及BNAS-v2相比，堆叠式BNAS的搜索效率更快且所得模型的分类精度更高。与BNAS相比，堆叠式BNAS的搜索效率比其快10倍，且所得模型的分类精度在使用更少参数量的情况下比其稍高。如前文所述，堆叠式BNAS是在BNAS-v2的基础上改进而来的，因此两者之间的比较分析更加具有说服力。在使用相同的手工设计知识嵌入的情况下，堆叠式BNAS仅用0.02 GPU天（比BNAS-v2快2.5倍）便能够搜索到一个分类精度为97.29%（比BNAS-v2高0.08%）的堆叠式宽度卷积神经网络。其中，搜索效率与分类精度的提升分别得益于提前停止策略及堆叠式BCNN。

此外，本章通过堆叠式BNAS随机采样结构进一步验证堆叠式BCNN搜索空间的有效性。在DARTS[27]中，其随机结构的分类精度为96.51%，参数量为3.1M。在堆叠式BNAS的搜索空间中随机采样所得结构的分类精度为96.88%，参数量为3.1M。显然，堆叠式宽度搜索空间比深度搜索空间在CIFAR-10上具有更高的分类性能。

2. 基于知识嵌入搜索的架构搜索

1) 实验设置

在本实验中，大部分实验设置与第1部分（1. 基于手工设计知识嵌入的架构搜索）保持一致，不同的实验设置如下：

(1) 在架构搜索阶段，堆叠式宽度超网络由 2 个 mini BCNN 组成，其中每个 mini BCNN 包含 1 个深度细胞、1 个宽度细胞及 1 个增强细胞；

(2) SGD 优化器的学习率为 0.05 且服从退火衰减方式，批大小为 128，动量为 0.9，权重衰减为 3×10^{-4}。在对结构权重进行优化时，Adam 优化器的学习率为 2×10^{-3}，动量为 $(0.5, 0.999)$，权重衰减为 1×10^{-3}。

在搜索过程中，KES 使得堆叠式宽度超网络产生了更多的训练参数，导致堆叠式 BNAS 的内存占用增加，进而使得本组实验中的部分实验设置发生了上述变化。

2) 实验结果

堆叠式 BNAS 使用 KES 搜索到的卷积细胞与增强细胞分别如图 6-8 及图 6-9 所示。表 6-2 中给出了使用 KES 算法搜索到的知识嵌入。此外，表 6-1 给出了堆叠式 BNAS+KES 与其他主流 NAS 方法在 CIFAR-10 上的分类性能比较。

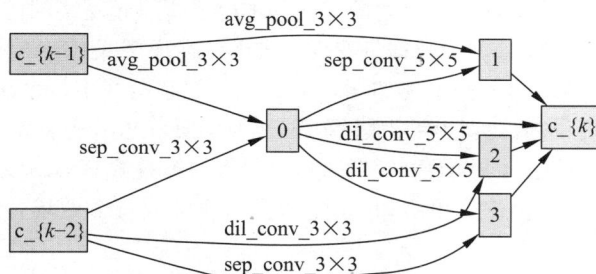

图 6-8　堆叠式 BNAS 使用 KES 搜索到的卷积细胞

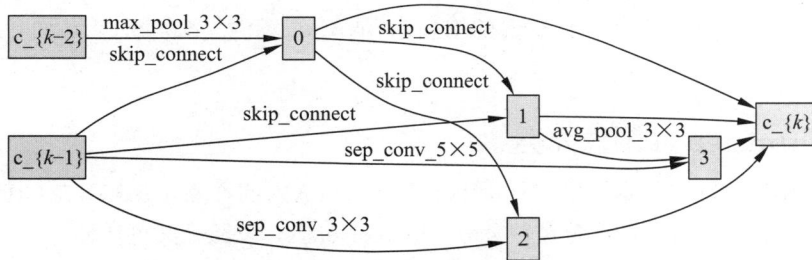

图 6-9　堆叠式 BNAS 使用 KES 搜索到的增强细胞

表 6-2　手工设计知识嵌入与 KES 所得知识嵌入且初始通道数 $c = 44$

特　征	增强模块		输出节点	
	手工设计	自动搜索	手工设计	自动搜索
深度 1	c	$2(\downarrow)$	c	$8(\downarrow)$
宽度 1	$4c$	$4c$	$2c$	$8c(\uparrow)$
深度 2	$2c$	$128(\uparrow)$	$2c$	$64(\downarrow)$
宽度 2	$8c$	$8c$	$4c$	$4(\downarrow)$

3) 结果分析

在堆叠式BNAS中，KES仅优化那些非直接连接边上的知识嵌入，如深度细胞与增强细胞、深度细胞与输出节点，以及宽度细胞与输出节点之间的知识嵌入。由表6-2可知，KES对堆叠式BNAS中的6组（每个mini BCNN中包含3组）知识嵌入进行了搜索。在KES搜索到的知识嵌入中，第一个mini BCNN中与深度细胞相关的两个知识嵌入均具有较小的重要性，而宽度细胞与输出节点之间的知识嵌入重要性是手工设计知识嵌入重要性的4倍；第二个mini BCNN中与深度细胞相关的两个知识嵌入重要性分别为128与64，而宽度细胞与输出节点的知识嵌入重要性仅为4。由此可知，KES更加倾向赋予那些位于模型两端的知识嵌入几乎接近于0的重要性。从整体上看，通过KES搜索得到的知识嵌入比手工设计知识嵌入的知识（通道数）总量更少，其作用类似于深度模型轻量化中的剪枝方法[182-184]。因此，由表6-1可知，基于KES的堆叠式BNAS仅用2.9M的参数量便取得了与堆叠式BNAS类似的分类精度，参数减少量约为22%。

然而，基于KES的堆叠式BNAS的搜索效率为0.15 GPU天，而堆叠式BNAS的搜索效率仅为0.02 GPU天。造成上述现象的主要原因有：

(1) 堆叠式宽度超网络的内存占用增大。如图6-5所示，所有可学习知识嵌入的输出将从通道维度上进行聚合，随后其输出将作为下一个细胞的输入。此外，与细胞不同，过参数化知识嵌入模块不使用部分通道连接策略。上述操作使得堆叠式宽度超网络的内存占用增大，从而使得搜索过程中GPU能够同时处理的数据量变少，进而使得堆叠式BNAS的搜索效率降低。

(2) 堆叠式宽度超网络的拓扑结构加深。堆叠式宽度超网络中每个mini BCNN均使用了一个深度细胞为KES提供与深度细胞相关的知识嵌入。换言之，基于KES的堆叠式BNAS在搜索过程中使用了6个细胞，而基于手工设计知识嵌入的堆叠式BNAS仅使用了4个细胞。上述操作使得该堆叠式宽度超网络的单步训练时间大大增加，从而导致堆叠式BNAS的搜索效率增加。

(3) 提前停止策略无效。基于KES的堆叠式BNAS为了能够满足提前停止准则，不仅需要两种细胞的结构权重排序在连续3个迭代周期内保持不变，与此同时知识嵌入的结构权重也要满足提前停止准则。这导致了基于KES的堆叠式BNAS很难满足准则6.1，从而导致其搜索时间增加。

6.6.3 ImageNet图像分类

受到硬件资源的限制，本章仅将基于手工设计知识嵌入的堆叠式BNAS在CIFAR-10上搜索得到的结构迁移到大规模图像分类任务——ImageNet上，以验证其可迁移能力。

1. 实验设置

如6.6.1小节所述，本章将ImageNet的图像尺寸统一为224×224。因此，为了避免堆叠式BCNN的每秒浮点操作数（FLOPs）过大，在将图像数据输入第一个mini BCNN之前，将利用3个步长为2的3×3卷积将224×224的图像数据转化成28×28的特征图。

在该实验中，堆叠式BCNN中共包含2个mini BCNN，每个mini BCNN中包含3个深度细胞、1个宽度细胞及1个增强细胞，且其初始通道数为44。本章采用SGD优化器将上述堆叠式BCNN训练250个迭代周期，批大小为256，初始学习率为0.1且服从线性衰减方式，动量为0.9，权重衰减为3×10^{-5}。与BNAS-v2类似，堆叠式BNAS所采用的训练技巧如下：标签平滑为0.1、梯度截断边界为5.0。

2. 实验结果

堆叠式BNAS与其他主流NAS方法在ImageNet上的性能比较见表6-3。其中表格第一部分给出了基于深度搜索空间的NAS方法在ImageNet上的相关指标，第二部分给出了基于BCNN的BNAS方法在ImageNet上的相关指标，第三部分给出了堆叠式BNAS在ImageNet上的相关指标。

表 6-3　堆叠式BNAS与其他主流NAS方法在ImageNet上的性能比较

结构	测试误差/%		参数量/ M	搜索效率/ GPU天	FLOPs/ M	拓扑结构
	top-1	top-5				
AmoebaNet-A[23]	25.5	8.0	5.1	3150	555	深
AmoebaNet-B[23]	26.0	8.5	5.3	3150	555	深
AmoebaNet-C[23]	24.3	7.6	6.4	3150	570	深
NASNet-A[24]	26.0	8.4	5.3	1800	564	深
NASNet-B[24]	27.2	8.7	5.3	1800	488	深
NASNet-C[24]	27.5	9.0	4.9	1800	558	深
PNAS[25]	25.8	8.1	5.1	225	588	深
DARTS(二阶)[27]	26.7	8.7	4.7	1.50	574	深
ProxylessNAS(GPU)[43]	24.9	7.5	7.1	8.30	465	深
SNAS+ 轻约束[37]	27.3	9.2	4.3	1.50	522	深
P-DARTS(CIFAR-10)[28]	24.4	7.4	4.9	0.30	557	深
P-DARTS(CIFAR-100)[28]	24.7	7.5	5.1	0.30	577	深
GDAS-NSAS[180]	24.7	7.5	5.1	0.30	577	深
PC-DARTS(CIFAR-10)[31]	25.1	7.8	5.3	0.10	586	深
PC-DARTS(ImageNet)[31]	24.2	7.3	5.3	3.80	597	深
BNAS-v1[112]	25.7	7.8	3.9	0.20	1180	宽
BNAS-v2-CLR-C2[181]	27.3	9.0	4.4	0.09	441	宽
BNAS-v2-CLR-C5[181]	27.2	9.0	3.7	0.09	938	宽
BNAS-v2-PC-C2(CIFAR-10)[181]	27.2	8.8	4.6	0.09	475	宽
BNAS-v2-PC-C2(ImageNet)[181]	27.0	10.5	4.6	0.19	576	宽
堆叠式BNAS	26.4	8.9	4.7	0.02	485	宽

3. 实验分析

与那些极具影响力的先驱工作相比（如AmoebaNet、NASNet、PNAS），堆叠式BNAS获得了极具竞争力的/更好的分类性能，且所用结构的搜索效率仅为0.02 GPU天（快4~5个数量级）。与那些高效的NAS方法（如DARTS、SNAS、PC-DARTS）相比，堆叠式BNAS依旧能够取得极具竞争力的/更好的分类性能，且搜索效率比其快1~2个数量级。

在所有的宽度神经网络架构搜索方法中，BNAS-v1在ImageNet上取得了最好的分类精度。然而，BNAS-v1所用模型的每秒浮点操作数FLOPs为1180M，不能满足移动端设置要求（小于600M），从而导致该模型在边缘设备上的可用性较差。造成上述问题的主要原因是：BNAS-v1所用的BCNN利用5个卷积模块实现多尺度信息融合以提升其分类性能。其中，前3个卷积模块输出特征图的尺寸为224×224、112×112及56×56。然而，较大的特征图尺寸导致模型的浮点操作数大大增加[185]。换言之，BNAS-v1以较高的模型复杂度为代价换取分类性能的提升。

为了提升宽度卷积神经网络的可用性，BNAS-v2与堆叠式BNAS所用模型均具有较小的模型复杂度。与BNAS-v2相比，堆叠式BNAS的分类精度更高，搜索效率更快且模型复杂度基本一致。其中，BNAS-v2-PC-C2（CIFAR-10）与堆叠式BNAS之间的唯一区别在于采用了不同的搜索空间。堆叠式BNAS能够获得更高的分类性能证明了本章所提出的堆叠式BCNN的有效性。

6.6.4 其他数据集图像分类

为了进一步验证堆叠式BNAS的泛化能力，与BNAS-v2类似，本节实现了堆叠式BNAS在MNIST、FashionMNIST、NORB及SVHN四个数据集上的图像分类实验，并与NASNet[24]、AmoebaNet[23]、DARTS[27]、PC-DARTS[31]及BNAS-v2[181]进行了比较与分析。

1. 实验设置

对于每个数据集而言，堆叠式BNAS采用了相同的结构与设置。堆叠式BNAS由10个细胞组成：6个深度细胞、2个宽度细胞及2个增强细胞。NASNet、AmoebaNet、DARTS及PC-DARTS均由20个细胞组成，BNAS-v2由8个细胞组成。在对堆叠式BNAS进行训练时，将批大小与学习率分别设置为128及0.05，其他训练超参数与5.6.5小节保持一致。

2. 结果与分析

实验结果见表6-4。在四个图像分类数据集上，堆叠式BNAS取得了极好的泛化能力：在MNIST与SVHN数据集上排名第一，在其他两个数据集上均排名第二。在五种比较方法中，泛化性能最好的是NASNet：在MNIST与FashionMNIST上均获得了最优性能，而在其他两个数据集上均排名第四。然而，基于梯度的NAS方法——DARTS与PC-DARTS的泛化性能均不够理想。其中，DARTS在四个数据集上均排名倒数第一；PC-DARTS只有在SVHN数据集上表现较好，在其他数据集上均排名倒数第二。从总体性能来看，BNAS-v2的泛化能力仅次于堆叠式BNAS及NASNet，其在SVHN数据集上排名第二，在其他三个数据集上排名第三。

表 6-4　堆叠式 BNAS 与其他主流 NAS 方法在四种图像分类数据集上的性能比较

结　构	参数量/ M	精度/%				细胞数/ 个	搜索效率/ GPU 天
		MNIST	FashionMNIST	NORB	SVHN		
NASNet[24]	1.5/1.3	99.64(1)	95.47(1)	93.34(4)	96.87(4)	20	1800
AmoebaNet[23]	1.5	99.62(4)	95.33(3)	93.73(1)	96.85(5)	20	3150
DARTS[27]	1.5	99.58(6)	95.24(6)	91.83(6)	96.76(6)	20	0.45
PC-DARTS[31]	1.4	99.61(5)	95.26(5)	93.00(5)	96.98(2)	20	0.1
BNAS-v2-CLR[181]	1.5	99.63(3)	95.33(3)	93.37(2)	96.98(3)	8	0.09
Stacked BNAS（ours）	1.5	99.64(1)	95.35(2)	93.52(2)	97.12(1)	10	0.02

注：使用 NVIDIA Tesla P100 GPU 对 NORB 与 SVHN 进行训练时，参数量为 1.5 M 时会导致 OOM 报错。

综上所述，堆叠式BNAS在CIFAR-10上搜索到的结构能够比BNAS-v2更好地泛化到其他数据集，进一步验证了堆叠式BNAS的有效性。

6.6.5 消融实验

为了更好地展示堆叠式BNAS中两种搜索加速策略及多尺度信息融合的有效性，本小节进行了两组消融实验。

1. 搜索效率

在堆叠式 BNAS 的搜索过程中，部分通道连接[31]、提前停止策略[81] 对于其高效性发挥着至关重要的作用。对此，本部分分析了四种不同情况下堆叠式 BNAS 的搜索效率，实验结果见表6-5。

表 6-5　CIFAR-10 上的搜索效率消融实验

部分通道连接	提前停止	迭代周期	批大小	搜索效率/GPU 天
×	×	50	128	0.140
√	×	50	512	0.068
×	√	15	128	0.047
√	√	12	512	0.018

本实验通过控制两种加速策略的使用与否，共进行了四组实验：① 两种策略均未使用；② 仅使用部分通道连接策略；③ 仅使用提前停止策略；④ 同时使用两种策略。每组实验重复搜索三次，实验设置与 6.6.2 小节中基于手工设计知识嵌入的架构搜索实验保持一致。三次重复搜索实验中效率最快的将作为最终实验结果。

当两种加速策略均未使用时，堆叠式 BNAS 的搜索效率为 0.140 GPU 天。此时，堆叠式 BNAS 与 DARTS 之间的唯一区别为搜索空间的差异。然而，使用深度搜索空间的 DARTS 的搜索耗时为 0.45 GPU 天，约为堆叠式 BNAS 的 3.2 倍。当仅使用部分通道连接策略时，堆叠式 BNAS 的搜索效率为 0.068 GPU 天。此时，堆叠式 BNAS 与 PC-DARTS 之间的唯一区别为搜索空间的差异。基于深度搜索空间的 PC-DARTS 的搜索耗时为 0.1 GPU 天，约为堆叠式 BNAS 的 1.5 倍。其中宽度搜索空间的内存高效性发挥着至关重要的作用。当仅使用提前停止策略时，堆叠式 BNAS 的搜索效率为 0.047 GPU 天。此时，堆叠式 BNAS 与 DARTS+[81] 之间的唯一区别为搜索空间的差异。DARTS+ 的搜索耗时为 0.4 GPU 天，为堆叠式 BNAS 的 8.5 倍。其中，堆叠式 BNAS 能够更快地提前停止搜索流程，避免不必要的搜索。当同时使用两种策略时，堆叠式 BNAS 的搜索效率为 0.018 GPU 天。此时，堆叠式 BNAS 既能够保证内存高效性，也能够避免不必要的搜索。

2. 多尺度信息融合

为了解决 BCNN 中存在的尺度信息多样性丢失问题，本章通过添加两种尺度信息提出了堆叠式 BCNN。为了验证两种尺度信息在性能提升方面的有效性进行了四组实验，结果见表6-6。

表 6-6　CIFAR-10 上的多尺度信息融合消融实验

知识嵌入		参数量/M	测试误差/%
宽度-输出	深度-增强		
×	×	3.56	3.14
√	×	3.36	3.05
×	√	3.64	2.88
√	√	3.70	2.71

与 BCNN 不同，堆叠式 BCNN 在每个基本模块——mini BCNN 中通过两个知识嵌入添加了深度细胞到增强细胞（深度-增强）及宽度细胞到输出节点（宽度-输出）的信息传输。该实验包含四组实验：① 两种信息均不传输；② 深度细胞的输出不传输到增强细胞中；③ 宽度细

胞的输出不传输到输出节点中；④ 同时传输两种信息。每组实验重复将堆叠式BNAS搜索到的细胞结构从头训练三次，实验设置与6.6.2小节中基于手工设计知识嵌入的架构搜索实验保持一致。三次重复训练实验结果的均值将为最终结果。

显然，随着尺度信息的增加，堆叠式BNAS在CIFAR-10上的分类性能逐渐增加。因此，尺度信息的向后传递使得堆叠式宽度卷积神经网络能够捕获更多的表征信息，从而进一步提升模型性能。

6.7 本章小结

第4章提出的宽度搜索空间中存在两个问题：① 多尺度信息融合/增强过程中，部分信息丢失；② 知识嵌入的手动设计过程十分耗时。针对上述两个问题，本章提出了宽度神经架构搜索的变种——堆叠式BNAS，主要研究内容如下：

(1) 针对尺度信息多样性丢失问题，本章提出了基于mini BCNN的堆叠式BCNN。每个mini BCNN中包含k个深度细胞、1个宽度细胞及1个增强细胞，并通过密集连接的方式为表征融合/增强提供足够的尺度信息多样性。

(2) 针对手工设计知识嵌入耗时问题，本章提出了可微分的知识嵌入搜索算法——KES。计算得到知识嵌入权重的梯度后，KES能够通过梯度反传实现对过参数化知识嵌入模块的优化。

堆叠式BNAS在CIFAR-10、ImageNet及其他四种图像分类实验上的结果显示：堆叠式BNAS仅用0.02 GPU天（比BNAS-v2快2.5倍）便能够在CIFAR-10上搜索到一个分类精度为97.29%（比BNAS-v2高0.08%）的结构。随后，将其迁移到ImageNet后取得了比BNAS-v2更高的分类精度，堆叠式BCNN在其中发挥着至关重要的作用。此外，本章所提出的知识嵌入搜索算法在降低22%参数量的前提下，所得模型依旧能够在CIFAR-10上取得比BNAS-v2更高的分类精度。对于其他四种图像分类数据集——MNIST、FashionMNIST、NORB及SVHN而言，堆叠式BNAS展示了比BNAS-v2更好的泛化能力，其中，堆叠式BNAS在MNIST及SVHN数据集上的性能排名第一，在FashionMNIST与NORB数据集上排名第二。

第7章 基于自适应演化的宽度视觉 Transformer神经网络架构搜索

7.1 引言

本章将视觉 Transformer 神经网络优化问题拆分为其结构的设计与优化。首先针对其缺乏局部感受野的问题设计了宽度注意力机制，提出了相应的宽度视觉 Transformer；然后采用神经网络架构搜索算法针对宽度 Transformer 实现进一步优化，所提出的算法同时缓解了现有优化算法效率低下的问题。

7.1.1 结构设计

Transformer 已经在自然语言处理任务中展现了卓越的建模能力。近几年，视觉 Transformer[116] 被提出并在大规模数据集上取得了性能突破，有望在计算机视觉领域打破卷积神经网络的主导地位。ViT 通常将整个图像划分为多个固定大小的图像块，然后通过自注意力机制学习它们之间的关系，提取与目标任务相关的特征信息，因而在多个视觉任务中展现了出色的图像理解能力。然而 ViT 神经网络中深层的 Transformer 层缺乏局部感受野[116]，限制了 ViT 对有限数据集的特征学习能力。

本章设计了宽度注意力机制，可以有效地提取并利用不同 Transformer 层中的特征。宽度注意力首先通过宽度连接来整合不同 Transformer 层中的注意力信息，然后对上述整合后的信息进一步关注，以提取更为全面有效特征及它们之间的关系。在宽度注意力机制的基础上，提出了基于宽度注意力的 ViT（broad attention based vision transformer，BViT）。BViT 由骨干网络与宽度注意力组成，前者包括多个 Transformer 层，可以对深度特征进行学习；后者由宽度连接与无参数自注意力组成，通过增加不同层中注意力的路径连接，提取更为充分有效的特征信息，对宽度特征进行学习，且没有引入额外的可学习参数。两种特征的组合增加了 BViT 的局部感受野，为 BViT 带来了卓越的图像处理能力。此外，宽度注意力可以灵活应用于其他基于注意力机制的 ViTs 以实现性能增益，得到的模型统称为 BViTs。

7.1.2 结构优化

尽管手工设计的 ViT 神经网络取得了一些里程碑式的进展，尤其是宽度视觉 Transformer 的设计。但是 ViT 网络结构的手动设计依然面临一些挑战，由于不同的结构参数相互影响，其设计过程高度耦合，需要依赖专家经验和大量的试错。具体而言，模型深度、维度、注意力头的数量及上述宽度注意力的连接范式均对模型的最终性能有所影响，需要同时进行优化。神经网络架构搜索算法能够同时优化上述参数，然而目前的 ViT 神经网络架构搜索方法主要集中于超网络训练的改进，而忽略了搜索策略的提升。

本章提出了自适应搜索宽度视觉 Transformer 架构（adaptive search for broad attention based vision transformer，ASB）算法。ASB 算法通过以下两个方面优化 ViT 的性能：① 设计宽度视觉 Transformer 结构并搭建宽度搜索空间；② 提出自适应演化算法，动态调整候选突变操作的概率分布，提高搜索效率。首先，针对 ViT 设计了宽度搜索空间，其中搜索空间采用的骨干网络包括非金字塔结构 DeiT[136] 与金字塔结构 LVT[144]，采用两种骨干网络是为了更全面地验证 ASB 算法的性能；其次，根据上述搜索空间搭建并训练相应的超网络，超网络是指包含搜索空间中所有可能架构的超级网络，在预训练的超网络上采用自适应演化算法学习最优的 ViT 神经网络，自适应演化算法在搜索过程中对候选突变操作的概率分布进行学习以指导搜索方向；最后，在 ImageNet 图像分类任务上对搜索到的非金字塔结构 ASB-ViT 与金字塔结构 ASB-LVT 进行训练，考虑到金字塔结构在密集预测任务上的优势，将 ASB-LVT 迁移至 COCO 全景分割与 ADE20K 语义分割视觉任务。在上述任务中，ASB-ViT 和 ASB-LVT 均展现了优于已有方法的性能。

本章的内容安排如下：7.2 节描述了视觉 Transformer 结构设计中存在的问题；7.3 节介绍了 BViT 的结构细节，包括骨干网络与宽度注意力；7.4 节描述了视觉 Transformer 结构优化中存在的问题；7.5 节对自适应搜索宽度视觉 Transformer 架构算法进行详细介绍，给出了搜索空间的设计细节与自适应演化中候选突变操作概率分布的学习机制；7.6 节给出了宽度视觉 Transformer 及自适应搜索宽度视觉 Transformer 的相关实验结果；7.7 节对本章内容进行了总结。

7.2 结构设计问题描述

ViT 的优势之一是自注意力机制设计，通过构建输入特征内部的关系进行全局特征学习，多头注意力机制则可以从不同视角对图像特征进行关注。然而自注意力机制依然有其局限性：① 研究[116] 表明，在 ViT 中，浅层的自注意力会同时关注局部特征与全局特征，而深层的自注意力则倾向于关注全局特征，由于深层自注意力缺乏对局部特征的关注，ViT 在小规模数据集上表现欠佳；②ViT 模型中不同层之间的中心核对齐（centered kernel alignment，CKA）相似度得分高于卷积神经网络[186]，这说明 ViT 架构可能存在冗余，相似度高的层被裁减对模型性能的影响甚微。因此，许多学者致力于对自注意力机制进行研究以缓解上述问题，从而促进对有利信息的关注并缓解特征冗余。例如，Swin[137] 采用一个滑动窗口执行自注意力，滑动窗口不仅实现了对局部特征的学习，还减少了计算量。T2T-ViT[187] 递归地将相邻的特征块进行拼接，并通过自注意力机制提取特征块的结构信息，这显著减少了自注意力机制的计算量。考虑到自注意力机制缺乏对局部特征的关注，CvT[138] 将卷积操作引入 ViT，通过卷积操作对局部特征进行建模。然而，这些工作主要考虑了对单一层特征所进行的关注，忽略了不同层注意力的组合，对不同层注意力的组合可以带来更丰富的特征信息以缓解模型冗余并增强对局部特征的关注。具体而言，ViT 的局部感受野是指在图像输入中，每个注意力头部关注的局部区域大小。虽然 ViT 的每个注意力头部都具有全局感受野，但通过多头注意力的并行计算，即对特征不同子空间的关注，ViT 可以综合多个头部的不同局部信息，从而获得更全面的图像表示。ViT

结构采用的是Transformer结构中的编码器部分，它的每一层输入分辨率一致。因此，通过融合了不同Transformer层的注意力信息增强对特征不同子空间的关注可以进一步实现对局部感受野的增强。

为了实现不同层注意力信息的组合，考虑在ViT架构中引入跳跃式连接。作为深度神经网络成功的关键之一，跳跃式连接不仅有利于信息的传递与组合，还可以对特征进行非线性处理，从而提升特征学习能力，下面通过卷积神经网络的相关研究证实这一观点。ResNet[12]首次在卷积神经网络中采用残差连接，有效地提升了其性能，并且促进了深度模型的训练。在此基础上，DenseNet[125]进一步增加了网络结构路径连接，即密集连接，带来了更多的性能改善。作为一种神经网络架构搜索方法，BNAS[112]也设计了一种新颖的跳跃式连接并称之为宽度连接，它通过组合不同层的特征来获得多尺度特征并对其进行增强。跳跃式连接在卷积神经网络上的革命性成功表明了其在图像特征提取中的优势。因此，通过增加路径连接来实现不同层注意力信息的结合与充分利用是合理的。具体而言，不同层注意力信息的结合有利于注意力信息的传递和融合，促进对局部特征的关注，以及提取丰富且有效的注意力信息，缓解模型的冗余。

7.3　宽度视觉Transformer设计

如图7-1所示，宽度视觉Transformer网络BViT主要由两部分组成：

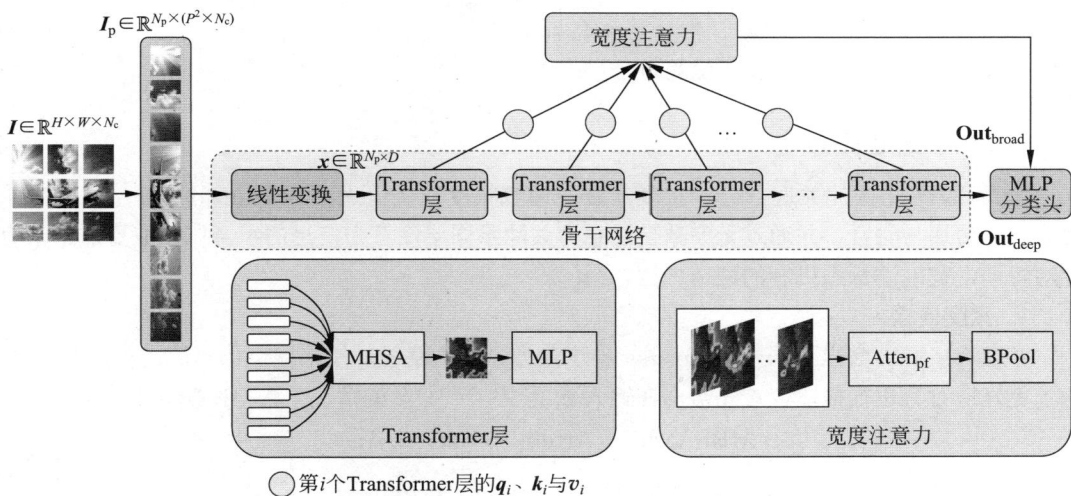

图 7-1　BViT的总体结构

（1）骨干网络（图7-1中虚线框），由多个Transformer层组成，Transformer层由多头自注意力MHSA与多层感知机MLP组成，通过逐层构建特征块之间的结构信息提取深度特征；

（2）宽度注意力（图7-1中蓝色方框），采用无参数自注意力Atten_{pf}与池化操作BPool处理由宽度连接获取的不同层的注意力信息，用于提取宽度特征。

下面详细介绍BViT的骨干网络与宽度注意力。

7.3.1　骨干网络

给定一个图像输入$\text{Img} \in \mathbb{R}^{H \times W \times N_c}$，将其分割为非重叠且长度固定的图像块$I_p \in$

$\mathbb{R}^{N_\mathrm{p} \times (P^2 \times N_\mathrm{c})}$。其中，$H$ 和 W 是输入图像的高度和宽度，N_c 是输入图像的通道数，P 是图像块的尺寸大小，$N_\mathrm{p} = HW/P^2$ 是图像块的数量，BViT 中图像块的大小 P 设置为 16，接下来采用线性投影将图像块转换为序列特征 $\boldsymbol{x} \in \mathbb{R}^{N_\mathrm{p} \times D}$。与之前的 ViT 结构[116] 一致，在序列特征 $\boldsymbol{x}$ 中引入可训练的位置嵌入以保留位置信息，并使用类别词符进行分类特征表示，即可得到 Transformer 编码器的输入特征 $\boldsymbol{x}_1 \in \mathbb{R}^{(N_\mathrm{p}+1) \times D}$。

BViT 通过多层 Transformer 层对输入特征 $\boldsymbol{x}_1$ 进行学习。Transformer 层由 MHSA 和 MLP 组成，两者均引入了残差连接，并且两者都对输入进行了归一化[188]（layernorm，LN）。下面介绍 MHSA 与 MLP 的计算过程，特别是 MHSA 的计算，它有助于对宽度注意力的阐述。

(1) 多头自注意力。MHSA 对特征的不同子空间进行多角度关注。对于第 i 层的输入特征 $\boldsymbol{x}_i \in \mathbb{R}^{(N_\mathrm{p}+1) \times D}$，MHSA 的输出 $\hat{\boldsymbol{z}}_i$ 为

$$\hat{\boldsymbol{z}}_i = \boldsymbol{x}_i + \mathrm{MHSA}(\boldsymbol{x}_i) \tag{7-1}$$

(2) 多层感知机。MLP 由两个全连接层组成，两个全连接层之间应用了激活函数 GELU[189]。将 MHSA 的输出 $\hat{\boldsymbol{z}}_i$ 输入至 MLP，第 i 层的输出 $\boldsymbol{z}_i$ 可以表示为

$$\boldsymbol{z}_i = \hat{\boldsymbol{z}}_i + \mathrm{MLP}(\hat{\boldsymbol{z}}_i) \tag{7-2}$$

第 i 层的输出 $\boldsymbol{z}_i$ 是第 $i+1$ 层的输入 $\boldsymbol{x}_{i+1}$，因此深度特征是最后一个 Transformer 层的输出 $\boldsymbol{z}_l$，即

$$\boldsymbol{Z}_{\mathrm{deep}} = \boldsymbol{z}_l \tag{7-3}$$

式中：l 为 BViT 中 Transformer 层的数量。

7.3.2　宽度注意力

作为 BViT 结构的关键部分，宽度注意力通过宽度连接促进不同 Transformer 层之间注意力信息的传递与融合，并通过无参数自注意力关注不同层注意力信息的组合以提取更加丰富有效的特征，宽度注意力机制的细节如图7-2所示。

1. 宽度连接

宽度连接通过增强不同 Transformer 层注意力之间的路径连接来促进信息流的传递和组合，为了更好地对其进行描述，首先给出在输入 $\boldsymbol{x}_i \in \mathbb{R}^{(N_\mathrm{p}+1) \times D}$ 的情况下，MHSA 的计算细节：

$$\begin{aligned} \mathrm{MHSA}(\boldsymbol{x}_i) &= \mathrm{Atten}(\mathrm{To\_qkv}(\boldsymbol{x}_i))\boldsymbol{w}^o \\ &= \mathrm{Atten}(\boldsymbol{q}_i, \boldsymbol{k}_i, \boldsymbol{v}_i)\boldsymbol{w}^o \\ &= \mathrm{softmax}\left(\frac{\boldsymbol{q}_i \boldsymbol{k}_i^\mathrm{T}}{\sqrt{d_q}}\right)\boldsymbol{v}_i \boldsymbol{w}^o \end{aligned} \tag{7-4}$$

其中，

$$\boldsymbol{q}_i = [\boldsymbol{q}_i^1, \boldsymbol{q}_i^2, \cdots, \boldsymbol{q}_i^h], \boldsymbol{q}_i^j \in \mathbb{R}^{(N_\mathrm{p}+1) \times d_q}$$
$$\boldsymbol{k}_i = [\boldsymbol{k}_i^1, \boldsymbol{k}_i^2, \cdots, \boldsymbol{k}_i^h], \boldsymbol{k}_i^j \in \mathbb{R}^{(N_\mathrm{p}+1) \times d_k}$$
$$\boldsymbol{v}_i = [\boldsymbol{v}_i^1, \boldsymbol{v}_i^2, \cdots, \boldsymbol{v}_i^h], \boldsymbol{v}_i^j \in \mathbb{R}^{(N_\mathrm{p}+1) \times d_v}$$

式中：To_qkv 包含线性投影、切分和变形操作；$\boldsymbol{q}_i^j$、$\boldsymbol{k}_i^j$ 和 $\boldsymbol{v}_i^j$ 分别是第 i 层 Transformer 中第 j 个注意力头的查询向量、键向量和值向量，其中 $j \in \{1, 2, 3, \cdots, h\}$，$h$ 为 MHSA 中注意力头的

个数；$\dfrac{1}{\sqrt{d_q}}$ 是缩放因子；$\boldsymbol{w}^o$ 为MHSA中对注意力特征进行线性映射的权重。然后宽度连接将不同Transformer层中MHSA的查询向量、键向量和值向量进行组合拼接，即

$$\begin{cases} \boldsymbol{Q} = [\boldsymbol{q}_1, \boldsymbol{q}_2, \cdots, \boldsymbol{q}_l], \boldsymbol{Q} \in \mathbb{R}^{(N_{\mathrm{p}}+1) \times h \times (l \times d_q)} \\ \boldsymbol{K} = [\boldsymbol{k}_1, \boldsymbol{k}_2, \cdots, \boldsymbol{k}_l], \boldsymbol{K} \in \mathbb{R}^{(N_{\mathrm{p}}+1) \times h \times (l \times d_k)} \\ \boldsymbol{V} = [\boldsymbol{v}_1, \boldsymbol{v}_2, \cdots, \boldsymbol{v}_l], \boldsymbol{V} \in \mathbb{R}^{(N_{\mathrm{p}}+1) \times h \times (l \times d_v)} \end{cases} \tag{7-5}$$

式中：$\boldsymbol{q}_i$、$\boldsymbol{k}_i$ 和 $\boldsymbol{v}_i$ 分别是式(7-4)中第 i 层的查询向量、键向量和值向量；$\boldsymbol{Q}$、$\boldsymbol{K}$ 和 $\boldsymbol{V}$ 是拼接后相应的查询向量、键向量和值向量；l 是骨干网络中Transformer层的数量。

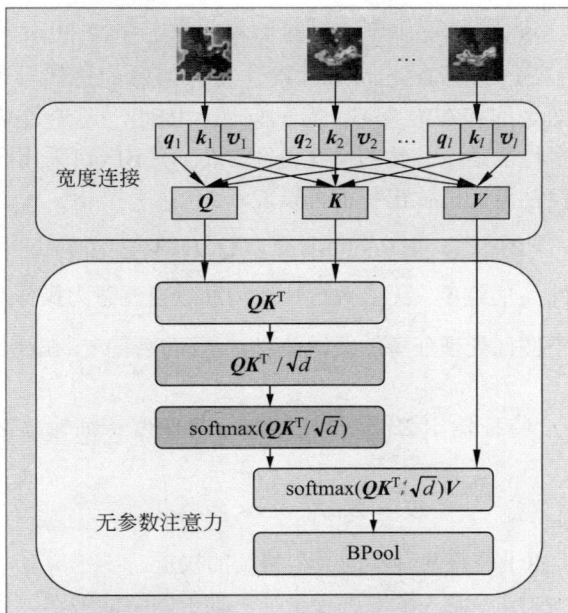

图 7-2　宽度注意力示意图

如图7-2所示，宽度连接充分整合了每个Transformer层的注意力信息，而每一层Transformer中的 $\boldsymbol{q}_i$、$\boldsymbol{k}_i$ 和 $\boldsymbol{v}_i$ 仅关注该层的特征。得益于宽度连接对注意力信息流的促进，$\boldsymbol{Q}$、$\boldsymbol{K}$ 和 $\boldsymbol{V}$ 包含了更为丰富全面的信息，有效地强化了深层Transformer对局部特征的关注，同时有利于对特征的充分利用，缓解模型冗余。除了对不同Transformer层之间的注意力信息进行集成之外，宽度连接的另一个优点是增强了整个网络结构中梯度的传递。这有助于ViT网络的训练，所有Transformer层均可直接访问损失函数的梯度，有助于训练更深层的网络结构。

2. 无参数自注意力

无参数自注意力利用自注意力操作直接对宽度连接集成的注意力信息进行关注，提取有效的注意力信息并构建它们的关系，而不需要引入线性投影以获取自注意力操作所需要的查询向量、键向量和值向量。因此，宽度注意力不会带来额外的可学习参数，仅略微增加计算复杂度。无参数自注意力 $\mathrm{Atten}_{\mathrm{pf}}$ 的具体实现细节与式(7-4)中的操作类似，不同之处在于不需要To_qkv操作，即

$$\mathrm{Atten}_{\mathrm{pf}}(\boldsymbol{Q}, \boldsymbol{K}, \boldsymbol{V}) = \mathrm{softmax}\left(\frac{\boldsymbol{Q}\boldsymbol{K}^{\mathrm{T}}}{\sqrt{d}}\right)\boldsymbol{V}$$

$$= \mathrm{softmax}\left(\frac{\sum\limits_{i=1}^{l} \boldsymbol{q}_i \boldsymbol{k}_i^{\mathrm{T}}}{\sqrt{d}}\right) \boldsymbol{V}$$

$$= \mathrm{softmax}\left(\frac{\sum\limits_{i=1}^{l} \boldsymbol{q}_i \boldsymbol{k}_i^{\mathrm{T}}}{\sqrt{d}}\right) [\boldsymbol{v}_1, \boldsymbol{v}_2, \cdots, \boldsymbol{v}_l] \tag{7-6}$$

式中：$\frac{1}{\sqrt{d}}$ 是缩放因子，d 是 Transformer 层的隐层维度。显然，无参数自注意力利用不同 Trans-

former 层的注意力权重（即 $\sum\limits_{i=1}^{l} \boldsymbol{q}_i \boldsymbol{k}_i^{\mathrm{T}}$）对不同层的值向量（即 $[\boldsymbol{v}_1, \boldsymbol{v}_2, \cdots, \boldsymbol{v}_l]$）进行加权求和，

提取更为全面有效的特征。不同 Transformer 层注意力信息的拼接导致了深度特征 $\boldsymbol{Z}_{\mathrm{deep}}$ 和 $\mathrm{Atten}_{\mathrm{pf}}(\boldsymbol{Q}, \boldsymbol{K}, \boldsymbol{V})$ 的输出之间存在维度不一致的问题。因此，无参数操作通过引入一个池化算子 BPool，得到与深度特征维度一致的宽度特征 $\boldsymbol{Z}_{\mathrm{broad}}$，BPool 采用一维自适应平均池化实现维度的变换，因此宽度注意力的输出特征可以表示为

$$\boldsymbol{Z}_{\mathrm{broad}} = \mathrm{BPool}(\mathrm{Atten}_{\mathrm{pf}}(\boldsymbol{Q}, \boldsymbol{K}, \boldsymbol{V}), \{d_{\mathrm{p}}\}) \tag{7-7}$$

式中：d_{p} 是深度特征 $\boldsymbol{Z}_{\mathrm{deep}}$ 的维度。无参数自注意力通过自注意力操作对整个模型的注意力信息进行关注，提取有利于图像处理任务的关键信息，从而改善 ViT 在视觉任务上的性能，且没有额外的模型训练负担。

结合式(7-3)中的深度特征输出 $\boldsymbol{Z}_{\mathrm{deep}}$ 与式(7-7)中的宽度特征输出 $\boldsymbol{Z}_{\mathrm{broad}}$，可以计算最终输出：

$$\boldsymbol{O} = \boldsymbol{Z}_{\mathrm{deep}} + \gamma * \boldsymbol{Z}_{\mathrm{broad}} \tag{7-8}$$

式中：γ 是系数因子，可用于调整两种不同类型特征的权重。

经过多个 Transformer 层对输入图像进行表征，骨干网络能够学习到有利于分类预测的特征。在此基础上，宽度注意力机制使得模型能够对不同 Transformer 层的特征表示空间进行联合关注，从而提取更丰富有效的信息，充分利用神经网络所学习到的特征。在宽度注意力机制中，宽度连接负责增强不同 Transformer 层注意力之间的路径连接，以促进信息的传递和融合。无参数自注意力负责捕捉不同层注意力中与任务相关的信息。因此，通过引入宽度注意力机制，BViT 能够更好地聚焦于关键特征，提升模型对图像输入的理解能力。此外，宽度注意力的引入不会增加可学习参数，因此能够灵活地应用于基于注意力的 ViT 模型。

7.4 结构优化问题描述

虽然宽度注意力机制可以应用于主流的 ViT 并实现性能改善，如图7-3所示，相比于其他视觉模型（主要包括 DeiT[136]、Swin[137]、gMLP[190]、ResNet[12]），基于宽度注意力的模型 BViTs 显示了更优越的性能。但 BViTs 系列网络的性能受骨干 ViT 网络性能的限制，并且宽度注意力的连接范式也存在进一步提升的空间。目前主流 ViT 架构的设计会汲取卷积神经网络中新颖的架构设计，如金字塔结构，在神经架构的不同阶段逐步减小特征分辨率并改变特征维度。已有的金字塔型 ViT 主要通过卷积操作、池化操作、线性变换等操作实现不同阶段间的特

征分辨率与维度变化。比如，作为典型的金字塔型 ViT，Swin[137] 通过间隔采样与拼接实现特征分辨率的改变并采用线性变换改变特征维度，CvT[138] 直接引入跨步卷积操作以得到金字塔结构，PiT[139] 则采用池化操作。然而，上述金字塔型 ViT 在模型参数较小的情况下依然表现欠佳，特别是与卷积神经网络相比。具体而言，在约 5M 参数量的情况下，EfficientNet-B0[63] 在 ImageNet 上的分类精度比 PiT[139] 高出 2.5%；当模型参数量为 30M 左右时，EfficientNet-B5[63] 的分类精度比 Swin[137] 高出 2.3%。这表明当设备无法部署过大的模型时，卷积神经网络依然是一个强有力的选择。因此，高效的 ViT 架构与宽度注意力连接范式的组合探索有潜力实现小规模 ViT 模型的结构优化。

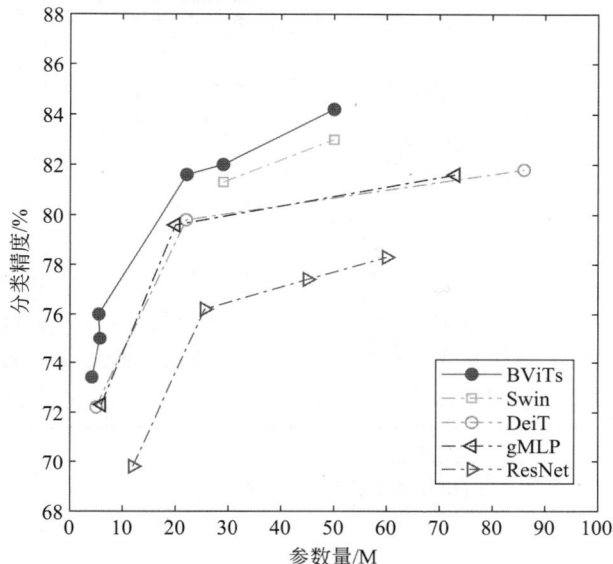

图 7-3　BViT 与其他视觉模型在 ImageNet 上的性能对比

为了实现 ViT 神经网络的进一步优化，研究人员引入了神经网络架构搜索以自动设计 ViT[117, 146]。AutoFormer[117] 首次提出了针对 ViT 的搜索框架，其搜索过程主要包括超网络训练和架构演化，且致力于优化超网络的训练过程，以提升搜索过程中模型评估与模型实际性能的一致性。然而，由于 ViT 结构的复杂性，其搜索空间的复杂度较大，导致了搜索过程耗时与难以收敛。在相对成熟完善的针对卷积神经网络的 NAS 研究中，通常通过设计高效的搜索策略提升搜索效率。而目前的 ViT 架构自动设计研究[117, 146] 忽略了搜索策略的优化，直接采用传统的演化算法。因此，ViT 架构搜索过程中高效搜索策略的设计亟待研究。

本章所提出的基于自适应演化的宽度视觉 Transformer 神经网络架构搜索的求解空间、目标函数、优化算法可以表示为：

(1) 求解空间，由候选操作集与连接组成。在此基础上引入了 7.3 节宽度视觉 Transformer 所设计的宽度连接。因此某个解 arch 可以表示为 arch $= [o_1, o_2, \cdots, o_{nums}, w_b]$，其中 o_* 表示候选操作，其顺序表示连接方式，nums 表示模型层数，w_b 表示宽度连接范式。

(2) 目标函数，分类精度 acc(arch, θ)，同时引入了模型规模大小的约束。

(3) 优化算法，针对 ViT 架构搜索工作效率低下的问题，提出了自适应演化算法 ASB，不同于第 8 章所采用的渐进式演化算法分阶段动态调整求解空间，ASB 在演化过程的每一代都自适应地学习求解空间中候选操作的概率分布，指导演化方向，提升算法效率。

7.5 自适应搜索宽度视觉Transformer架构算法

自适应搜索宽度视觉 Transformer 架构（ASB）算法的搜索框架如图7-4所示，与已有的神经网络架构搜索算法[117, 191]类似，ASB 算法包含两个主要阶段，即超网络训练与自适应演化。

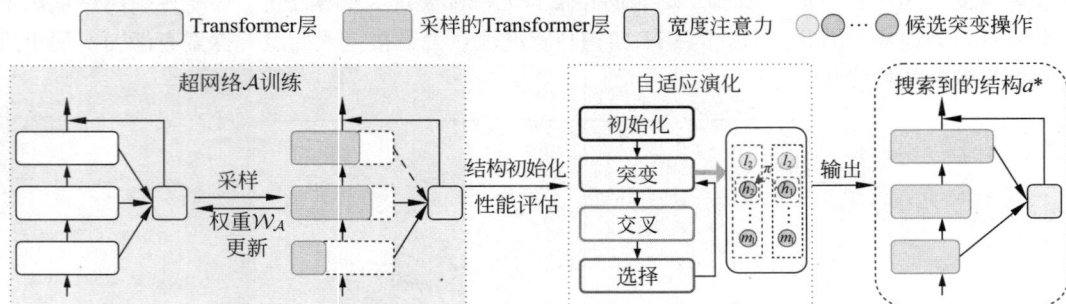

图 7-4 ASB 算法框架

（1）超网络训练：基于所设计的宽度搜索空间，搭建超网络 $\mathcal{A}$。在超网络 $\mathcal{A}$ 的训练过程中，在每一步采用均匀采样策略采样子网络 $\{arch|arch \in \mathcal{A}\}$ 进行训练，通过仅更新超网络的部分参数提高训练效率。所有子网络共享来自超网络的权重 $\mathcal{W}_{\mathcal{A}}$，即 $w_{arch} \in \mathcal{W}_{\mathcal{A}}$。因此，可以直接利用超网络的 $\mathcal{W}_{\mathcal{A}}$ 继续训练子网络 arch，而不是从头开始训练。详见算法7.1。

算法 7.1 超网络 $\mathcal{A}$ 训练

Input: 数据集 $\mathcal{D}$，超网络 $\mathcal{A}$，超网络训练迭代次数 $\mathcal{E}$。
  初始化超网络 $\mathcal{A}$ 的权重 $\mathcal{W}_{\mathcal{A}}$
  for $n = 1, 2, 3, \cdots, \mathcal{E}$ **do**
    采样并训练继承权重 $w_{arch} \in \mathcal{W}_{\mathcal{A}}$ 的子网络 arch
    更新 $\mathcal{W}_{\mathcal{A}}$ 的部分参数
  end for
Output: 预训练的超网络 $\mathcal{A}(\mathcal{W}_{\mathcal{A}}^{*})$

（2）自适应演化：利用预训练的超网络进行自适应演化以搜索性能优异的子网络，演化算法的优化目标是最大化目标任务的准确率。自适应演化的流程如下：① 从超网络 $\mathcal{A}$ 中随机采样子网络以初始化种群；② 通过交叉和突变操作生成新神经网络；③ 继承预训练的超网络 $\mathcal{A}(\mathcal{W}_{\mathcal{A}}^{*})$ 的权重 $\mathcal{W}_{\mathcal{A}}^{*}$，评估所生成神经网络的性能，并选择表现优异的神经网络作为新一代种群；④ 重复执行步骤 ②③ 直到满足终止条件。

在 ASB 算法框架中，超网络的训练主要遵循主流 NAS 工作，如 AutoFormer[117] 的训练设置，这里不再赘述。ASB 算法的创新在于其宽度搜索空间与自适应演化算法的设计。因此，接下来对这两个方面进行详细阐述：宽度搜索空间改善了搜索空间的质量，为搭建超网络提供了基础；而自适应演化算法通过学习候选突变操作的概率分布提升了搜索策略的效率。

7.5.1 宽度搜索空间

为了清晰地阐述宽度搜索空间，首先给出搜索空间骨干网络的介绍，包括宽度非金字塔型 ViT 与宽度金字塔型 ViT，然后给出宽度搜索空间的候选操作设置。

1. 宽度非金字塔型 ViT 与宽度金字塔型 ViT

为了验证所提出的自适应搜索算法的性能，分别以宽度非金字塔型 ViT 与宽度金字塔型 ViT 作为骨干网络设计搜索空间并搭建超网络，自适应地学习其最优架构。图7-5展示了两种类型 ViT 的结构细节。与7.3.1小节所描述的图像输入处理方式一致，给定图像输入，将其均匀地划分为非重叠且固定长度的图像块。然后通过一个线性操作将这些图像块投影到序列空间，得到的序列特征采用 Transformer 编码器进行特征处理，提取与目标任务相关的关键信息。最后通过一个全连接层得到分类类别的预测输出。

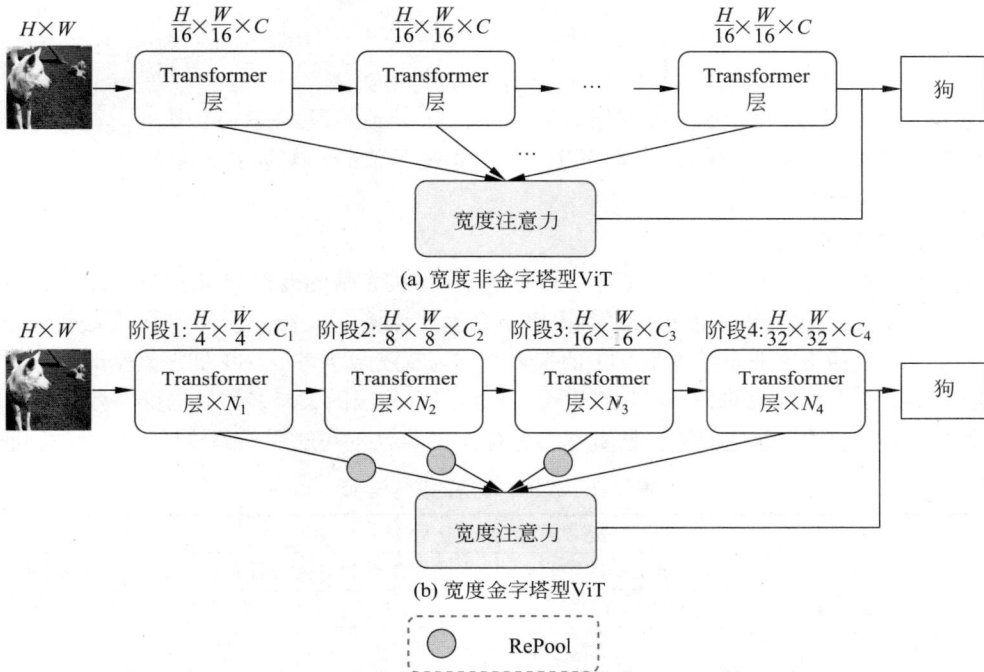

图 7-5　宽度非金字塔型 ViT 与宽度金字塔型 ViT 的结构细节

如图7-5所示，宽度非金字塔型 ViT 和宽度金字塔型 ViT 的区别在于它们的架构组成不同。具体而言，宽度非金字塔型 ViT 由多个具有一致分辨率的 Transformer 层组成，而宽度金字塔型 ViT 则是分为多个具有不同分辨率与不同维度的阶段，每个阶段包含多个 Transformer 层。Transformer 层由 MHSA 与 MLP 组成，其架构参数包括维度 d、Transformer 层的数目 l、注意力头的数目 h 及 MLP 比率 m。此外，在上述 ViT 架构中引入宽度注意力，以进一步优化对高效 ViT 神经架构的探索，并且实现对7.3节中所设计的 BViT 的拓展。

在图7-5所示的宽度 ViT 中，针对非金字塔型 ViT 与金字塔型 ViT，宽度注意力机制分别对不同 Transformer 层与不同阶段的查询向量 q、键向量 k 和值向量 v 进行联合关注。然而，由于宽度金字塔型 ViT 中不同阶段的维度不一致，需要引入一个额外的 RePool 操作以实现不同阶段注意力信息的维度统一，RePool 操作由变形操作与池化操作组成。具体而言，对于宽度非金字塔型 ViT，输入至宽度注意力的查询向量 $q^b = q$、键向量 $k^b = k$ 及值向量 $v^b = v$。对于宽度金字塔型 ViT，需要将不同阶段的注意力信息 q-k-v 的维度统一转换为最后一个阶段的维度，以得到相同维度的 q^b-k^b-v^b，在第 i 个阶段，q_i^b 可以表示为

$$q_i^{\mathrm{b}} = \begin{cases} \mathrm{RePool}(q_i), & i = 1, 2, 3, \cdots, s-1 \\ q_i, & i = s \end{cases} \tag{7-9}$$

式中：s 是金字塔结构中阶段的数量。k_i^{b} 和 v_i^{b} 的计算方式与式(7-9)一致。与7.3.2小节所介绍的宽度连接不同的是，设计了宽度连接参数 w_{b} 以实现对宽度注意力范式的探索。对每个Transformer层（非金字塔结构）或每个阶段（金字塔结构）的查询向量 q^{b}、键向量 k^{b} 与值向量 v^{b} 进行宽度连接：

$$\begin{cases} \boldsymbol{Q} = [q_1^{\mathrm{b}}, q_2^{\mathrm{b}}, \cdots, q_s^{\mathrm{b}}] * \boldsymbol{w}_{\mathrm{b}} \\ \boldsymbol{K} = [k_1^{\mathrm{b}}, k_2^{\mathrm{b}}, \cdots, k_s^{\mathrm{b}}] * \boldsymbol{w}_{\mathrm{b}} \\ \boldsymbol{V} = [v_1^{\mathrm{b}}, v_2^{\mathrm{b}}, \cdots, v_s^{\mathrm{b}}] * \boldsymbol{w}_{\mathrm{b}} \end{cases} \tag{7-10}$$

式中：宽度连接参数 w_{b} 用于确定被连接的Transformer层或阶段。在BViT中，$w_{\mathrm{b}} = [1, 1, \cdots, 1]$。接下来遵循式(7-7)，对集成的查询向量 $\boldsymbol{Q}$、键向量 $\boldsymbol{K}$ 及值向量 $\boldsymbol{V}$ 执行无参数自注意力，以得到宽度注意力的输出 $\mathrm{Out}_{\mathrm{broad}}$。

2. 宽度搜索空间设计

针对上述两种类型的ViT，分别设计了包含五个架构参数的搜索空间，包括维度 d、Transformer层数目 l、注意力头数目 h、MLP比率 m 及宽度连接 w_{b}。搜索空间中不同架构参数的候选值见表7-1，包括宽度非金字塔型ViT的搜索空间与宽度金字塔型ViT的搜索空间。由于宽度金字塔型ViT中不同阶段的分辨率与维度不一致，每个阶段的架构参数候选值也有所区别，分别在两种结构类型的搜索空间进行搜索是为了对ASB算法的可靠性与鲁棒性进行充分验证。

表 7-1　ASB算法的搜索空间

宽度非金字塔型 ViT					
阶段 i	维度 d	Transformer 层数目 l	注意力头数目 h	MLP 比率 m	宽度连接 w_{b}
—	(192,216,240)	(12,13,14)	(3,4)	(3.5,4)	(0,1)

宽度金字塔型 ViT					
阶段 i	维度 d	Transformer 层数目 l	注意力头数目 h	MLP 比率 m	宽度连接 w_{b}
1	(56,64,72)	(1,2,3)	(2,3)	(3.5,4)	(0,1)
2	(56,64,72)	(1,2,3)	(2,3)	(6,8)	(0,1)
3	(148,160,172)	(2,3,4)	(3,5)	(4,5)	(0,1)
4	(240,256,272)	(2,3,4)	(5,8)	(4,6)	(0,1)

值得注意的是，ASB算法对7.3节所提出的BViT进行了拓展与改进。考虑到宽度注意力的连接范式可能存在冗余，性能还有一定的提升空间，在ASB算法的搜索空间中，不同于BViT将 w_{b} 的值均设置为1，对宽度连接进行了探索。由表7-1可见，为了学习最优的宽度连接方式，将宽度连接 w_{b} 纳入搜索空间，0表示不进行宽度连接，1表示进行宽度连接。

7.5.2　自适应演化

如图7-6所示，自适应演化算法与传统演化算法的主要区别在于突变操作。由于搜索空间过大，演化算法难以收敛且容易陷入局部最优。因此，在自适应演化过程中，通过自适应地学习突变方向，使得突变操作倾向于选择演化算法最优解附近的候选值而不是盲目探索。具体而言，ASB算法为候选突变操作的概率分布设计了一种自适应学习机制，在搜索过程中学习优秀ViT

神经架构的探索方向，为 ViT 神经架构的自动设计提供指导，从而提升了 ASB 算法的效率。

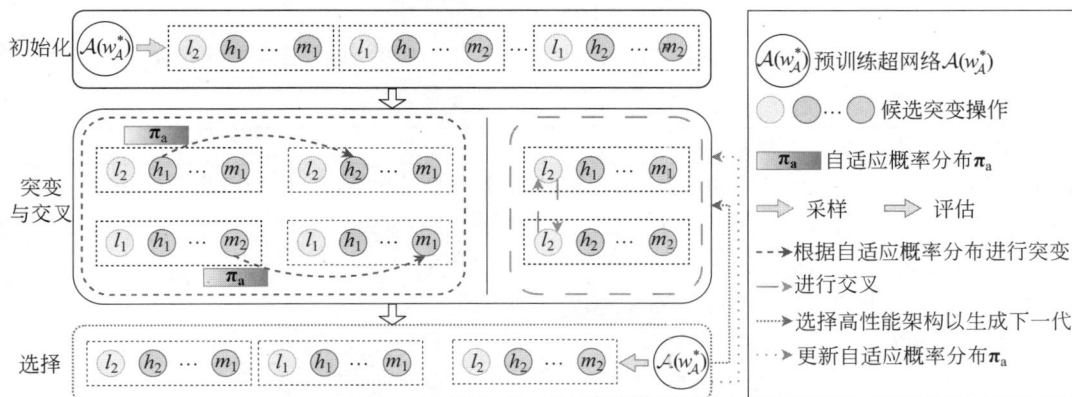

图 7-6　自适应演化的流程

作为自适应演化算法的关键，候选突变操作概率分布的学习主要遵循搜索过程中 ViT 神经架构在性能评估中的排名。在突变操作中，设计了两种概率分布：均匀概率分布 $\boldsymbol{\pi}_{\mathrm{u}}$，用于促进 ViT 神经架构的探索；排序概率分布 $\boldsymbol{\pi}_{\mathrm{r}}$，用于指导突变操作的演化方向。考虑到排序概率分布的可靠性会随着演化算法的迭代而提升，在自适应演化算法中，根据与演化代数 g 相关的概率 $f(g)$ 在每次迭代中选择相应的概率分布。

1. 概率分布的设计

在演化过程的早期阶段，采用均匀概率分布 $\boldsymbol{\pi}_{\mathrm{u}}$ 以促进对高性能 ViT 神经架构的探索，同时得到更为可靠的候选突变操作排序。均匀概率分布 $\boldsymbol{\pi}_{\mathrm{u}}$ 表示为

$$\boldsymbol{\pi}_{\mathrm{u}} = \left[\frac{1}{N_{\mathrm{op}}}, \frac{1}{N_{\mathrm{op}}}, \cdots, \frac{1}{N_{\mathrm{cp}}} \right] \tag{7-11}$$

式中：N_{op} 表示候选突变操作的数量。例如，对于具有三个候选突变操作的 Transformer 层数目，其均匀概率分布 $\boldsymbol{\pi}_{\mathrm{u}} = [1/3, 1/3, 1/3]$。

在搜索过程中，自适应地进行学习的排序概率分布 $\boldsymbol{\pi}_{\mathrm{r}}$ 用以指导突变的方向。排序概率分布 $\boldsymbol{\pi}_{\mathrm{r}}$ 的计算首先是对前 k_{op} 个高性能 ViT 神经架构中不同候选突变操作出现的频率进行分析，然后估计不同突变操作的概率值。排序概率分布 $\boldsymbol{\pi}_{\mathrm{r}}$ 的计算式为

$$\boldsymbol{\pi}_{\mathrm{r}} = \left[\frac{r_1}{k_{\mathrm{op}}}, \frac{r_2}{k_{\mathrm{op}}}, \cdots, \frac{r_{N_{\mathrm{op}}}}{k_{\mathrm{op}}} \right] \tag{7-12}$$

式中：r_j 是第 j 个候选突变操作在前 k_{op} 个高性能 ViT 神经架构中出现的次数。例如，对于具有三个候选突变操作的 Transformer 层数目，若 $k_{\mathrm{op}} = 5$，即第一个候选突变操作出现了两次，第二个候选突变操作出现了一次，第三个候选突变操作出现了两次，则排序概率分布 $\boldsymbol{\pi}_{\mathrm{r}} = [2/5, 1/5, 2/5]$。

2. 自适应概率分布的应用

随着演化算法的迭代，探索过的架构空间范围更广，对模型排序的计算更为准确可靠，则排序概率分布 $\boldsymbol{\pi}_{\mathrm{r}}$ 的可靠性也逐步增加，因此 ASB 算法根据与演化代数 g 相关的概率函数 $f(g)$ 应用均匀概率分布与排序概率分布，从而实现自适应概率分布 $\boldsymbol{\pi}_{\mathrm{a}}$：

$$\boldsymbol{\pi}_{\mathrm{a}} = f(g)\boldsymbol{\pi}_{\mathrm{u}} + (1 - f(g))\boldsymbol{\pi}_{\mathrm{r}} \tag{7-13}$$

$$f(g) = \begin{cases} \frac{\mathcal{G}-g}{\mathcal{G}}, & g > g_{\mathrm{w}} \\ 1, & \text{其他} \end{cases}$$

式中：g 表示演化算法当前的迭代次数；g_{w} 是用于得到可靠的自适应概率分布 $\boldsymbol{\pi}_{\mathrm{a}}$ 的预热迭代次数。

算法 7.2 自适应演化

Input: 数据集 $\mathcal{D}$，预训练超网络 $\mathcal{A}(\mathcal{W}_{\mathcal{A}}^*)$，演化算法的迭代次数 $\mathcal{G}$，均匀概率分布 $\boldsymbol{\pi}_{\mathrm{u}}$。

    初始化种群

    for $g = 1, 2, 3, \cdots, \mathcal{G}$ **do**

        根据式(7-13)中的自适应概率分布 $\boldsymbol{\pi}_{\mathrm{a}}$ 执行突变操作

        执行交叉操作

        评估种群中 ViT 神经架构的性能

        对前 k_{op} 个高性能 ViT 神经架构进行统计

        根据式(7-12)计算排序概率分布

        选择高性能 ViT 神经架构生成下一代种群

    end for

Output: 最优的 ViT 神经架构 arch^*

由算法7.2可见，在自适应演化过程中，根据式(7-13)，依据与演化代数相关的概率函数 $f(g)$ 应用均匀概率分布 $\boldsymbol{\pi}_{\mathrm{u}}$ 和排序概率分布 $\boldsymbol{\pi}_{\mathrm{r}}$ 实现自适应概率分布 $\boldsymbol{\pi}_{\mathrm{a}}$，概率函数 $f(g)$ 的设计可以避免一味地选择某一概率分布而陷入局部最优。具体而言，在前 g_{w} 次迭代中，ASB 算法采用均匀概率分布 $\boldsymbol{\pi}_{\mathrm{u}}$ 以获得相对可靠的 ViT 神经架构排序，从而通过对每代的前 k_{op} 个高性能 ViT 神经架构中候选突变操作的分布进行统计获得排序概率分布 $\boldsymbol{\pi}_{\mathrm{r}}$，随着演化算法的迭代，应用排序概率分布 $\boldsymbol{\pi}_{\mathrm{r}}$ 的概率逐渐增加，实现对突变方向的指导。综上所述，候选突变操作概率分布的学习机制有助于加速演化算法的收敛，提升搜索效率，同时有助于探索与利用新颖的 ViT 神经架构。

7.6 实验与分析

7.6.1 宽度视觉 Transformer 实验结果

在本小节中，为了验证所设计的宽度注意力对 ViT 性能的提升，在 ImageNet 图像分类与相关下游任务（即 CIFAR-10/100 图像分类）上对 BViT 进行了以下实验：首先，通过消融实验验证宽度注意力的组成元素与相关参数对其性能的影响；其次，将提出的 BViT 神经网络与目前最先进的分类模型进行性能对比；再次，将宽度注意力应用于几个主流的 ViT 模型，如 Swin[137]、T2T-ViT[187] 及 LVT[144]，以验证宽度注意力的通用性；最后，对 BViT 的相关可视化结果进行分析。下面先对 BViT 的结构细节与训练参数设置进行介绍。本节中所有实验都是在 NVIDIA Tesla V100 GPU 上实现的。

(1) 结构细节。为了充分展示 BViT 在图像分类任务中的性能，构建了两个不同大小的 BViT 模型，分别为 BViT-5M 和 BViT-22M。BViT 的结构细节为：对于 BViT-5M，注意力头的数目与网络的维度分别为 3 和 192，而对于 BViT-22M，注意力头的数目与网络的维度分别为

6和384。两个BViT模型中的其余架构参数保持一致。例如，Transformer层的数目与MLP比率分别设置为12和4。与未引入宽度注意力的原始ViT模型相比，BViT不会引入额外的可训练参数，无参数注意力操作仅带来微乎其微的计算量增加（约为10^{-5}G），因此可以忽略不计。系数因子γ在下述实验中直接设置为1。

（2）训练参数设置。BViT的训练参数设置主要遵循DeiT[136]的设置原则。对于BViT-5M和BViT-22M，输入图像的分辨率设为224×224。BViT的训练采用AdamW[192]优化器和余弦学习率衰减策略，模型的训练共迭代300次。由于计算资源的限制，BViT-5M和BViT-22M的批样本大小分别为1280和512。与DeiT[136]相同，学习率随批样本大小的变化而变化。权重衰减设置为0.5，预热步数设置为5000步。此外，BViT的训练应用了DeiT[136]训练中的大多数数据增强策略与正则化策略，如随机数据增强策略[193]、图像混合策略[194]、图像裁剪混合策略[195]、随机擦除策略[196]、随机深度策略[197]及指数移动平均策略[198]，但是不包括重复数据增强策略[199]，因为它并未带来显著的性能提升。

（3）微调参数设置。BViT的微调参数设置主要遵循最初的ViT微调设置[116]。微调模型采用BViT-22M，在分辨率为224×224的输入图像上进行预训练，采用动量为0.9的SGD优化器，批样本大小均为512。在CIFAR-10与CIFAR-100图像分类任务上的训练步数均为17000步。

1. 消融实验

在本小节中，分别对式(7-8)中深度特征与宽度特征结合的系数因子及宽度注意力中的组成元素进行消融研究，以观察其对BViT在ImageNet图像分类任务上性能的影响。

1) 系数因子γ

系数因子γ用于调整式(7-8)中深度特征与宽度特征的权重，为了探讨不同系数因子γ对BViT神经架构性能的影响，在ImageNet数据集上进行了消融实验。具体而言，本实验选择0.2、0.4、0.6、0.8及1.0作为系数因子γ的值进行讨论。

实验结果总结于表7-2中，其中BViT$_*$的下标"*"表示系数因子γ的值。可以看出，系数因子γ的所有值均带来了2.0%以上的分类精度提升，这表明宽度注意力机制对图像理解能力的改善十分稳定。其中，系数因子$\gamma=0.6$时，宽度注意力带来了最大的性能提升，为3.1%。然而，考虑到训练的随机性会导致实验结果的轻微浮动，而不同γ值的结果方差较小，任意选择系数因子γ的上述值均可以显著提升性能。因此，在接下来的实验中将系数因子γ直接设置为1。

表 7-2　在ImageNet上对不同系数因子γ的消融实验结果

网　　络	系数因子γ	分类精度/%
DeiT-Ti[136]	0	72.2
BViT$_{0.2}$	0.2	74.3
BViT$_{0.4}$	0.4	74.8
BViT$_{0.6}$	0.6	**75.3**
BViT$_{0.8}$	0.8	74.5
BViT$_{1.0}$	1.0	75.0

2) 注意力特征向量V

BViT的核心创新点在于其宽度注意力机制的设计，宽度注意力同时对不同Transformer层的注意力信息进行关注。不同Transformer层的有效注意力信息主要包括两个组成元素，即拼接的注意力特征向量V与集成的注意力权重矩阵QK^{T}。为了讨论两者各自对宽度注意力机制的重要程度，设计了包含四个不同的 ViT 神经架构的消融实验，如图7-7所示。这四种 ViT 神经架构的不同之处主要在于宽度注意力机制所集成的注意力信息的丰富程度。这四种 ViT 神经架构分别为：① DeiT[136]，即初始的 ViT 神经架构，如图7-7(a) 所示，没有引入宽度注意力机制，只输出最后一层 Transformer 层中的注意力信息；② $\text{BViT}_{w.V}$，如图7-7(b) 所示，宽度注意力机制所集成的注意力信息只包括注意力特征向量 $\boldsymbol{V}$，采用最后一层 Transformer 层的注意力权重矩阵 $\boldsymbol{q}_l\boldsymbol{k}_l^{\text{T}}$ 对拼接不同 Transformer 层中的注意力特征向量 $\boldsymbol{V}$ 进行加权求和；③ $\text{BViT}_{w/o.V}$，如图7-7(c) 所示，宽度注意力机制所集成的注意力信息只包括注意力权重矩阵 $\boldsymbol{QK}^{\text{T}}$，通过集成不同 Transformer 层中注意力权重矩阵的 $\boldsymbol{QK}^{\text{T}}$ 对最后一层 Transformer 层的注意力特征向量 $\boldsymbol{v}_l$ 进行加权求和；④ BViT，如图7-7(d) 所示，宽度注意力机制所集成的注意力信息同时包括注意力特征向量 $\boldsymbol{V}$ 与注意力权重矩阵 $\boldsymbol{QK}^{\text{T}}$，融合不同 Transformer 层的注意力信息，采用集成的注意力权重矩阵 $\boldsymbol{QK}^{\text{T}}$ 对拼接的注意力特征向量 $\boldsymbol{V}$ 进行加权求和。

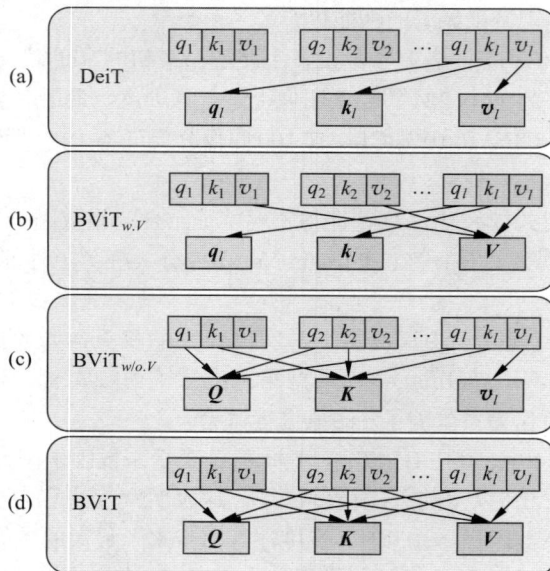

图 7-7　消融研究中四个 ViT 神经架构的架构细节

在 ImageNet 图像分类任务上，对 BViT 中宽度注意力的组成元素进行了消融实验。以初始 ViT 神经架构 DeiT-Ti[136] 作为基准网络，BViT 仅在其基础上引入了宽度注意力机制，其余架构参数保持一致。实验结果见表7-3，三种引入宽度注意力机制的 BViT 神经架构均显著改善了 ViT 在图像分类任务上的表现。其中，BViT 神经架构由于其同时集成了不同 Transformer 层的注意力特征向量 $\boldsymbol{V}$ 与注意力权重矩阵 $\boldsymbol{QK}^{\text{T}}$，实现了最优的性能提升。此外，集成的注意力权重矩阵 $\boldsymbol{QK}^{\text{T}}$ 带来的性能提升略高于拼接的注意力特征向量 $\boldsymbol{V}$。引入宽度注意力的三种 BViT 神经架构均可增加2% 及以上的分类精度，因此在应用宽度注意力机制时可以根据实际情况选择相应的神经架构。

表 7-3　在 ImageNet 上宽度注意力组成元素的消融实验结果

网络结构	宽度注意力		分类精度/%
	$\boldsymbol{QK}^{\text{T}}$	$\boldsymbol{V}$	
DeiT-Ti[136]	×	×	72.2

续表

网络结构	宽度注意力		分类精度/%
	QK^T	V	
$BViT_{w.V}$	×	✓	74.2
$BViT_{w/o.V}$	✓	×	74.4
BViT	✓	✓	75.0

2. ImageNet 图像分类

在 ImageNet 数据集上，将所提出的 BViT-5M、BViT-22M 与已有的视觉模型进行性能对比，包括 ViT 神经网络、卷积神经网络、MLP 神经网络及混合类型的神经网络。性能对比结果见表7-4，表中的双横线表示依据参数量规模对不同模型结果进行分组，单横线则表示依据模型类型是否包含卷积神经网络对实验结果进行分组。此外，表7-4中还展示了将宽度注意力机制应用于其他主流 ViT 模型的分类结果比较，称之为 BViTs 系列架构，包括 BT2T-ViT、BLVT 及 BSwin，它们分别是引入宽度注意力机制的 ViT 神经架构 T2T-ViT[187]、LVT[144] 与 Swin[137]。

表 7-4　在 ImageNet 上与优秀模型的性能比较

网络	分辨率	参数量/M	计算量/G	分类精度/%	模型类型	设计方式
MobileNetV3$_{Large0.75}$[127]	224^2	4.0	0.16	73.3	CNN	自动
ResNet18[12]	224^2	12.0	1.8	69.8	CNN	手动
EfficietNet-B0[63]	224^2	5.4	0.39	77.1	CNN	自动
gMLP-Ti[190]	224^2	6.0	1.4	72.3	MLP	手动
DeiT-Ti[136]	224^2	5.7	1.2	72.2	Transformer	手动
T2T-ViT-7[187]	224^2	4.2	0.9	71.2	Transformer	手动
AutoFormer-Ti[117]	224^2	5.7	1.3	74.7	Transformer	自动
LVT[144]	224^2	5.5	0.9	74.8	Transformer	手动
BT2T-ViT-7	224^2	4.2	0.9	73.4	Transformer	手动
BViT-5M	224^2	5.7	1.2	75.0	Transformer	手动
BLVT	224^2	5.5	0.9	76.0	Transformer	手动
ResNet50[12]	224^2	25.5	4.1	79.1	CNN	手动
EfficietNet-B4[63]	380^2	19.3	4.2	82.9	CNN	自动
BoTNet-S1-59[200]	224^2	33.5	7.3	81.7	CNN + Transformer	手动
gMLP-S[190]	224^2	20.0	4.5	79.6	MLP	手动
DeiT-S[136]	224^2	22.1	4.7	79.9	Transformer	手动
ViT-S/16[116]	384^2	22.1	4.7	78.8	Transformer	手动
Swin-T[137]	224^2	29.0	4.5	81.3	Transformer	手动
T2T-ViT-14[187]	224^2	21.4	4.8	80.6	Transformer	手动
AutoFormer-S[117]	224^2	22.9	5.1	81.7	Transformer	自动
BViT-22M	224^2	22.1	4.7	81.6	Transformer	手动
BSwin-T	224^2	29.0	4.5	82.0	Transformer	手动
BSwin-S	224^2	50.0	8.7	84.2	Transformer	手动

与已有的 ViT 神经架构相比，本章提出的 BViT 显现了突出的性能，在 ImageNet 数据集上的性能超过了目前主流且性能卓越的 ViT 神经架构，相比最先提出的 ViT[116] 与 DeiT[136]，BViT-5M 具有 2.0% 以上的性能优势，BViT-22M 甚至超过了在不同类型的视觉任务中均处于

领先地位的 Swin[137]。作为手动设计的 ViT 神经架构，BViT 超过了采用 NAS 算法进行搜索的 AutoFormer-Ti[117]，并利用更少的参数量与计算量实现了与 AutoFormer-S[117] 相当的性能。与 MLP 神经网络相比，BViT-22M 超过了 gMLP[190] 约 2.0%。gMLP[190] 在 MLP 神经网络中具有出色的分类精度。此外，引入宽度注意力的 BViTs 系列架构同样取得了优异的分类性能，得益于骨干网络的优势，BLVT 与 BSwin 的性能表现尤为突出。

考虑到 Transformer 最近几年才在视觉领域有所突破，ViT 的发展与相关研究远不及卷积神经网络充分。尤其在小规模模型上，ViT 神经网络在视觉任务上的性能仍然略逊于卷积神经网络。尽管如此，BViT 架构依然超越了部分卷积神经网络，如经典且常用的 ResNet[12] 与 MobileNetV3[127]。具体地，BViT-22M 在参数量与计算量更少的情况下，分类精度优于 ResNet50[12] 2.5%，这极大地提升了在 ImageNet 图像分类任务上的性能。然而相比于最先进的卷积神经网络 EfficientNet[63]，依然有一定的性能差距。因此在 7.5 节进一步对高效的 BViTs 系列神经架构的优化进行了研究，在 7.6 节展示了相关实验结果。

综上所述，BViT 在 ImageNet 图像分类任务上的卓越表现表明了宽度注意力的确有助于捕捉与目标任务相关的关键特征。通过对不同 Transformer 层的注意力信息进行关注，BViT 在 ViT 神经架构设计中实现了十分有价值的创新，这一创新对于已有的 ViT 神经架构也具有积极意义。

3. CIFAR-10 与 CIFAR-100 图像分类

为了研究 BViT 在图像分类下游任务上的可迁移性，通过迁移学习将预训练模型 BViT-22M 迁移至 CIFAR-10 与 CIFAR-100 数据集上进行评估，预训练模型 BViT-22M 在 ImageNet 数据集上进行预训练，迁移之后直接对模型进行微调。预训练的 BViT-22M 在 CIFAR-10 与 CIFAR-100 图像分类任务上的表现见表 7-5，其中包括 BViT-22M、未引入的宽度注意力的初始 ViT[116] 及输入图像分辨率为 224 × 224 的 ResMLP[201]。选择 ResMLP[201] 作为对比模型是为了更公平地对比，其他视觉模型在 CIFAR-10 与 CIFAR-100 数据集上的迁移学习大多采用 384 × 384 输入分辨率。

表 7-5 在下游任务上进行迁移学习的实验结果

网络	分辨率	参数量/M	计算量/G	CIFAR-10 分类精度/%	CIFAR-100 分类精度/%
ViT-B/16[116]	384^2	86.0	18	98.1	87.1
ViT-L/16[116]	384^2	307.0	190.7	97.9	86.4
ResMLP-12[201]	224^2	15.0	3.0	98.1	87.0
ResMLP-24[201]	224^2	30.0	6.0	98.7	89.5
BViT-22M	224^2	22.1	4.7	98.9	89.9

由表 7-5 的实验结果可以看出，与 ViT[116] 与 ResMLP[201] 相比，BViT-22M 在 CIFAR-10 与 CIFAR-100 图像分类任务上展现了更高的分类精度，同时具有相对较小的参数量。BViT 的优异性能表明其在不同的视觉任务中都具有很好的泛化能力，可以有效地进行迁移学习。总体而言，本章所提出的新颖的 BViT 在图像分类下游任务中仍然保持着卓越的性能，这进一步证实了其在视觉任务中的优越性。

4. 泛化性研究

由于宽度注意力机制的设计是基于已有的自注意力操作进行的，因此它可以灵活地应用于基于自注意力机制的神经网络以改善网络性能。为了实验性地验证宽度注意力机制的通用性，将宽度注意力机制引入目前表现出色的主流 ViT 神经网络，包括 T2T-ViT[187]、LVT[143] 和 Swin[137]，从而得到 BViTs 系列神经网络，即 BT2T-ViT、BLVT 与 BSwin，并在 ImageNet 图像分类任务上验证 BViTs 的性能表现。

上述所有神经网络的主要实验参数设置是一致的。基于预训练的原模型 ViTs，对引入宽度注意力机制的 BViTs 系列网络进行微调。在微调过程中，BViTs 的批样本大小设置为 1024，学习率设置为 1×10^{-5}，权重衰减设置为 1×10^{-8}，神经网络的微调训练共迭代 30 次。下面分别介绍 BViTs 系列网络的实验结果，见表 7-6。得益于宽度注意力对整个架构注意力信息更为全面的关注，BViTs 系列架构均在不引入额外参数的情况下带来了性能增益。

表 7-6 ViTs 与 BViTs 在 ImageNet 上的性能比较

网 络	模 型	参数量/M	分类精度/%
T2T-ViT[187]	T2T-ViT-7	4.2	71.7
	BT2T-ViT-7	4.2	**73.4**(+1.7)
LVT[143]	LVT	5.5	74.8
	BLVT	5.5	**76.0**(+1.2)
Swin[137]	Swin-T	29	81.3
	BSwin-T	29	**82.0**(+0.7)
	Swin-S	50	83.0
	BSwin-S	50	**84.2**(+1.2)

1) BT2T-ViT 架构

T2T-ViT 神经架构主要由 Tokens-to-Token 模块与 T2T-ViT 骨干网络模块组成。宽度注意力则应用于 T2T-ViT 骨干网络模块。在 T2T-ViT 神经架构中，骨干网络中不同 Transformer 层的维度相同，因此 BT2T-ViT 神经架构中宽度注意力的具体实现与 7.3 节介绍的 BViT 神经架构完全相同。

表 7-6 展示了 T2T-ViT-7[187] 与 BT2T-ViT-7 在 ImageNet 图像分类任务上的性能比较。由于宽度注意力有助于提取更为丰富有效的特征，BT2T-ViT-7 在不增加额外训练负担的情况下，在 ImageNet 上的分类精度比原始的 T2T-ViT-7 提高了 1.7%。

2) BLVT 架构

LVT 神经架构[143] 通过两种创新性的自注意力机制减小模型的参数量与计算量，包括卷积自注意力（convolutional self-attention，CSA）与递归空洞自注意力（recursive atrous self-attention，RASA）。作为一种金字塔结构，LVT 不同阶段的输入分辨率与维度有所不同，在引入宽度注意力时，与 BViT 的实现细节有两点不同：① 针对不同阶段的注意力进行联合关注而不是不同 Transformer 层，在 BLVT 中是对每一个阶段最后的 RASA 注意力信息进行关注；② 为了对不同阶段的注意力信息进行拼接，采用池化操作统一其维度。

表 7-6 对比了 LVT[143] 与 BLVT 在 ImageNet 图像分类任务上的性能。实验结果表明，BLVT 在 ImageNet 上的分类精度优于 LVT1.2%。由此可见，宽度注意力机制在非金字塔型 ViT 与金字塔型 ViT 神经架构上均带来了显著的性能提升。

3) BSwin 架构

Swin[137] 是在多个视觉任务上实现了顶尖性能的经典金字塔型 ViT，在不同阶段采用多个基于滑动窗口的自注意力学习输入特征内部结构信息，提取与目标任务相关的关键特征，同时局部窗口有利于增加对局部特征的关注及计算量的减少。具体而言，BSwin 架构通过宽度连接每个阶段的最后一层 Transformer 层中基于滑动窗口的自注意力信息，实现宽度注意力机制的应用，具体实现与 BLVT 类似。

表7-6给出了在 ImageNet 图像分类任务上引入宽度注意力的 BSwin 相比于 Swin[137] 的性能提升。其中，相比于 Swin-T 与 Swin-S，BSwin-T 在 ImageNet 分类精度上带来 0.7% 的提升，BSwin-S 则带来了 1.2% 的精度提升。宽度注意力对于 Swin 的性能改善进一步说明了宽度注意力机制的通用性。

4) BViTs 总结

综上所述，所设计的宽度注意力机制具有一定的通用性，并可以作为一种通用机制应用于基于注意力的视觉神经网络中。本小节的实验结果表明，引入宽度注意力可以显著提升基于注意力的模型对视觉任务相关特征的学习能力。在 ImageNet 图像分类任务中，宽度注意力的应用均取得了良好的表现，BT2T-ViT、BLVT 及 BSwin-T/S 神经架构通过引入宽度注意力在分类精度上实现了显著提升，这表明宽度注意力的确有助于融合不同层次的注意力信息，并从中提取关键特征以提升对图像输入的理解能力。

5. 可视化实验

为了进一步研究宽度注意力对特征表示的影响，在 BViT 与 DeiT[136] 神经架构上进行了三组可视化实验，包括中心核对齐 CKA 相似度、平均注意力距离及注意力特征图。CKA 相似度用于探讨宽度注意力对不同 Transformer 层之间特征相似度的影响；平均注意力距离则是用来分析宽度注意力机制对局部特征的关注是否有所促进；注意力特征图展示了宽度注意力所关注的部分与最终分类类别的相关程度。需要注意的是，除去是否引入宽度注意力这一区别，DeiT[136] 与 BViT 的架构细节完全一致，因此可以作为基准神经网络分析宽度注意力的优势。

1) 中心核对齐相似度

CKA 相似度可以量化 BViT 神经架构 Transformer 层之间的相似度，相关研究人员通常使用 CKA 相似度来分析视觉模型所学习到的特征的差异性，尤其是对 ViT 神经网络与卷积神经网络之间差异性的研究[202]。此外，谷歌公司在对深度网络与宽度网络进行讨论[186] 时指出，相似的特征可能意味着模型中存在冗余，即对其进行剪枝所带来的性能牺牲很小。具体而言，给定两个 Transformer 层的特征表示 X 和 Y，计算出格拉姆矩阵 $P = XX^{\mathrm{T}}$ 及 $L = YY^{\mathrm{T}}$，然后，可以根据式(7-14)计算得出 CKA 相似度：

$$\mathrm{CKA}(P, L) = \frac{\mathrm{HSIC}(P, L)}{\sqrt{\mathrm{HSIC}(P, P)\mathrm{HSIC}(L, L)}} \tag{7-14}$$

式中：HSIC 表示希尔伯特-施密特独立性准则（Hilbert-Schmidt Independence Criterion，HSIC）[203]。

图7-8给出了 BViT 和 DeiT 的 CKA 相似度对比，分别展示了其不同 Transformer 层之间的 CKA 相似度。其中，横纵坐标表示神经网络的不同 Transformer 层，颜色表示相似度得分，颜色越浅，相似度得分越高。具体来讲，从 ImageNet 数据集中随机采样 1000 幅图片计算 CKA 相似度得分，由图7-8可以看出，在 BViT 神经架构中，浅层特征与深层特征之间的 CKA 相似度得分[图7-8(b)] 比 DeiT 神经架构中浅层特征与深层特征之间的 CKA 相似度得分 [图7-8(a)] 更少，这意味着 BViT 的训练更为充分，模型的冗余度更小。因此，宽度注意力的设计有助于有效地提取和利用关键特征，缓解模型冗余，从而实现更好的分类性能。

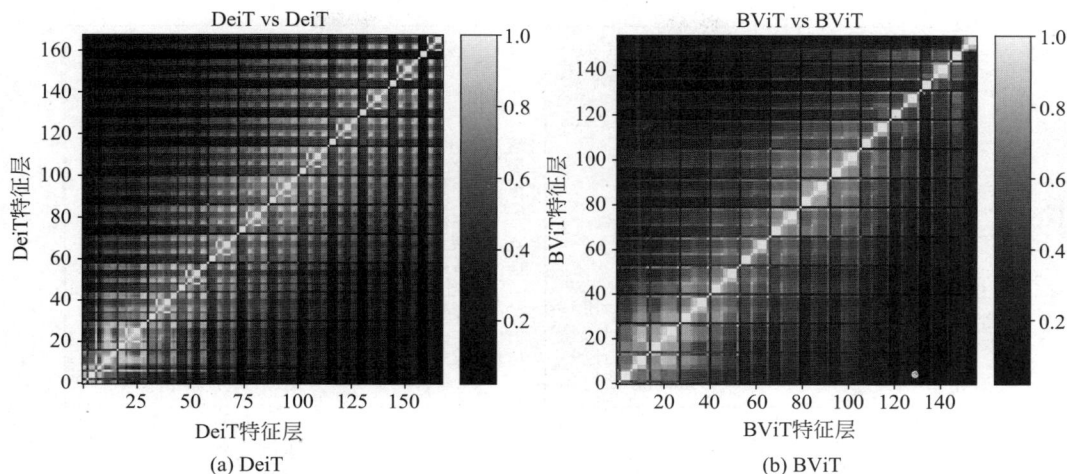

图 7-8　CKA 相似度对比

2) 平均注意力距离

平均注意力距离最初是由谷歌公司在 ViT[116] 中提出的，平均注意力距离相当于卷积神经网络中的感受野，注意力距离的计算需要对注意力中查询像素与其他像素之间的距离进行加权平均，其中加权的权重值由注意力的权重决定。具体而言，对于第 i 个查询像素，其平均注意力距离 MAD 的计算式为

$$\mathrm{MAD}_i = \frac{1}{N_{\mathrm{pix}}} \sum_{j=1}^{N_{\mathrm{pix}}} d_{i,j} w_{i,j} \tag{7-15}$$

式中：N_{pix} 表示其他像素的数目；$d_{i,j}$ 表示两个像素间的距离；$w_{i,j}$ 表示像素间的注意力权重。谷歌公司在探讨 ViT 与 CNN 所学习到的特征区别[202] 时得出，增加对局部特征的关注有助于促进 ViT 神经架构在规模有限数据集（如 ImageNet）上的特征学习。

平均注意力距离的可视化如图7-9所示，横坐标表示注意力头，纵坐标表示平均注意力距离，不同的线表示不同 Transformer 层的注意力。与 ViT[116] 一致，从 ImageNet 数据集中随机抽样 128 幅图片，对其计算具有注意力权重的像素之间的平均距离。为了探究宽度注意力对平均注意力距离带来的影响，对平均注意力距离按照注意力头进行排序，绘制了浅层 Transformer（3、4 层）与深层 Transformer（9、10 层）的平均注意力距离。该实验分别对 BViT-22M 与 DeiT-S 进行平均注意力距离计算，两者的注意力头数目均为 6。可视化结果表明，本章所提出的 BViT[图7-9(b)] 在较浅的 Transformer 层可以关注到更多的局部特征。例如，在 Transformer 层 3 的注意力头 0 中，DeiT 的平均注意距离大于 40，而 BViT 的平均注意力距离不到其一半，约为 20。正如谷歌公司关于 ViT 学习到的特征分析[202]，在较浅的 Transformer 层更多地关注局部特征可以促进模型在规模有限数据集上的特征学习。因此，BViT 架构得益于其更局部的感受野在 ImageNet 数据集上实现了更高的分类精度。

3) 注意力特征图

为了更直观地阐明宽度注意力机制的优势，采用注意力展开方法[204] 计算 BViT 与 DeiT 神经架构中 Transformer 层的注意力特征图。注意力展开方法分别对两种神经架构的所有注意力头的权重进行平均，并递归地与不同 Transformer 层的权重矩阵相乘。

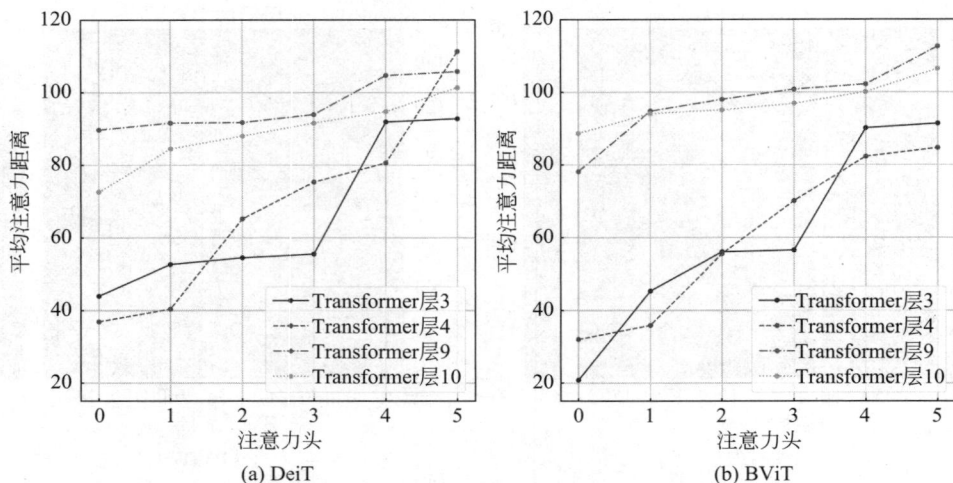

图 7-9　6个注意力头的平均注意力距离

如图7-10所示，对BViT与DeiT神经架构的注意力特征图进行可视化。由可视化结果可以看出，对不同Transformer层注意力信息的利用的确有助于更准确地定位与目标类别相关的关键像素。BViT的注意力特征图更多地关注目标类别相关的特征，相比之下，DeiT的注意力特征图对关键特征的关注相对弱一些。这一现象直观地展示了宽度注意力机制设计的合理性，对关键特征的关注有助于提高图像分类的准确性，同时也进一步说明了宽度注意力机制对于增强特征的有效性。因此，宽度注意力机制可以通过增强对关键特征的利用来提高对图像输入的表征能力，这对于改善计算机视觉领域中图像处理任务的性能具有重要的实用价值。

彩图7-10

图 7-10　DeiT 与 BViT 之间的注意力特征图比较

总而言之，得益于宽度注意力的设计，BViT神经架构具有以下优势：① 神经架构内部的特征相似度得分更低，网络得到了充分训练，有效地缓解了模型冗余；② 在较浅的Transformer层中，感受野更小，增强了对局部特征的关注，改善了模型在规模有限数据集（如ImageNet）上的性能；③ 注意力特征图更加关注与目标类别相关的像素，显示了出色的图像理解能力。

7.6.2　自适应搜索宽度视觉 Transformer 实验结果

在本小节进行以下实验以验证ASB算法的有效性。首先，为了验证宽度搜索空间的质量与自适应演化算法的效率，进行了消融实验，包括是否在搜索空间中引入宽度注意力及是否在搜索策略中采用自适应概率分布；然后，将搜索所得的非金字塔架构ASB-ViT和金字塔架构ASB-LVT与其他在ImageNet图像分类任务上表现出色的视觉模型进行性能对比，以展示ASB

算法的优越性；接下来，将善于进行密集预测的金字塔架构 ASB-LVT 迁移至其他视觉任务，以验证 ASB-LVT 在 ADE20K[205] 语义分割任务和 COCO[206] 全景分割任务上的泛化能力；最后，展示了候选突变操作的概率变化曲线，并对轻量级金字塔型 ViT 神经结构设计的规则进行讨论。本小节的所有实验都是在 NVIDIA Tesla V100 GPU 上实现的。

1. 消融实验

ASB 算法的两个关键要素是宽度搜索空间与自适应演化。因此，本小节在这两个关键要素上进行消融实验，以讨论 ASB 算法的优势。对于宽度搜索空间，通过宽度注意力机制对搜索所得模型性能的影响讨论其是否有助于搜索空间质量的改善。对于自适应演化，分析采用自适应概率分布来指导演化算法探索的方向对搜索算法收敛速度与结果的影响。

本小节中消融实验的训练参数设置均保持一致。其中，演化算法的种群大小设置为50，演化算法迭代次数 G 设置为20，突变操作进行25次，突变概率设置为0.5，交叉操作进行25次。此外，为了搜索得到轻量级神经架构，在搜索过程中对模型参数量加以限制，参数量范围限制在 3.0~6.5M。在搜索算法的模型评估阶段，在 ImageNet 的训练集中随机采样 10000 个数据样本作为验证数据集对搜索所得的模型进行评估。对于 ASB 算法中的自适应概率分布，预热演化代数 g_w 设置为3，排序概率分布的计算式(7-12)中的 k_{op} 设置为5，即在每一次迭代中统计前五名高性能神经架构中的候选突变操作分布。

1) 宽度搜索空间

为了探讨宽度注意力对搜索所得神经架构在视觉任务上的表现，进行了两组实验：① 在未引入宽度注意力的搜索空间中进行 ViT 神经网络架构搜索，搜索得到的模型为 AS-ViT 与 AS-LVT；② 在引入宽度注意力的搜索空间中对 ViT 神经架构进行搜索，学习到的模型为 ASB-ViT 与 ASB-LVT。然后对两组实验中搜索所得的模型 AS-ViT、AS-LVT、ASB-ViT 及 ASB-LVT 从头开始训练，在 ImageNet 图像分类任务上比较它们的分类精度，实验结果见表7-7。此外，为了更直观地展示宽度搜索空间的优势，表7-7中对比了手工设计的 ViT 神经架构及宽度 ViT 神经架构的性能。

表 7-7　搜索空间中宽度注意力的消融实验

结构类型	方法	宽度注意力	自动设计	分类精度/%
非金字塔型 ViT	DeiT[136]	×	×	72.2
	BViT	✓	×	75.0
	AS-ViT	×	✓	76.5
	ASB-ViT	✓	✓	77.3
金字塔型 ViT	LVT[143]	×	×	74.8
	BLVT	✓	×	76.0
	AS-LVT	×	✓	77.4
	ASB-LVT	✓	✓	77.8

实验结果表明，宽度注意力的引入显著提升了神经架构对图像输入的理解能力，并在非金字塔型 ViT 与金字塔型 ViT 两种架构上均得到了验证。具体而言，在手动设计的 ViT 神经架构中，在 ImageNet 图像分类任务上引入宽度注意力的 BViT 与 BLVT 相比于原模型分别实现了 2.8% 与 1.2% 的性能提升。而自动设计的 ViT 神经架构整体性能优于手动设计的架构，在搜索空间中引入宽度注意力则进一步改善了模型在图像任务上的表现。其中，宽度搜索空间中搜索

得到的 ASB-ViT 与 ASB-LVT 相比于未引入宽度注意力的 AS-ViT 与 AS-LVT 分别提升了 0.8% 与 0.4% 的 ImageNet 分类精度。显然，宽度注意力有助于提升搜索空间的质量，为 ViT 神经架构的探索带来了更多可能性，从而可以搜索得到更高效的神经架构。

2) 自适应演化

为了分析自适应概率分布的设计对搜索算法收敛情况的影响，分别采用传统演化算法与自适应演化算法对非金字塔型 ViT 及金字塔型 ViT 两种架构进行搜索，为了更充分地验证 ASB 算法的可行性与鲁棒性，每一种搜索都进行了三次，三次搜索分别采用不同的随机种子，即 0、901 及 3407。演化算法与自适应演化算法在两种架构上的搜索曲线如图7-11所示，横坐标为演化代数，纵坐标为每次迭代中最优神经架构的分类精度，搜索曲线直观地展示了两种算法的收敛速度与结果。

彩图7-11

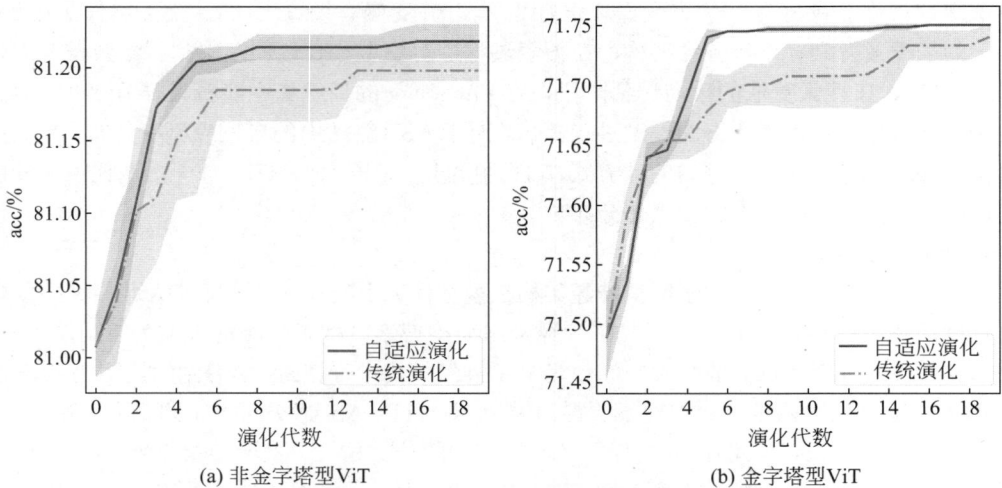

(a) 非金字塔型ViT   (b) 金字塔型ViT

图 7-11　传统演化与自适应演化的搜索曲线

由图7-11可以看出，在非金字塔型 ViT 的搜索中，传统演化算法由于陷入了局部最优解，过早地到达了收敛状态，而自适应演化算法则收敛至更优的 ViT 神经架构，实现了收敛结果的显著改善；在金字塔型 ViT 的搜索中，相较于传统演化算法，自适应演化在收敛速度与收敛结果上均展示了其性能优势，尤其是在搜索效率上，自适应演化算法实现了约55%的提升，在单块 V100 上进行训练，ASB 算法可以节省 16h 以上的搜索成本。显然，自适应演化的设计可以缓解在复杂搜索空间中收敛困难的问题，通过在演化过程中对候选突变操作概率分布的自适应学习，指导在搜索空间中对高性能 ViT 神经架构的探索，减少盲目进行的无效探索。值得注意的是，图7-11中非金字塔型 ViT 的搜索精度高于金字塔型 ViT 的搜索精度主要是由于前者的搜索空间复杂度更小，非金字塔型超网络所包含的候选操作也更少，可以实现更为充分的训练，获得更高的搜索精度。

2. ImageNet 图像分类

为了验证 ASB 算法的有效性，在图像分类任务中常用的基准数据集 ImageNet 上对其搜索所得的模型 ASB-ViT 与 ASB-LVT 架构进行训练，并与目前已有的先进方法进行对比。本小节中分别介绍了模型训练的实验参数设置、搜索到的 ASB-ViT 与 ASB-LVT 的结构细节及在 ImageNet 数据集上的分类精度对比。

1) 实验设置

ASB-ViT 与 ASB-LVT 神经架构的训练设置遵循已有工作[136]常用的参数设置以进行公平的性能对比。对于 ASB-ViT 与 ASB-LVT 架构,输入图像分辨率设置为224×224,采用 AdamW[192]优化器及余弦学习率衰减策略,学习率的值与批样本大小相关,遵循 DeiT[136] 所提出的公式 $\mathrm{lr} = \dfrac{\mathrm{batch\_size}}{1024} \times \mathrm{lr}_{\mathrm{base}}$,其中 ASB-ViT 和 ASB-LVT 的 $\mathrm{lr}_{\mathrm{base}}$ 分别设置为 1×10^{-3} 与 1.6×10^{-3},权重衰减设置为0.05,模型训练共迭代300次,预热阶段训练步数为5000步,并采用路径丢弃率为0.1的随机深度策略[197]。此外,与相应的骨干网络 DeiT[136] 及 LVT[143] 一致,ASB-ViT 与 ASB-LVT 在训练过程中应用了数据增强和正则化策略,如随机数据增强策略[196]与图像混合策略[194]。

2) 结构细节

ASB 算法搜索得到的非金字塔结构 ASB-ViT 的参数细节见表7-8。从中可以看到,性能出色的非金字塔型 ViT 架构中,较深的 Transformer 层倾向于选择更大的 MLP 比率,可见深层特征需要更复杂的表征;大多数 Transformer 层中的注意力数目更偏向于选择较大的值,以对特征进行更多角度的关注;而宽度连接则是在整个架构中呈现均匀的分布,这可能是由于相邻 Transformer 层的注意力较为相似,若全部连接则会带来一定的冗余。考虑到模型参数量的限制,上述总结仅针对轻量级 ViT 神经架构,当模型规模过大难以训练时,可以参考上述总结对神经架构进行优化,以减少模型性能的牺牲。

表 7-8　搜索到的非金字塔结构 ASB-ViT

维度	192
Transformer 层数目	13
注意力头数目	$(3,4,3,3,3,3,3,3,4,4,4,4,3)$
MLP 比率	$(3.5,4,4,4,3.5,4,4,4,4,4,4,4,4)$
宽度连接	$(0,1,0,1,0,0,1,1,0,0,1,0,0)$

ASB 算法搜索所得到的金字塔结构 ASB-LVT 的参数细节见表7-9,其余的架构细节与其骨干网络 LVT[143] 保持一致。由于金字塔结构善于处理密集预测任务,因此将 ASB-LVT 迁移至密集预测任务 ADE20K 语义分割任务和 COCO 全景分割任务,以进一步验证搜索所得神经架构 ASB-LVT 的泛化性。

表 7-9　搜索到的金字塔结构 ASB-LVT

阶段	维度	Transformer 层数目	注意力头数目	MLP 比率	宽度连接
1	72	2	3	3.5	1
2	72	2	2	8	0
3	160	2	3	4	0
4	256	3	8	4	1

3) 实验结果

表7-10对搜索所得的模型 ASB-ViT 及 ASB-LVT 与已有的性能卓越的轻量级视觉模型在 ImageNet 图像分类任务上的性能进行了对比,包括卷积神经网络、ViT 神经网络及 MLP 神经网络。相比于搜索空间中所采用的骨干网络 DeiT[136] 与 LVT[143],ASB-ViT 与 ASB-LVT 分别

取得了 5.1% 与 3.0% 的 ImageNet 分类精度提升。此外,本章所提出的 ASB 算法搜索所得的金字塔结构 ASB-LVT 取得了最先进的分类结果,甚至超越了视觉任务中性能表现处于领先地位的卷积神经网络 EfficientNet[137],相比于在 MLP 神经网络中表现优异的 gMLP[190],ASB-LVT 神经架构的分类精度也提升了 5.5%。相比于 ASB-LVT,虽然非金字塔结构 ASB-ViT 的 ImageNet 分类精度略有逊色,但是依然优于其他所有轻量级的视觉神经网络。

ASB-ViT 与 ASB-LVT 神经架构在 ImageNet 图像分类任务上的出色表现表明了 ASB 的有效性。得益于高质量的宽度搜索空间及高效的自适应演化算法,ASB 算法搜索到的模型在模型参数量约为 10M 的不同视觉模型中取得了最高的 ImageNet 分类精度。实验结果表明,ASB 算法作为一种强大且高效的搜索算法,在对计算机视觉任务中的神经架构的探索与优化上具有巨大的潜力,为 ViT 神经架构设计的研究提供了强大的支持。

表 7-10 在 ImageNet 上与优异模型的性能比较

网　　络	分辨率	参数量/M	计算量/G	分类精度/%	模型类型	设计方式
MobileNetV3$_{Large0.75}$[127]	224^2	4.0	0.16	73.3	CNN	自动
ResNet18[12]	224^2	12.0	1.8	69.8	CNN	手动
EfficientNet-B0[63]	224^2	5.4	0.39	77.1	CNN	自动
gMLP-Ti[190]	224^2	6.0	1.4	72.3	MLP	手动
DeiT-Ti[136]	224^2	5.7	1.2	72.2	Transformer	手动
T2T-ViT-12[187]	224^2	7.0	2.2	76.5	Transformer	手动
PVT-Tiny[207]	224^2	13.0	1.9	75.1	Transformer	手动
ViL-Tiny[208]	224^2	7.0	1.3	76.3	Transformer	手动
LVT[143]	224^2	5.5	0.9	74.8	Transformer	手动
AutoFormer-Ti[117]	224^2	5.7	1.3	74.7	Transformer	自动
BViT-5M[209]	224^2	5.7	1.2	74.8	Transformer	手动
ASB-ViT	224^2	6.4	1.4	77.3	Transformer	自动
ASB-LVT	224^2	6.5	1.0	77.8	Transformer	自动

3. 泛化性研究

考虑到金字塔结构在密集预测任务上的性能优势,本小节将 ASB-LVT 迁移至 ADE20K[205] 语义分割任务与 COCO[206] 全景分割任务以验证 ASB 算法搜索所得模型的泛化性。

1) ADE20K 语义分割

ASB-LVT 在语义分割任务上的性能验证选择了极具挑战性的 ADE20K 数据集[205] 进行实验。ADE20K 数据集中的图像都来自真实场景,如室内、室外、人类、动物、建筑等,每幅图像都标注了丰富的语义信息。具体地,ADE20K 数据集共包含 150 个类别,其中有 35 个物体类别及 115 个离散对象类别,并且其训练集有 20210 个图像样本,验证集有 200 个图像样本。

(1) 实验设置。ASB-LVT 在 ADE20K 语义分割任务上的训练设置沿用了目前常用的实验设置。具体的模型采用 Segformer 框架[210],该框架中的解码器采用 MLP 神经网络,编码器采用 ASB-LVT 神经网络,其中 ASB-LVT 编码器在 ImageNet 上进行了预训练,而 MLP 解码器则是从头开始训练,该实验的代码实现基于 mmsegmentation[211] 代码库。训练过程中,迭代步数为 160000 步,批样本大小设为 16,采用 AdamW[192] 优化器和幂为 1 的多项式学习率衰减策略,初始学习率设置为 6×10^{-5},权重衰减设置为 0.01。训练中采用了数据增强策略,例如,随机以 0.5~2.0 的比率调整图像大小,并将图像分辨率随机裁剪为 512×512,同时以 0.5 的概率对图像进行水平翻转。在模型评估中,ASB-LVT 采用单尺度测试。

(2) 实验结果。表7-11展示了 ASB-LVT 在 ADE20K 语义分割任务中的平均交并比,其中包含广泛应用的轻量级模型 MobileNetV2[14] 及以 Segformer[210] 为框架的 ViT 模型。在上述轻量级模型中,ASB-LVT 取得了最佳的平均交并比,尤其是与搜索空间中所采用的骨干网络 LVT[143] 相比,ASB 算法搜索所得的神经架构 ASB-LVT 取得了 1.6% 的平均交并比提升,展示了所设计的搜索算法在 ViT 神经架构设计上的优势,并且 ASB-LVT 相比于主流的卷积神经网络在性能上实现了显著的提升。此外,实验结果表明,ASB 算法学习到的模型可以很好地适应其他视觉任务,具有良好的可迁移性。

表 7-11 在 ADE20K 语义分割上的性能对比

方　　法	编码器	平均交并比/%	参数量/M	计算量/G
FCN[212]	MobileNetV2[14]	19.7	9.8	39.6
PSPNet[213]	MobileNetV2[14]	29.6	13.7	52.9
DeepLabV3+[214]	MobileNetV2[14]	34.0	15.4	69.4
SegFormer[210]	MiT-B0[210]	37.4	3.8	8.4
	LVT[143]	39.3	3.9	10.6
	ASB-LVT	40.9	4.4	10.5

2) COCO 全景分割

ASB-LVT 在 COCO 数据集[206] 上进行全景分割任务实验。具体而言,该实验采用 COCO 2017 数据集,它由包含 118000 幅图像样本的训练集和包括 5000 幅图像样本的验证集组成,每幅图像包含 3.5 个类别和 7.7 个实例。全景分割任务同时对图像中的物体实例和场景语义进行分割,该任务将对象识别、检测、定位和分割整合在一起,可以全面地对搜索所得模型的泛化性进行评估。

(1) 实验设置。ASB-LVT 在 COCO 全景分割任务上的训练设置主要遵循 ASB 算法的骨干网络 LVT[143] 的训练设置。具体的全景分割模型采用全景 FPN 框架[215],该实验应用 mmdetection[216] 代码库进行代码实现。在 ASB-LVT 的训练过程中,训练迭代次数设置为 36,训练采用 AdamW[192] 优化器,根据学习率的衰减训练可分为三阶段,分别在迭代 24 次与迭代 33 次的时候将学习率衰减为上一阶段学习率的 0.1,初始学习率设置为 3×10^{-4},权重衰减设置为 1×10^{-4},并应用多尺度训练。此外,训练中应用数据增强策略。例如,随机调整图像的大小,其中图像的最大长度限制为 1333,短边的最大允许长度在 $640 \sim 800$ 随机抽样,并对图像进行水平翻转,翻转的概率为 0.5。在对 ASB-LVT 的性能评估中,进行单尺度测试。

(2) 实验结果。由表7-12可见,在 COCO 全景分割任务上对 ASB-LVT 与其他轻量级视觉模型进行性能对比,所有模型均采用全景 FPN 框架[215]。相比于 ASB 算法的骨干网络 LVT[143],ASB-LVT 在综合全景质量指标(panoptic quality all, PQ)、物体实例全景质量指标(panoptic quality things, PQ^{th})和场景语义全景质量指标(panoptic quality stuff, PQ^{st})中分别带来了 0.9%、0.5% 和 1.7% 的提升,是全景 FPN 框架下表现最好的轻量级模型。相较于经典的轻量级卷积神经网络 MobileNetV2[14],ASB-LVT 在 PQ、PQ^{th} 与 PQ^{st} 三个指标上的性能优势更为显著,分别实现了 7.4%、7.1% 与 7.9% 的提升。

表 7-12　在 COCO 全景分割上的性能对比

| 方　法 | 骨干网络 | COCO_{val} | | | 参数量/ | 计算量/ |
		PQ	PQth	PQst	M	G
Panoptic FPN[215]	MobileNetV2[14]	36.3	42.9	26.4	4.1	32.9
Panoptic FPN[215]	PVT v2-B0[140]	41.3	47.5	31.9	5.3	49.7
Panoptic FPN[215]	LVT[143]	42.8	49.5	32.6	5.4	56.4
Panoptic FPN[215]	ASB-ViT	43.7	50.0	34.3	6.0	56.4

作为一个集成多种视觉任务（如目标识别、检测、定位和分割）的基准任务，COCO 全景分割任务上的实验结果可以作为评估 ASB-LVT 泛化性能的可靠指标。ASB-LVT 在该任务中的出色表现进一步强调了其在其他视觉任务中的应用潜力及性能优势，同时展示了 ASB 算法的强大，搜索所得的模型在通用性与鲁棒性上均表现良好。

7.7　本章小结

本章首先提出了基于宽度注意力的视觉 Transformer，即 BViT。作为 BViT 的关键要素，宽度注意力机制由宽度连接与无参数注意力组成。其中，宽度连接将不同 Transformer 层的注意力信息进行融合，促进信息传递；而无参数注意力则是对宽度连接所整合的注意力信息进行关注，并从中提取与目标任务相关的有效特征。此外，由于宽度注意力的实现基于已有的注意力操作，并且未引入额外的可学习参数，因此它可以直接应用至基于注意力的视觉模型，并带来一定的性能提升。宽度注意力通过增加不同 Transformer 层注意力之间的路径连接，一方面，促进了信息流的传递，使模型得到了更加充分的训练，有效缓解了模型冗余；另一方面，学习到更为丰富有效的特征，从而促进了对局部特征的关注，获得了更小的感受野，这有助于模型在规模有限数据集上的性能提升。具体地，在 ImageNet 数据集上，相比于未引入宽度注意力的 DeiT，BViT 实现了最高 2.8% 的分类精度提升，这表明宽度注意力的确有助于性能增益。将 BViT 迁移到图像分类下游任务，同样超过了已有的工作，这进一步显示了 BViT 良好的可迁移性。此外，将宽度注意力机制应用至主流的 ViT 神经架构，得到了 BViTs 系列架构，包括 BT2T-ViT、BLVT 与 BSwin，均取得了一定的分类精度提升，这不仅说明宽度注意力对于 ViT 神经架构性能改善的鲁棒性，也展示了其通用性，这对于 ViT 神经架构的探索有一定的意义。

宽度注意力机制虽然在改善 ViT 神经架构图像处理能力上有显著的优势，但模型的最终性能受限于其骨干网络，并且宽度注意力范式本身也存在改进空间，比如连接全部的 Transformer 层可能会存在冗余。因此，本章通过神经网络架构搜索算法对 ViT 神经架构的设计与所引入的宽度注意力的不同连接组合进行进一步探索，提出了自适应搜索宽度视觉 Transformer 神经架构算法，即 ASB。作为一种神经网络架构搜索算法，ASB 在搜索空间与搜索策略上进行了创新。一方面，通过引入宽度注意力来改进搜索空间的质量，探索高性能的 ViT 神经架构；另一方面，在搜索过程中自适应地学习候选突变操作的概率分布，以指导神经架构探索的方向，从而提升搜索效率。实验结果表明，得益于 ASB 算法的宽度搜索空间与高效的自适应演化算法搜索所得的神经架构 ASB-ViT 与 ASB-LVT 在视觉任务上展示了出色的性能。具体而言，在 ImageNet 图像分类任务上，金字塔结构 ASB-LVT 在 10M 左右的视觉模型中实现了最优的分类精度。考虑到金字塔结构在密集预测任务上的优势，将 ASB-LVT 架构迁移到 ADE20K 语义分割和 COCO

全景分割任务上验证 ASB 算法搜索到的神经架构的泛化性，ASB-LVT 架构在这两个任务中均优于手工设计的 ViT 神经架构及主流的卷积神经网络。这表明 ASB 算法可以学习到具有良好泛化性的神经架构。此外，消融实验也进一步展示了宽度搜索空间与自适应演化算法的有效性，前者提升了搜索所得模型的性能，在非金字塔结构上实现了 0.8% 的提升，后者则显著提升了搜索效率，促进了算法收敛，在金字塔结构的搜索上实现了 2 倍以上的效率提升。

　　ASB 算法对于 ViT 神经架构的设计研究具有积极的意义，且适用于提升在离散空间求解优化问题的效率，适用范围广。然而，ASB 算法搜索到的神经架构与骨干网络的选择相关性过大，不能覆盖各种新颖的 ViT 神经架构。因此，在未来的研究中，期望构建一个包含各种 ViT 架构的搜索空间，进一步探索更加高效的 ViT 神经架构。

第8章 基于渐进式演化的张量环网络架构搜索

8.1 引言

近年来,深度神经网络在多个领域取得了显著的成就,如图像处理[12, 120]、自然语言处理[217, 218]。然而,深度神经网络存在一定的参数冗余,导致了以下两个问题:① 神经网络难以训练;② 在资源受限设备上的运行能力较差。为了改善上述问题,研究人员将张量环分解引入深度神经网络,得到张量环网络 TRN。张量环具有类似环形的结构,可以显著压缩深度神经网络的冗余参数,包括卷积神经网络和循环神经网络,在部分任务上甚至可以得到比未压缩模型更好的结果。因此,关于 TRN 结构设计的研究非常有应用前景。然而,由于作为 TRN 关键组成部分的张量秩状态空间过大,对其进行优化的相关研究较少。在大多数现有工作中,整个网络的张量秩被设置为相等的值,这种张量秩设置方式需要多次试验才能获得可行的张量秩值,且得到的张量环网络在视觉任务上的表现欠佳。

本章介绍渐进式搜索张量环网络(progressive searching tensor ring network,PSTRN)算法,PSTRN 的搜索空间、搜索策略及性能评估策略描述如下:

(1) 搜索空间,即 TRN 的不同张量秩元素候选值的组合。

(2) 搜索策略,即非支配排序演化算法以搜索张量秩的最优组合。

(3) 性能评估策略,即采用随机梯度下降训练 TRN 以得到其性能表现,针对部分数据集引入权重继承策略进行性能评估。

PSTRN 的整体流程主要分为演化阶段和渐进阶段。在演化阶段,采用演化算法在给定的搜索空间学习最优的张量秩组合;在渐进阶段,根据一定的规则渐进地缩小搜索空间以提升搜索效率。通过交替执行演化阶段和渐进阶段,PSTRN 可以更高效地对表现优异的张量环网络(TRN)进行探索。本章的主要创新点如下:

(1) 首次提出了针对张量环网络架构搜索的演化算法框架。作为一种启发式的搜索算法,PSTRN 比目前手工设置张量秩的方法更为合理,在多个视觉任务上,搜索所得的 TRN 的性能均超过了手工设计的张量环网络。

(2) 提出了一种渐进式的张量环网络搜索算法。通过渐进地调整搜索空间的范围,缓解了搜索空间过大带来的收敛困难问题。在合成实验中,PSTRN 可以收敛到最优的张量秩组合,而非渐进式演化算法陷入了局部最优。

(3) 针对部分模型及数据集设计了权重继承策略。该方法大大加速了对 TRN 的性能评估,在 CIFAR-10/100 数据集上的张量环架构搜索中，实现了约 200 倍的搜索时长加速。

本章的内容安排如下：8.2 节对 TRN 优化中存在的问题进行了描述。8.3 节给出了针对张量环神经架构设计的假设，并详细介绍了 PSTRN 算法中搜索空间的设计、渐进式演化及权重继承策略。8.4 节给出了具体的实验细节及实验结果。其中，合成实验验证了所给出的针对张量环神经架构设计的假设。在 MNIST/FashionMNIST 数据集与 CIFAR-10/100 数据集上的实验验证了 PSTRN 在自动设计张量环卷积神经网络上的有效性。在 HMDB51 数据集与 UCF11 数据集上的实验验证了 PSTRN 在自动设计张量环长短期记忆网络上的有效性。8.5 节对本章进行了总结。

8.2 问题描述

本章选择了两种较为常用的深度神经网络进行张量环分解并优化其张量秩组合，包括张量环卷积神经网络（tensor ring convolutional neural netwcrk，TR-CNN）[113] 与张量环长短期记忆网络（tensor ring long short-term memory network，TR-LSTM）[114]。接下来将分别介绍 TR-CNN 与 TR-LSTM 及其优化过程中存在的问题。

8.2.1 张量环卷积神经网络

给定一个卷积核 $C \in \mathbb{R}^{S_{\text{ker}} \times S_{\text{ker}} \times C_{\text{in}} \times C_{\text{out}}}$，其中 S_{ker} 表示卷积核大小，C_{in} 表示输入通道数，C_{out} 表示输出通道数。首先将其张量化为 $\hat{C} \in \mathbb{R}^{S_{\text{ker}} \times S_{\text{ker}} \times I_1 \times \cdots \times I_{v_1} \times O_1 \times \cdots \times O_{v_2}}$，其中 v_1 与 v_2 分别为对卷积核进行张量分解后的输入节点与输出节点的个数，满足条件：

$$C_{\text{in}} = \prod_{i=1}^{v_1} I_i, C_{\text{out}} = \prod_{j=1}^{v_2} O_j \tag{8-1}$$

然后将张量化后的卷积核分解为输入节点 $U^{(i)} \in \mathbb{R}^{R_{i-1} \times I_i \times R_i}, i \in \{1, 2, 3, \cdots, v_1\}$，输出节点 $V^{(j)} \in \mathbb{R}^{R_{v_1+j} \times O_j \times R_{v_1+j+1}}, j \in \{1, 2, 3, \cdots, v_2\}$ 和卷积节点 $G \in \mathbb{R}^{S_{\text{ker}} \times S_{\text{ker}} \times R_{v_1} \times R_{v_1+1}}$，其中，$\boldsymbol{R}$ 表示张量环中的张量秩元素，并且 $R_{v_1+v_2+1} = R_0$，这是由张量环的环状结构决定的。图 8-1(a) 展示了 TR-CNN 的一个卷积层示例，其中 $v_1 = 2$，$v_2 = 2$。该卷积层的压缩率计算如下：

$$C_{\text{CNN}} = \frac{(S_{\text{ker}})^2 C_{\text{in}} C_{\text{out}}}{\sum\limits_{i=1}^{v_1} R_{i-1} R_i I_i + \sum\limits_{j=1}^{v_2} R_{v_1+j} R_{v_1+j+1} O_j + (S_{\text{ker}})^2 R_{v_1} R_{v_1+1}} \tag{8-2}$$

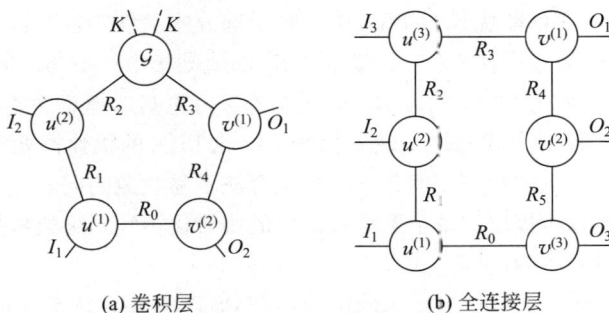

(a) 卷积层   (b) 全连接层

图 8-1 张量环模型中的基本操作

8.2.2 张量环长短期记忆网络

通过将 LSTM 模型中输入向量 $\boldsymbol{x} \in \mathbb{R}^I$ 的仿射矩阵 $\boldsymbol{W}_* \in \mathbb{R}^{I \times O}$ 中的每个矩阵分解为张量环，可以得到 TR-LSTM 模型。与 TR-CNN 相似，TR-LSTM 的节点由输入节点 $U^{(i)}$ 与输出节点 $V^{(j)}$ 组成，矩阵的分解过程需要满足条件：

$$I = \prod_{i=1}^{v_1} I_i, O = \prod_{j=1}^{v_2} O_j \tag{8-3}$$

TR-LSTM 中一个 6 节点的全连接层示例如图8-1(b) 所示。该全连接层的压缩率计算如下：

$$C_{\text{RNN}} = \frac{IO}{\sum\limits_{i=1}^{v_1} R_{i-1} R_i I_i + \sum\limits_{j=1}^{v_2} R_{v_1+j} R_{v_1+j+1} O_j} \tag{8-4}$$

对于上述两种张量环网络，其张量秩 $\boldsymbol{R}$ 表示为

$$\boldsymbol{R} = \{R_0, R_1, \cdots, R_{N_R-1} | R_* \in \{r_1, r_2, \cdots, r_{N_m}\}\} \tag{8-5}$$

式中：N_R 表示一个 TRN 中张量秩元素的数目；r_* 是张量秩元素的候选值；N_m 是张量秩候选值的数目。张量秩元素状态空间的大小即所有候选值的全部组合情况，计算式为

$$S_{\text{state}} = N_m^{N_R} \tag{8-6}$$

可见当 TRN 中张量秩元素的数量增加时，张量秩组合的状态空间将呈指数级增加，因此实际情况中 TRN 优化的求解空间非常庞大，难以直接进行求解。在目前手工设计的 TRN 中，直接将所有张量秩元素设为同一个值，从而将该问题的求解空间简化为 N_m，但是这种设置方法可能无法得到性能最优的 TRN，比如张量秩值设置过大可能会存在冗余或者导致参数量过大，而张量秩设置过小可能会带来严重的性能损失。

本章中设计了一个合成实验（见8.4.1小节）以探究张量秩的分布与 TRN 性能之间的关系。在合成实验中，构造了一个包含 4 个张量秩元素的 TRN，给定每个张量秩元素的取值范围便可以得到其状态空间。合成实验采用枚举法遍历了整个状态空间中的 TRN，并生成了一组数据集以评估状态空间中所有 TRN 的性能，之后对性能排序中前 100 名 TRN 的不同张量秩元素的取值分布进行分析。具体的 TRN 维度、数据集生成方式及损失函数将在8.4.1小节介绍。图8-2展示了前 100 名张量环模型的张量秩分布，即 R_1 与 R_0、R_2、R_3 各自的取值范围。其中圆圈的大小表示张量秩元素的值相等的张量环模型数量、圆圈的颜色表示张量环模型的排名，红色代表排名靠前，而蓝色表示排名靠后，蓝色实线为前 100 名 TRN 的张量秩 R_1 的均值与方差之和 $\mu + \sigma$。实验结果表明，在性能优异的 TRN 中，对于部分张量秩元素而言，其取值会聚集在某个区域，如张量秩 R_1 的值集中在 3 左右，张量秩 R_2 的值则集中在 4~6，张量秩 R_3 的值则集中在 6~8。与之相反的是，张量秩 R_0 的取值呈均匀分布，可见其选择对性能影响很小。目前的工作将张量秩设为同一个值的方式与这一现象相悖，因此 TRN 的优化需要对不同张量秩元素分别进行搜索，同时克服过大的状态空间带来的搜索算法不易收敛的问题。

结合上述问题，本章所提出的基于渐进式演化的张量化神经网络架构搜索的求解空间、目标函数、优化算法可以表示为：

(1) 求解空间，由不同张量秩的候选值组成，在 PSTRN 中，求解空间通过式(8-5)的状态空间进行采样，以缓解状态空间过大无法求解的问题。

(2) 目标函数，由多个指标组成，包括分类精度 acc(R, θ)、由式(8-2)及式(8-4)计算所得的

模型压缩率。

(3) 优化算法，针对张量化网络优化中求解状态空间大的问题，提出了渐进式演化算法 PSTRN，所采用的多目标演化算法对演化算法的求解空间进行动态调整，从而避免无效探索，促进算法的收敛。

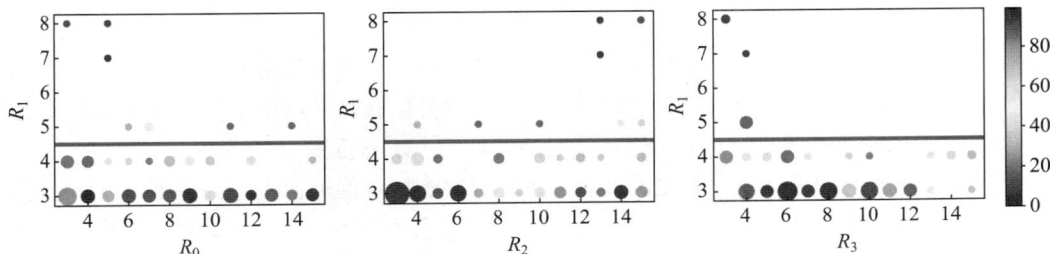

图 8-2　前 100 名张量环模型的张量秩分布

8.3　渐进式搜索张量环网络

8.4.1小节的合成实验结果表明，对于高性能 TRN 的部分张量秩元素，其值倾向于聚集在某一区域，在本章中该区域被称为兴趣区域。根据该现象，提出了关于张量环网络 TRN 性能与张量秩分布之间关系的假设：

假设 8.1　对于一个固定大小的 TRN，它的性能对张量秩元素的取值比较敏感，当性能表现优异时，其张量秩倾向于分布在特定的区域内，将其称为兴趣区域。

根据假设8.1，在兴趣区域可以找到 TRN 优化问题的最优解。因此若 TRN 优化的求解空间可以动态地调整至兴趣区域，则可以有效地促进该优化算法的收敛。基于该思路，本章提出了渐进式搜索 TRN 算法 PSTRN，其总体框架如图8-3所示。下面分别对 PSTRN 中的张量秩搜索空间设计、渐进式演化及权重继承进行介绍。

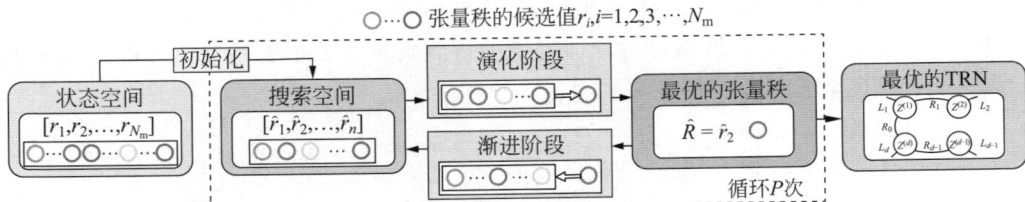

图 8-3　PSTRN 总览

8.3.1　张量秩搜索空间设计

考虑到式(8-6)中的张量秩状态空间过大，PSTRN 通过对其进行等间隔采样简化该优化问题的求解空间，并通过渐进地减小采样间隔实现更精确的优化。具体而言，对于每一个张量秩元素，其候选值是从状态空间中的 N_m 个候选值中等间隔采样了 n 个值。因此初始求解空间，即搜索空间是状态空间的一个子空间，即

$$\boldsymbol{R} = \{R_0, R_1, \cdots, R_{N_R-1} | R_* \in \{r_{\min} + b_1, r_{\min} + 2b_1, \cdots, r_{\min} + nb_1\}\} \qquad (8\text{-}7)$$

式中：b_1 表示初始采样间隔；$r_{\min}$ 为采样下界值，一般设为 r_0。搜索空间的全部组合情况计算如下：

$$S_{\text{search}} = n^{N_{\text{R}}} \tag{8-8}$$

8.3.2 渐进式演化

如图8-3所示，PSTRN的搜索框架主要由两个阶段组成，即演化阶段与渐进阶段：

(1) 演化阶段，即在给定的搜索空间中搜索性能优异的张量环网络，并通过对表现突出张量环网络的张量秩元素进行统计分析来估计兴趣区域的上下界范围。

(2) 渐进阶段，即根据演化阶段的搜索结果计算兴趣区域的近似上下界范围，并将之前的搜索空间缩减至该范围内，从而得到更靠近兴趣区域的求解空间，这有利于对高性能张量环网络的探索。

通过交替执行演化阶段与渐进阶段，搜索过程中张量环网络的张量秩值将逐渐接近兴趣区域，从而搜索得到性能优异的张量环网络，这符合假设8.1给出的对张量环网络设计的指导。此外，对于8.4节中部分模型（如 TR-ResNet）上的实验，PSTRN采用权重继承策略加速模型评估，以进一步提升搜索效率。PSTRN的伪代码见算法8.1，其中 $\mathcal{P}$ 表示渐进阶段执行的次数，$\mathcal{G}$ 表示每一次演化阶段的训练代数。

算法 8.1 渐进式搜索张量环神经架构
___
Input: 数据集 $\mathcal{D}$，演化阶段的训练代数 $\mathcal{G}$，渐进阶段的执行次数 $\mathcal{P}$。

初始化搜索空间

for $p = 1, 2, 3, \cdots, \mathcal{P}$ **do**

  if 大规模张量环模型（如 TR-ResNet） **then**

    进行权重预训练

  end if

  在式(8-7)的搜索空间中随机采样一组张量秩得到相应的张量环网络

  对所得张量环网络进行性能评估，训练模型得到数据集 $\mathcal{D}$ 上的精度，并根据式(8-2)与式(8-4)计算模型压缩率

  for $g = 1, 2, 3, \cdots, \mathcal{G}$ **do**

    进行选择、突变与交叉

  end for

  得到该阶段高性能张量环网络的张量秩组合

  根据式(8-12)确定下一个演化阶段的搜索空间

end for

Output: 最优的张量环网络
___

1. 演化阶段

基于假设8.1给出的张量环网络设计指导，也就是高性能的张量环模型出现在兴趣区域的概率较高，演化阶段中，PSTRN在所估计的兴趣区域范围内搜索高性能的张量环网络。具体而言，PSTRN采用多目标演化算法NSGA-II[219]来搜索具有高性能及高压缩率的张量环模型。

一个典型的演化算法需要两个前提条件：① 解空间的表示，在PSTRN中相当于搜索空间；

② 用于评估每个个体的适应度函数，在 PSTRN 中相当于每个张量环网络的分类精度与压缩比。初始的搜索空间见式(8-7)，将其简化为

$$\boldsymbol{R} = \{R_0, R_1, \cdots, R_{N_R-1} | R_* \in \{\hat{r}_1, \hat{r}_2, \cdots, \hat{r}_n\}\} \tag{8-9}$$

式中：$\hat{r}_* = r_{\min} + *b_1$。

演化算法的关键思想是通过选择、突变与交叉操作对个体进行演化。在 PSTRN 中的每一个演化阶段，首先在该阶段的搜索空间中初始化一组张量秩，即一组张量环网络，对这组张量环网络进行评估，得到其在相应数据集上的分类精度与压缩率。然后，在该演化阶段的每一代中，通过选择操作保留性能优异的张量环网络，对所保留的神经网络执行突变与交叉操作得到新的神经网络并进行模型评估，新的张量环网络与所保留的高性能张量环网络作为新的种群进入下一代。接下来，对新的种群执行选择、突变与交叉操作继而得到下一代种群，重复执行该循环直至满足终止条件。PSTRN 中演化阶段的终止条件是迭代至给定代数 $\mathcal{G}$。

结束一次演化阶段后，PSTRN 对演化得到的性能最优的前 t 个张量环网络的不同张量秩元素进行统计分析。具体方法如下：对于某个张量秩元素 R_*，对前 t 个张量环模型的 R_* 求取平均值 $\hat{R}_*$，所得均值将作为兴趣区域估计的参考值，即以均值 $\hat{R}_*$ 为中心对兴趣区域进行估计。$\hat{R}_*$ 的具体计算式为

$$\hat{R}_* = \mathrm{floor}\left(\frac{1}{t}\sum_{i=1}^{t} R_{*,i}\right) \tag{8-10}$$

式中：$R_{*,i}$ 是第 i 个张量环网络的张量秩元素 R_* 的值；floor 表示向下取整操作。

2. 渐进阶段

在 PSTRN 中，渐进阶段用于确定下一次演化阶段的搜索空间，如图8-4所示。在式(8-7)的初始空间中进行张量环网络的演化之后，可以由式(8-10)得到张量秩的兴趣区域参考值：

$$\hat{\boldsymbol{R}} = \{\hat{R}_{0,1}, \hat{R}_{1,1}, \cdots, \hat{R}_{N_R-1,1}\} \tag{8-11}$$

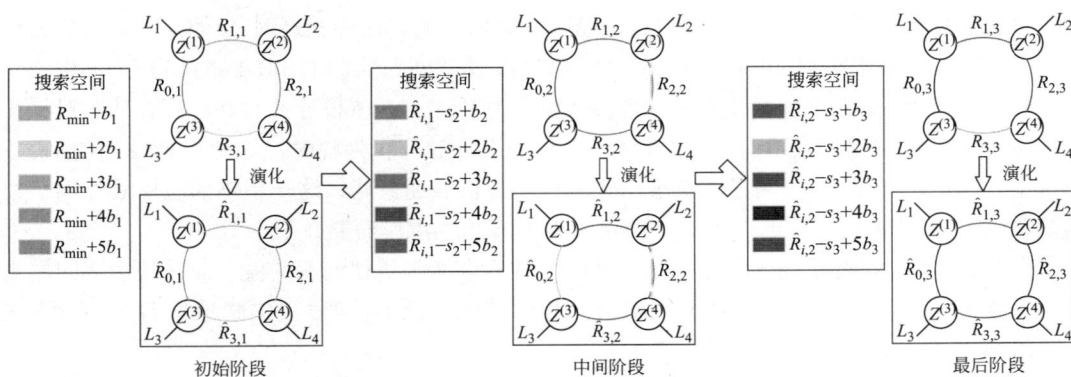

图 8-4 渐进阶段的整体流程

式中：$\hat{R}_{i,j}, i \in \{0,1,2,\cdots,N_R-1\}, j \in \{1,2,3,\cdots,P\}$ 表示第 i 个张量秩元素在第 j 个演化阶段得到的兴趣区域参考值。基于得到的兴趣区域参考值 $\hat{\boldsymbol{R}}$，PSTRN 将搜索空间的上下界范围收缩，即

上界：$\min(\hat{R}_{i,j-1} + s_j, r_{\max})$

下界：$\max(\hat{R}_{i,j-1} - s_j, r_{\min})$

其中，$r_{\max}$ 和 $r_{\min}$ 是张量秩元素候选值的最大值与最小值，$\{s_j | j \in \{2,3,4,\cdots,P\}\}$ 是张量秩

兴趣区域的偏移量，通常将其设为上一阶段的搜索空间采样间隔 b_{j-1}。因此第 j 个演化阶段搜索空间中张量秩元素的候选值可以表示为

$$\{\hat{R}_{i,j-1} - s_j + b_j, \hat{R}_{i,j-1} - s_j + 2b_j, \cdots, \hat{R}_{i,j-1} - s_j + nb_j\} \tag{8-12}$$

其中，b_j 表示第 j 个渐进阶段的搜索空间采样间隔，满足条件：

$$b_{j+1} \leqslant b_j, j \in \{1, 2, 3, \cdots, P-1\} \tag{8-13}$$

每个阶段的搜索空间采样间隔都在不断减小，为了使搜索空间更靠近兴趣区域的范围。当采样间隔 b_j 减小至 1 时，达到了渐进阶段的终止条件，可以得到最优的张量环网络。

由于所提出的假设 8.1 无法进行理论性论证，与此同时，演化阶段所得到的兴趣区域参考值会被演化算法的随机初始化所影响，因此渐进式的演化算法并不能保证找到全局最优解。为了避免搜索算法陷入局部最优，PSTRN 在搜索过程中添加了一个探索机制。具体而言，除去初始阶段，在每一个演化阶段，搜索算法有 10% 的概率在上一次演化阶段的搜索空间内选择张量秩作为新的张量环网络个体。这个探索机制有助于搜索算法跳出局部最优解，从而进一步提升算法的全局搜索能力。

在上述的演化阶段中，解空间是演化算法的一个关键组成部分。一般而言，它会尝试覆盖所有可行的解。然而，过大的解空间可能会导致搜索算法发散，搜索算法可能会陷入局部最优而无法找到全局最优解。相比于在完整的状态空间中进行张量环网络架构搜索，PSTRN 可以显著提高搜索过程的效率与搜索结果的质量。通过精心设计的渐进式收缩的搜索空间，PSTRN 可以更加高效地搜索最优的张量环网络，避免搜索算法陷入局部最优。这一设计可以使 PSTRN 在更短的时间内找到性能更优的张量环模型，从而提高算法的实用性和可靠性。

8.3.3 权重继承

在演化阶段，为了评估张量环模型在相应数据集上的分类精度，需要对搜索到的张量环网络进行完整的训练，这一过程通常是神经网络架构搜索算法中最耗时的阶段。在 8.4 节进行的不同实验中，对于在 MNIST/FashionMNIST 数据集上进行实验的 TR-LeNet5 模型，由于其训练耗时非常少，PSTRN 可以从头开始训练搜索到 TR-LeNet5 模型并对其进行评估。对于在 CIFAR-10/100 数据集上进行实验的张量环模型的训练过程较为耗时，这使得 PSTRN 搜索效率低下。因此，PSTRN 采用了权重继承作为性能评估加速策略，这一策略的应用是受到了架构演化工作[69] 的启发。下面以 TR-ResNet 为例对权重继承作简要介绍。

在 PSTRN 中，为了便于权重继承，并没有搜索全部张量秩元素的值，而是搜索不同层张量秩元素的值，同一层的张量秩元素被设为相同的值。例如，第 l 层的张量秩 $\boldsymbol{R} = \{R_i^l | i \in \{0, 1, 2, \cdots, d_l - 1\}\}$ 需要满足条件：

$$R_0^l = R_1^l = \cdots = R_{d_l-1}^l = R^l \tag{8-14}$$

式中：R^l 表示第 l 层的张量秩元素值；d_l 表示一个 TRN 中第 l 层的张量秩元素个数。因此，对于 TR-ResNet 模型，状态空间与式(8-5)的状态空间略有不同，TR-ResNet 模型的状态空间由层级张量秩的候选值组成而不是整个张量环模型的张量秩，即

$$\boldsymbol{R} = \{R^0, R^1, \cdots, R^{t-1} | R^* \in \{r_1, r_2, \cdots, r_{N_m}\}\} \tag{8-15}$$

式中：t 表示张量环网络的层数。后续的搜索流程与 8.3.2 小节介绍的搜索流程完全一致。

针对 TR-ResNet 模型，PSTRN 首先搭建包含搜索空间中全部层级张量秩元素候选值的超网络，对其进行预训练。基于此，在演化阶段的模型评估过程中，可以直接继承预训练的权重继续训练而不是从头开始训练，显著缩短了模型评估过程的耗时。具体而言，相比于从头开始训练，使用权重继承策略在 CIFAR-10 数据集上对 TR-ResNet 模型进行渐进式搜索可以实现约 200 倍的搜索耗时加速。

8.4 实验与分析

本节通过以下实验来验证 PSTRN 算法的有效性。首先，设计合成实验以展示 TRN 的张量秩元素与其性能之间的关系。然后，对比搜索到的张量环模型与其他模型压缩工作所得到的模型在主流基准数据集上的性能，具体的数据集包括手写识别任务 MNIST 与 FashionMNIST、图像分类任务 CIFAR-10 与 CIFAR-100，以及动作识别任务 HMDB51 与 UCF11。此外，PSTRN 采用多目标演化算法 NSGA-II[219] 进行演化阶段的搜索，并进行了两组实验。其中一组实验为了获得更轻量化的张量环模型，优化目标同时考虑了分类性能和压缩比率以进行多目标优化，称为 PSTRN-M。另外一组实验是为了获得性能更高的张量环模型，优化目标仅考虑分类性能，称为 PSTRN-S。所有实验均在 NVIDIA Tesla V100 GPU 上实现，搜索时长即单块 GPU 上运行所需要的时间。[①]

8.4.1 合成实验

不同于 PSTRN 基于假设8.1进行张量环网络的自动设计，之前的张量环网络设计工作缺少启发式的方法，它们直接将不同的张量秩元素设置为同一个值，这不利于得到最优的张量秩组合。本小节通过设计合成实验，即采用枚举法遍历所搭建 TRN 的所有张量秩组合并进行训练，以分析 TRN 中张量秩分布对其性能的影响。根据合成实验的结果在假设8.1中给出了张量环网络设计的指导，以便于启发式地设计张量环网络架构搜索算法。下面介绍合成实验的相关设置与实验细节。此外，为了验证假设8.1是否有利于张量环网络的设计及启发式 PSTRN 的性能，还进行了消融实验，即采用渐进式搜索算法 PSTRN 与非渐进式搜索算法 NSGA-II 分别对合成实验中搭建的张量环网络进行搜索。

(1) 数据集。给定一个低秩权重矩阵 $W \in \mathbb{R}^{144 \times 144}$，遵循正态分布生成5000个样本，具体实现为 $x \sim \mathcal{N}(0, 0.05I)$，其中 $I \in \mathbb{R}^{144}$ 是单位矩阵。然后根据 $y = W(x + \epsilon)$ 生成每个样本 x 的标签 y，其中 $\epsilon \sim \mathcal{N}(0, 0.05I)$ 是随机高斯噪声。5000个数据对 x、y 组成数据集，并将其中 4000 个样本作为训练集，1000 个样本作为测试集。损失函数为均方误差（mean square error, MSE）。

(2) 张量环网络。将上述低秩权重矩阵 $W \in \mathbb{R}^{144 \times 144}$ 进行张量分解，分解过程遵循8.2节中 TR-LSTM 权重矩阵的分解方式，见式(8-3)。具体而言，将输入 $I = 144$ 分解为 4 个输入节点 $I_1 = I_2 = I_3 = I_4 = 12$，将输出 $O = 144$ 分解为 4 个输出节点 $O_1 = O_2 = O_3 = O_4 = 12$。将张量秩元素的范围设为 $3 \sim 15$，则该 TRN 的张量秩为 $R = \{R_0, R_1, R_2, R_3 | R_* \in \{3, 4, 5, \cdots, 15\}\}$。然后遍历全部可能的张量秩组合，构建不同的 TRN 在上述训练集上进行训练，并在测试集上计算预测值 $\hat{y}$ 与标签 y 之间的 MSE 以验证张量环模型的性能。

(3) 实验设置。在合成实验中，批样本大小为128，训练共迭代100次，优化器采用 Adam，

[①] 张量环模型的代码实现见 https://github.com/tnbar/tednet。

初始学习率设为0.02，并且每30次迭代学习率减少为原学习率的10%。采用枚举法遍历全部可能的张量秩组合，需要进行$13^4 = 28561$次训练。

为了证明渐进式搜索的性能，通过消融实验对比渐进式搜索算法PSTRN与非渐进式搜索算法NSGA-II。其中，PSTRN与NSGA-II的种群大小pop_{size}均设置为20，PSTRN中演化阶段的执行次数P设置为3，每次演化代数$\mathcal{G}$设为10，总演化代数$P \times \mathcal{G}$为30，NSGA-II的演化代数设置为30。PSTRN通过统计前5名张量环网络的张量秩分布估计其兴趣区域。

(4) 实验结果。图8-2展示了按照MSE进行排序的前100名张量环网络中张量秩元素的分布。其中圆圈的大小表示两个张量秩选择同一个值的模型数量，圆圈的颜色表示张量环模型的排名。实验结果表明，已有的工作直接将每个张量秩元素设为相同的值并不合理。通过计算前100名张量环模型中张量秩元素R_1的均值μ（3.6）与标准差δ（0.96），可以得出R_1的兴趣区域为$[\mu - \delta, \mu + \delta]$（[2.64, 4.56]）。显然，性能优异的TRN的张量秩元素R_1主要分布在兴趣区域内。需要注意的是，张量秩元素R_0的分布比较分散，原因是R_0的选择对张量环模型性能的影响甚微。PSTRN的关键则是学习对张量环模型性能影响较大的张量秩的兴趣区域，并在兴趣区域内搜索性能突出的张量环网络。

图8-5展示了PSTRN中不同阶段的搜索结果与真实值的对比，其中横轴的1、2与3表示渐进式演化中三个阶段兴趣区域的估计值[图8-5(a)]及最低损失值[图8-5(b)]，横轴的4表示枚举法遍历全部可能的张量环网络所得到的真实兴趣区域[图8-5(a)]及真实最优损失值[图8-5(b)]。图8-5(a)中的实心点表示搜索空间中的张量秩R_1的候选值，实线表示所估计兴趣区域的范围。实验结果表明，渐进式搜索中估计的兴趣区域在逐渐接近真实的兴趣区域，这证明了PSTRN可以精确地定位到兴趣区域。图8-5(b)展示了渐进式搜索中不同阶段搜索到的最优张量环模型的性能及枚举法得到的最优张量环模型的性能，PSTRN能够在第二阶段找到最优的张量环网络，即得到张量环网络优化问题的最优解，证明了假设8.1的合理性与搜索算法的高效性。相比于枚举法需要遍历28561个张量环网络，PSTRN的搜索过程中只需要访问$\mathcal{G} \times \text{pop}_{\text{size}} \times P = 10 \times 20 \times 3 = 600$个张量环网络，显著降低了计算代价。

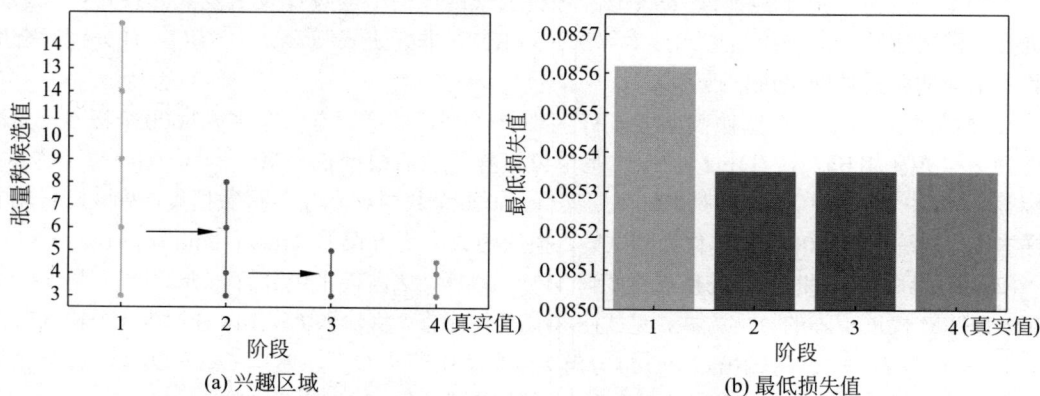

(a) 兴趣区域　　　　　　　　　　(b) 最低损失值

图 8-5　PSTRN中不同阶段的兴趣区域及损失值与真实最优值的对比

为了进一步验证渐进式搜索算法能够高效而准确地找到最优张量环网络，本节进行消融实验，以对比渐进式搜索算法PSTRN与非渐进式搜索算法NSGA-II的搜索性能。实验结果见表8-1。通过对枚举法得到的张量环网络进行排名，将NSGA-II和渐进式搜索算法搜索到的张量环模型在所有28561个张量环模型中的排名展示在最后一列。可以看出，本章所介绍的渐进式搜索算法 PSTRN 可以收敛至最优的张量环网络，而没有假设8.1指导的 NSGA-II 算法则陷入了局部最优，无法搜索到最优的张量秩组合。

表 8-1 PSTRN 与 NAGA-II 的对比

阶段	算法	代数	排名
1	PSTRN	10	31
	NSGA-II	10	32
2	PSTRN	20	1
	NSGA-II	20	26
3	PSTRN	30	1
	NSGA-II	30	26

以上实验结果均证实了基于假设8.1所设计的 PSTRN 算法的可行性及高效性。所提出的启发式方法在不降低搜索空间质量的前提下，显著缩小了张量秩元素的搜索空间，从而加速了搜索过程，加快了搜索算法的收敛速度，提高了搜索算法的性能。这表明 PSTRN 在实际应用中具有广泛的潜力和应用价值，可为高维张量的秩约束问题提供有效的解决方案。

8.4.2 MNIST 与 FashionMNIST 图像分类

(1) 数据集。MNIST 数据集包含70000个分辨率为28×28灰度图像样本，包括60000个训练样本与10000个测试样本，其中共有10个不同目标类别。FashionMNIST 数据集的大小、格式及训练集/测试集划分与 MNIST 一致，数据相较于 MNIST 更为复杂，且易于在实验中替换 MNIST。

(2) 张量环网络。采用 TR-LeNet5[113] 模型在 MNIST 与 FashionMNIST 数据集上验证 PSTRN 算法的性能。由表8-2可见，作为对 LeNet5 的张量分解，TR-LeNet5 由两个张量环卷积层和两个张量环全连接层构成，张量环卷积层的分解遵循式(8-1)，张量环全连接层的分解遵循式(8-3)。则 TR-LeNet5 的张量秩 $\boldsymbol{R} = \{R_0, R_1, \cdots, R_{19} | R_* \in \{2, 3, \cdots, 30\}\}$。因此，采用枚举法搜索最优 TR-LeNet5 模型需要遍历的网络结构空间大小为 $29^{20} \approx 1.77 \times 10^{29}$。

表 8-2 LeNet5 与 TR-LeNet5 的维度

LeNet5		TR-LeNet5	
层	形状	形状	张量秩元素
卷积 1	$5 \times 5 \times 1 \times 20$	$5 \times 5 \times 1 \times (4 \times 5)$	R_0, R_1, R_2, R_3
卷积 2	$5 \times 5 \times 20 \times 50$	$5 \times 5 \times (4 \times 5) \times (5 \times 10)$	R_4, R_5, R_6, R_7, R_8
全连接 1	1250×320	$(5 \times 5 \times 5 \times 10) \times (5 \times 8 \times 8)$	$R_9, R_{10}, R_{11}, R_{12}, R_{13}, R_{14}, R_{15}$
全连接 2	320×10	$(5 \times 8 \times 8) \times 10$	$R_{16}, R_{17}, R_{18}, R_{19}$

(3) 实验设置。TR-LeNet5 模型的训练采用 Adam[192] 优化器，批样本大小为128，随机种子设置为233。损失函数为交叉熵损失函数。模型的训练共迭代20次，初始学习率为0.002，并且每迭代5次学习率减小为原学习率的10%。

PSTRN 算法在每个演化阶段的迭代次数 $\mathcal{G}$ 设为40，种群大小 pop_{size} 设为30。需要搜索的张量秩元素数量为20，交替执行演化阶段与渐进阶段的次数 P 设为3，在渐进阶段将搜索空间的范围缩减至兴趣区域附近时，三个阶段搜索空间的采样间隔 b_* 分别为 5、2 和 1。因此，PSTRN 算法需要遍历的网络结构空间大小为 $\mathcal{G} \times \text{pop}_{\text{size}} \times P = 40 \times 30 \times 3 = 3600$，远小于枚举法的 1.77×10^{29}。

（4）实验结果。PSTRN 在 MNIST 数据集上的实验结果见表 8-3 与图 8-6。表 8-3 对比了 PSTRN 算法搜索到的模型与其他优秀模型的性能，第一部分为将全部张量秩元素设置为同一个值的手动设计张量环网络的实验结果，第二部分为其他自动压缩算法的实验结果。其中，原卷积模型 LeNet5[118] 是由 LeCun 等人提出的；贝叶斯自动模型压缩（Bayesian automatic model compression，BAMC）[220] 利用狄利克雷过程混合模型探索逐层量化策略；LR-L[221] 学习奇异值分解中每一层的秩；TR-Nets[113] 通过将所有张量秩元素设为相等的值来设计张量环卷积神经网络。实验结果中，上标"ri"表示该实验结果为复现结果，r 表示 TR-Nets 中张量秩元素的值，这些设置将在后续实验中保留。在图 8-6 中，TR-Nets-* 中的"*"表示该张量环网络的张量秩的值。对于 MNIST 与 FashionMNIST 数据集，其搜索时长均为单块 GPU 上 5 天左右。

表 8-3 在 MNIST 上与已有工作的比较

模型	错误率/%	参数量/M	压缩率
LeNet5[118]	0.79	429	1
TR-Nets($r = 10$)[113]	1.39	11	39 ×
TR-Nets($r = 20$)[113]	0.69	41	11 ×
TR-Nets($r = 30$)ri[113]	0.70	145	3 ×
BAMC[220]	0.83	—	—
LR-L[221]	0.75	27	15.9×
PSTRN-M	0.57	26	16.5×
PSTRN-S	0.49	66	6.5 ×

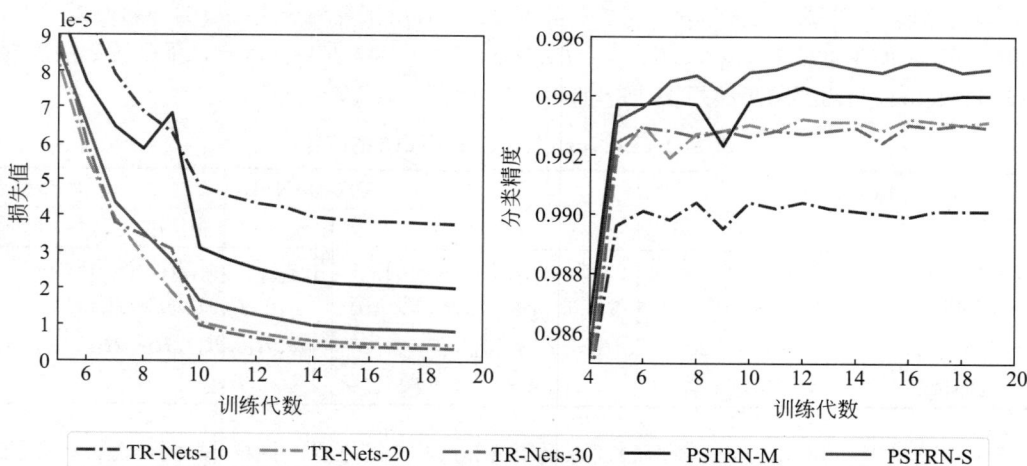

彩图 8-6

图 8-6 PSTRN 与 TR-Nets 在 MNIST 上的训练曲线

实验结果表明，PSTRN-M 与 PSTRN-S 在 MNIST 数据集上的分类结果均超过了其他算法，PSTRN-M 实现了高达 16.5 倍的压缩率，同时错误率低于原模型及其他方法。PSTRN-S 可以将 LeNet5 模型的分类错误率降至 0.49%，同时具有 6.5 倍的压缩率，在提升性能的同时对模型进行了压缩。此外，如图8-6所示，TR-Nets模型在固定秩 $r > 20$ 时会出现过拟合情况，这说明直接将所有张量秩元素设为同一个值不利于设计高效的张量环网络。而PSTRN算法通过渐进式搜索可以找到最优的张量秩，这有助于解决高维张量的最优分解问题。由表8-4可知，在FashionMNIST数据集上，PSTRN搜索得到的模型也可以超越手动设置张量秩的张量环模型，这进一步验证了PSTRN算法在张量环网络自动设计问题上的可行性和高效性。

表 8-4　在 FashionMNIST 上的实验结果

模型	错误率/%	参数量/M	压缩率
LeNet5[ri][118]	7.40	429	1
TR-Nets $(r = 10)$[ri][113]	9.63	16	26.5×
TR-Nets $(r = 20)$[ri][113]	8.67	65	6.6 ×
TR-Nets $(r = 30)$[ri][113]	8.64	145	3.0 ×
PSTRN-M	8.05	49	8.8 ×
PSTRN-S	7.85	62	6.9 ×

PSTRN-S与PSTRN-M所搜索到的TR-LeNet5的具体张量秩见表8-5，其中符号"//"表示不同的层。

表 8-5　搜索所得的 TR-LeNet5 的张量秩

模型	张量秩	
	MNIST	FashionMNIST
PSTRN-M	{6,20,14,8//12,20,2,20,16//16,20,12,12, 8,6,26//8,2,6,20}	{8,14,8,18//14,18,22,28,6//24,20,14,20, 20,10,22//20,20,6,20}
PSTRN-S	{2,24,18,8//8,30,18,30,22//26,22,26,30, 14,30,8//24,12,10,30}	{22,12,6,22//16,22,30,22,16//18,24,30, 30,8,30,24//22,20,6,18}

8.4.3　CIFAR-10与CIFAR-100图像分类

在CIFAR-10数据集上分别采用PSTRN-S与PSTRN-M对模型TR-ResNet20与TR-ResNet32的层级张量秩进行搜索。考虑到在CIFAR-10数据集上训练上述模型较为耗时，PSTRN采用权重继承策略加速模型评估。具体而言，PSTRN针对上述模型分别搭建包含全部候选张量秩的超网络并进行预训练，在搜索过程中直接加载预训练模型的权重而不需要从头训练。此外，为了验证PSTRN算法所搜索张量环模型的可迁移性，将搜索得到的TR-ResNet20与TR-ResNet32迁移至CIFAR-100数据集进行训练。上述实验均针对TR-ResNet模型进行，为了进一步探究PSTRN算法在不同类型模型上的表现，采用PSTRN-M学习TR-WideResNet28-10的张量秩组合。

(1) 张量环网络。采用TR-ResNet32、TR-ResNet20及TR-WideResNet28-10模型[113]在CIFAR-10与CIFAR-100图像分类任务上验证PSTRN算法的性能。作为对卷积神经网络ResNet[12]与WideResNet[222]的张量分解，上述三个模型的分解均遵循式(8-1)与式(8-3)。其中，TR-ResNet32与TR-ResNet20的张量环分解见表8-6，ResNet包括ResNet32与ResNet20，Ψ 是每一个卷积层残差块的数量，TR-ResNet32的残差块数目 $\Psi = 4$，而TR-ResNet20的残差块数目 $\Psi = 2$。表8-7展示了TR-WideResNet28-10模型的张量环分解。如8.3.3小节中对于权重

继承的介绍，为了更好地搭建进行预训练的超网络，在本小节的张量环网络架构搜索中，仅搜索层级张量秩，即表8-6与表8-7中的最后一列。因此，TR-ResNet32与TR-ResNet20模型的张量秩 $\boldsymbol{R} = \{R_0, R_1, \cdots, R_6 | R_* \in \{2, 3, \cdots, 20\}\}$，TR-WideResNet28-10模型的张量秩表示为 $\boldsymbol{R} = \{R_0, R_1, \cdots, R_7 | R_* \in \{2, 3, \cdots, 20\}\}$。采用枚举法搜索最优TR-ResNet32与TR-ResNet20模型需要遍历的网络结构空间大小为 $19^7 \approx 8.9 \times 10^8$，搜索最优TR-WideResNet28-10模型需要遍历的网络结构空间大小为 $19^8 \approx 1.7 \times 10^{10}$。

表 8-6　ResNet 与 TR-ResNet 的维度

ResNet		TR-ResNet	
层	形状	形状	层级张量秩
卷积	$3 \times 3 \times 3 \times 16$	$9 \times 3 \times (4 \times 2 \times 2)$	R_0
卷积1	残差块 $(3, 16, 16)$	$9 \times (4 \times 2 \times 2) \times (4 \times 2 \times 2)$	R_1
	残差块 $(3, 16, 16) \times \Psi$	$9 \times (4 \times 2 \times 2) \times (4 \times 2 \times 2)$	R_1
卷积2	残差块 $(3, 16, 32)$	$9 \times (4 \times 2 \times 2) \times (4 \times 4 \times 2)$	R_2
	残差块 $(3, 32, 32) \times \Psi$	$9 \times (4 \times 4 \times 2) \times (4 \times 4 \times 2)$	R_3
卷积3	残差块 $(3, 32, 64)$	$9 \times (4 \times 4 \times 2) \times (4 \times 4 \times 4)$	R_4
	残差块 $(3, 64, 64) \times \Psi$	$9 \times (4 \times 4 \times 4) \times (4 \times 4 \times 4)$	R_5
全连接	64×10	$(4 \times 4 \times 4) \times 10$	R_6

表 8-7　WideResNet28-10 与 TR-WideResNet28-10 的维度

WideResNet28-10		TR-WideResNet28-10	
层	形状	形状	层级张量秩
卷积	$3 \times 3 \times 3 \times 16$	$9 \times 3 \times (4 \times 2 \times 2)$	R_0
卷积1	残差块 $(3, 16, 160)$	$9 \times (4 \times 2 \times 2) \times (10 \times 4 \times 2 \times 2)$	R_1
	残差块 $(3, 160, 160) \times 3$	$9 \times (10 \times 4 \times 2 \times 2) \times (10 \times 4 \times 2 \times 2)$	R_2
卷积2	残差块 $(3, 160, 320)$	$9 \times (10 \times 4 \times 2 \times 2) \times (10 \times 4 \times 4 \times 2)$	R_3
	残差块 $(3, 320, 320) \times 3$	$9 \times (10 \times 4 \times 4 \times 2) \times (10 \times 4 \times 4 \times 2)$	R_4
卷积3	残差块 $(3, 320, 640)$	$9 \times (10 \times 4 \times 4 \times 2) \times (10 \times 4 \times 4 \times 4)$	R_5
	残差块 $(3, 640, 640) \times 3$	$9 \times (10 \times 4 \times 4 \times 4) \times (10 \times 4 \times 4 \times 4)$	R_6
全连接	640×10	$(10 \times 4 \times 4 \times 4) \times 10$	R_7

(2) 实验设置。对包含全部候选张量秩的张量环超网络的预训练共迭代30次。搜索过程中，PSTRN算法在每个演化阶段的演化代数 $\mathcal{G}$ 设为20，种群大小 $\mathrm{pop_{size}}$ 设为30。演化阶段与渐进阶段交替执行的次数 P 设为3，三个阶段搜索空间的采样间隔 b_* 分别为3、2和1。因此，PSTRN算法需要遍历的网络结构空间大小为 $\mathcal{G} \times \mathrm{pop_{size}} \times P = 20 \times 30 \times 3 = 1800$，远小于枚举法所遍历的结构空间大小。

搜索所得的张量环模型采用SGD[223]优化器进行训练，动量设置为0.9，权重衰减设为 5×10^{-4}，批样本大小为128，随机种子设置为233，损失函数为交叉熵损失函数。模型的训练共迭代200次，初始学习率设为0.02，每迭代训练60次后学习率衰减为原学习率的20%。

(3) 实验结果。PSTRN算法对TR-ResNet20、TR-ResNet32及TR-WideResNet28-10模型在CIFAR-10数据集上的搜索结果及在CIFAR-100数据集上的迁移结果见表8-8～表8-10。其中，

ResNet20 与 ResNet32 是由何恺明等[12] 提出的优秀卷积模型；WideResNet[222] 是在 ResNet 新颖的残差连接基础上拓展的网络；Tucker[224] 与 TT[225] 是采用其他类型的张量分解对深度神经网络进行压缩的方法；TR-RL[115] 是基于强化学习算法对张量环模型的张量秩进行学习。表8-8 与表8-9 中 ResNet20 与 ResNet32 压缩工作的图像分类结果的对比均分为两部分，包括 PSTRN-M 与小规模张量环模型的对比及 PSTRN-S 与大规模张量环模型的对比，这是为了更直观地对比参数量相当的张量环模型。

表 8-8　在 CIFAR-10 上与已有 ResNet 压缩工作的比较

	模型	错误率/%	参数量/M	压缩率
ResNet20	ResNet20[12]	8.75	0.27	1
	TR-Nets ($r=10$) [113]	12.50	0.05	$5.40\times$
	TR-RL[115]	11.70	0.04	$6.75\times$
	LR-L[221]	12.89	0.05	$5.40\times$
	PSTRN-M（Ours）	10.70	0.04	$6.75\times$
	LR-L[221]	9.49	0.11	$2.45\times$
	TR-Nets ($r=15$) ri[113]	9.22	0.13	$2.08\times$
	PSTRN-S（Ours）	9.20	0.12	$2.25\times$
ResNet32	ResNet32[12]	7.50	0.46	1
	Tucker[224]	12.30	0.09	$5.1\times$
	TT ($r=13$) [225]	11.70	0.10	$4.8\times$
	TR-Nets ($r=10$) [113]	9.40	0.09	$5.1\times$
	TR-RL[115]	11.90	0.03	$15\times$
	LR-L[221]	10.56	0.09	$5.1\times$
	PSTRN-M（Ours）	9.40	0.09	$5.1\times$
	TR-Nets ($r=15$) ri[113]	8.76	0.21	$2.2\times$
	PSTRN-S（Ours）	8.56	0.18	$2.6\times$

注：部分压缩率不完全等于参数量相除是因为参数量为约数，而压缩率是由完整的参数量计算得到的。

表 8-9　在 CIFAR-100 上与已有 ResNet 压缩工作的比较

	模型	错误率/%	参数量/M	压缩率
ResNet20	ResNet20[12]	34.60	0.28	1
	TR-Nets ($r=10$) ri[113]	36.45	0.07	$4\times$
	PSTRN-M（Ours）	36.38	0.07	$4\times$
	TR-Nets ($r=15$) ri[113]	34.49	0.15	$1.9\times$
	PSTRN-S（Ours）	33.87	0.13	$2.2\times$
ResNet32	ResNet32[12]	31.90	0.47	1
	Tucker[223]	42.20	0.09	$5.1\times$
	TT ($r=13$) [224]	37.10	0.10	$4.6\times$
	TR-Nets ($r=10$) [113]	33.30	0.097	$4.8\times$
	PSTRN-M（Ours）	33.23	0.094	$5.2\times$
	TR-Nets ($r=15$) ri[113]	32.73	0.227	$2.1\times$
	PSTRN-S（Ours）	31.95	0.210	$2.2\times$

注：部分压缩率不完全等于参数量相除是因为参数量为约数，而压缩率是由完整的参数量计算得到的。

表 8-10　在 CIFAR-10 上与已有 WideResNet28-10 压缩工作的比较

模型	错误率/%	参数量/M	压缩率
WideResNet28-10[222]	5.0	36.2	1
Tucker[223]	7.8	6.7	5×
TT（$r = 13$）[224]	8.4	0.18	154×
TR-Nets（$r = 10$）[113]	7.3	0.15	173×
TR-Nets（$r = 15$）[113]	7.0	0.30	122×
PTRNS-M（Ours）	6.9	0.26	141×

注：部分压缩率不完全等于参数量相除是因为参数量为约数，而压缩率是由完整的参数量计算得到的。

由表8-8可知，在 CIFAR-10 数据集上对 TR-ResNet 模型的搜索实验结果表明，PSTRN-M 在分类精度和压缩率上均优于大多数模型，PSTRN-S 在对模型进行压缩的同时分类精度接近原卷积模型，并超过了参数量大于0.10M的其他模型。将 PSTRN 在 CIFAR-10 数据集上搜索到的 TR-ResNet 模型迁移至 CIFAR-100 数据集进行图像分类，实验结果见表8-9。PSTRN 算法同样展现了优异的性能，超过了手动设计的张量环模型及其他算法。这意味着 PSTRN 能够高效地搜索到最优的张量环网络，并且学习到的张量环模型可以被迁移至其他数据集并保持其卓越的特征处理能力，这种可迁移性具有重要的实际意义，因为它能够显著减少人工设计的工作量，并使得算法更具通用性和实用性。表8-10中 TR-WideResNet28-10 模型上的实验结果展示了 PSTRN 算法的稳定性，在不同类型张量环网络的自动设计上都展示了强大的优势。PSTRN 不仅优于手动设计的张量环模型，相比于一些非启发式的自动压缩方法，也实现了更优的分类精度与压缩率，可见在合成实验的启发下所提出的假设8.1的确有益于高效张量环网络的自动设计。PSTRN 算法对 TR-ResNet20、TR-ResNet32 与 TR-WideResNet28-10 模型的搜索时长分别为2.5、3.2及3.8 GPU 天。

表8-11与表8-12分别展示了 PSTRN-S 与 PSTRN-M 所搜索到的 TR-ResNet20 与 TR-ResNet32 的具体张量秩，表8-13是 PSTRN-M 对 TR-WideResNet28-10 的张量秩的搜索结果。

表 8-11　搜索所得的 TR-ResNet20 的张量秩

模型	错误率/%	张量秩
CIFAR-10		
PSTRN-M	10.70	{ 4 // 8 // 6 // 8 // 6 // 12 // 10 }
PSTRN-S	9.20	{ 8 // 15 // 10 // 12 // 14 // 18 // 12 }
CIFAR-100		
PSTRN-M	36.38	{ 8 // 10 // 6 // 8 // 8 // 12 // 12 }
PSTRN-S	33.87	{ 8 // 15 // 10 // 12 // 14 // 18 // 12 }

表 8-12　搜索所得的 TR-ResNet32 的张量秩

模型	错误率/%	张量秩
CIFAR-10		
PSTRN-M	9.40	{ 3 // 12 // 9 // 9 // 9 // 9 // 6 }
PSTRN-S	8.56	{ 17 // 14 // 10 // 13 // 18 // 15 // 10 }

续表

模型	错误率/%	张量秩
CIFAR-100		
PSTRN-M	33.23	{ 4 // 8 // 6 // 8 // 12 // 12 // 10 }
PSTRN-S	31.95	{ 16 // 14 // 12 // 14 // 20 // 16 // 8 }

表 8-13　搜索所得的 TR-WideResNet28-10 的张量秩

模型	错误率/%	张量秩
PSTRN-M	6.9	{ 8 // 12 // 8 // 11 // 12 // 14 // 18 // 9 }

8.4.4　HMDB51 与 UCF11 动作识别

(1) 数据集。HMDB51[226] 是一个用于动作识别的视频数据集,由 51 个动作类别的视频组成,这些类别涵盖了常见的人类动作,如走路、跑步、跳跃、骑自行车等。每个类别都包含 80～200 个视频剪辑,每个剪辑的长度在几秒到几十秒之间,共计约 6800 个视频剪辑。UCF11[227] 也是用于动作识别的视频数据集,包含 11 个不同的体育动作类别,如挥拳、举重、跳跃等。每个类别都包含超过 25 个视频片段,共计约 160 个视频剪辑。每个剪辑的长度在几秒到几十秒之间,每秒包含 25 帧视频。HMDB51 与 UCF11 数据集都是计算机视觉和机器学习领域中广泛使用的数据集之一,被用于测试和评估动作识别算法的性能和准确性。

(2) 张量环网络。采用 LSTM 张量环分解工作所提出的 TR-LSTM[114] 在 HMDB51 与 UCF11 数据集上进行张量环网络架构搜索。具体而言,在每个视频剪辑中随机抽取 12 帧,并采用 Inception v3[123] 从这些帧中提取的特征作为 TR-LSTM 的输入向量。由表 8-14 可知,根据式 (8-3) 将输入向量分解为 64×32,将隐层的张量分解为 32×64。仅搜索输入层至隐层的权重矩阵是因为该层的参数是 LSTM 中的主要参数,则 TR-LSTM 的张量秩可以表示为 $\boldsymbol{R} = \{R_0, R_1, R_2, R_3 | R_* \in \{15, 16, \cdots, 60\}\}$,采用枚举法对其进行搜索需要遍历的网络结构空间大小为 $46^4 \approx 4.5 \times 10^6$。

表 8-14　LSTM 与 TR-LSTM 的维度

LSTM		TR-LSTM	
层	形状	形状	张量秩元素
全连接	2048×2048	$(64 \times 32) \times (32 \times 64)$	R_0, R_1, R_2, R_3

(3) 实验设置。TR-LSTM 的训练采用 Adam 优化器[192],权重衰减设为 1.7×10^{-4},批样本大小设为 32,随机种子设置为 233,损失函数为交叉熵损失函数。在搜索过程中,搜索到的 TR-LSTM 模型训练共迭代 100 次,初始学习率设为 1×10^{-5}。

PSTRN 中每个演化阶段的演化代数 $\mathcal{G}$ 为 20,种群大小 pop_{size} 为 20。需要搜索的张量秩元素数量为 4,交替执行演化阶段与渐进阶段的次数 P 为 3,每个阶段搜索空间的采样间隔 b_* 分别为 8、3 和 1。因此 PSTRN 需要遍历的网络结构空间大小为 $\mathcal{G} \times \text{pop}_{\text{size}} \times P = 20 \times 20 \times 3 = 1200$,远小于枚举法的遍历空间大小($4.5 \times 10^6$)。

(4) 实验结果。PSTRN 与手动设计的 TR-LSTM 模型在 HMDB51 数据集与 UCF11 数据集上的实验结果对比列于表 8-15 和表 8-16 中。上述表格中的实验结果对比表明,PSTRN 算法学习到的张量秩组合在 HMDB51 与 UCF11 数据集上超过了全部或大部分将所有张量秩设为同一个值的手工设计方法。

表 8-15 在 HMDB51 上的实验结果

模型	错误率/%	参数量/M	压缩率
LSTM	51.85	17.00	1
TR-LSTM（$r=15$）[114]	45.94	0.06	285.9×
TR-LSTM（$r=30$）[114]	41.65	0.26	64.7×
TR-LSTM（$r=50$）[114]	42.25	0.73	23.3×
TR-LSTM（$r=60$）[114]	41.95	1.04	16.2×
PSTRN-M（Ours）	40.33	0.36	46.7×
PSTRN-S（Ours）	39.96	0.49	34.7×

注：部分压缩率不完全等于参数量相除是因为参数量为约数，而压缩率是由完整的参数量计算得到的。

表 8-16 在 UCF11 上的实验结果

模型	错误率/%	参数量/M	压缩率
LSTM	12.66	17.00	1
TR-LSTM（$r=15$）[114]	8.86	0.06	285.91×
TR-LSTM（$r=40$）[114]	7.91	0.46	36.41×
TR-LSTM（$r=60$）[114]	7.28	1.04	16.18×
PSTRN-M（Ours）	7.91	0.09	190.10×
PSTRN-S（Ours）	6.65	0.20	84.64×

注：部分压缩率不完全等于参数量相除是因为参数量为约数，而压缩率是由完整的参数量计算得到的。

由表8-15可以看出，PSTRN-M 与 PSTRN-S 的 HMDB51 动作识别错误率不仅小于所有手动设计的 TR-LSTM，还小于未压缩的 LSTM 模型。在手动设计的 TR-LSTM 的张量秩的值 $r>50$ 的情况下，PSTRN 算法不仅取得了更高的压缩率，还得到了性能更突出的张量环网络。

在表8-16中，PSTRN-S 实现了最优的 UCF11 动作识别错误率。PSTRN-M 搜索所得的模型与张量秩设置为 40 的 TR-LSTM 性能相当，但压缩率是其 5 倍左右。由此可见，PSTRN 算法在高性能张量环网络的设计上有显著的优势。HMDB51 与 UCF11 数据集的搜索时长分别为 1.4 GPU 天与 0.5 GPU 天。

表8-17展示了 PSTRN 算法搜索到的 TR-LSTM 模型的张量秩。

表 8-17 搜索到的 TR-LSTM 的张量秩

模型	错误率/%	张量秩
HMDB51		
PSTRN-M	40.33	{ 52 // 17 // 34 // 37 }
PSTRN-S	39.96	{ 45 // 42 // 36 // 42 }
UCF11		
PSTRN-M	7.91	{ 19 // 15 // 20 // 16 }
PSTRN-S	6.65	{ 39 // 19 // 34 // 19 }

8.5 本章小结

本章通过观察性能优异的张量环网络的张量秩分布，分析了张量秩的选择与张量环网络性能的关系，提出了针对张量环网络设计的假设8.1，即性能突出的 TRN 的张量秩分布会聚集在某个区域，称之为兴趣区域。基于假设8.1，本章提出了启发式的渐进式张量环网络搜索算法 PSTRN。PSTRN 通过交替执行演化阶段与渐进阶段来定位兴趣区域，并在兴趣区域内学习最优的张量秩组合。其中，演化阶段在给定的搜索空间对张量环网络进行搜索，对搜索到的优秀张量环模型的张量秩进行统计以估计兴趣区域的范围；渐进阶段将搜索空间的范围缩减至所估计的兴趣区域附近，这使得 PSTRN 算法更易于收敛至最优的 TRN。此外，PSTRN 引入了探索机制与权重继承策略。探索机制使得 PSTRN 有一定概率选择范围更大的搜索空间以防搜索算法陷入局部最优；权重继承策略可以缓解模型评估过程过于耗时的问题。

渐进式张量环网络搜索算法 PSTRN 与非渐进式搜索算法 NSGA-II 在合成数据集上的实验结果表明，PSTRN 算法可以搜索到最优的张量环网络，这说明假设8.1的启发的确有助于张量环网络的自动设计。为了进一步验证 PSTRN 的可行性，在 MNIST、FashionMNIST、CIFAR-10/100 图像分类任务上进行张量环卷积神经网络的搜索，在 HMDB51 与 UCF11 动作识别任务上进行张量环长短期记忆网络的搜索。在 MNIST 数据集上，PSTRN-M 算法实现了对 LeNet5 卷积模型 16.5 倍的压缩率，并在分类精度上相比原模型提高了 0.22%。在 FashionMNIST 数据集上，PSTRN 同样可以超过全部手工设计的 TRN。在 CIFAR-10 数据集上，PSTRN 学习到了高压缩率的 TR-ResNet20、TR-ResNet32 与 TR-WideResNet28-10，并展现出卓越的性能。在 CIFAR-100 数据集上的实验结果进一步展示了 PSTRN 搜索到的 TRN 的可迁移性。在 HMDB51 和 UCF11 数据集上验证 PSTRN 的泛化性，学习到了高性能的 TR-LSTM 模型，在精度与压缩率上表现出色。此外，权重继承策略大大降低了搜索代价。以上实验结果均展现了基于假设8.1所设计的 PSTRN 算法的可行性及高效性。所提出的启发式方法促进了搜索算法的收敛，提升了搜索算法的性能。这表明本章所提出的渐进式演化算法适用于状态空间过大的优化问题，通过动态缩减其求解空间的范围，促进算法的收敛，避免陷入局部最优。因此 PSTRN 在实际应用中具有广泛的潜力和应用价值，可为高维张量的低秩分解问题提供有效的解决方案。TRN 结构设计中另一个具有挑战性的问题是张量环分解中输入输出维度的选择，在未来的研究中，可以考虑针对输入输出维度选择问题进一步实现张量环网络的优化。

第9章 基于强化学习搜索的网络自动剪枝算法

9.1 引言

基于深度学习的技术日渐成熟，开始在广大工业界落地生根。但是，随着深度学习应用领域的不断开拓，实际生产生活中的人们对其算法的要求也在不断提高。对资源受限的实际模型视觉检测算法而言，深度学习模型存在的矛盾主要集中于庞大的计算量与边缘计算单元有限的计算能力之间、庞大的参数量与储存单元有限的存储容量之间、冗长的前向推理时间与实际应用中实时性要求时间之间及其运行所耗费的资源与经济环保的要求之间。为此，近年来，模型压缩技术开始崭露头角，经典的模型压缩技术主要有模型低秩分解、网络剪枝、权重量化、模型蒸馏、模型轻量化设计等。其中，网络剪枝技术以其易操作、好部署、压缩率高、精度损失低的优点得到了广泛应用。本章的内容安排为：9.2节介绍了问题的定义与描述；9.3节基于多层次权重衰减的剪枝方法，优化了目标检测网络的实时性；9.4节基于强化学习搜索的网络自动剪枝方法，优化检测模型的实时性，提高深度模型的实际应用价值；9.5节为实验与分析；9.6节对本章进行了总结。

9.2 问题定义与描述

由于目前在实际场景中应用深度卷积网络进行检测导致的推理延迟无法满足现实的需求，采用了基于权重衰减网络剪枝方法。权重衰减网络剪枝方法的基本原理是，在保证精度的条件下，通过正则化的方式增加模型权重的稀疏性，使模型中不重要的权重衰减至0附近，则这些权重在模型前向推理的过程中没有起到实际作用，其对应的结构可以被去除。本章主要通过 $L1$ 正则化的方式进行权重稀疏化。

最开始提出正则化技术主要是由于随着深度学习模型网络的逐步加深，模型参数越来越多，正则化可以有效防止过多的参数导致的过拟合问题。正则化一般直接添加在网络训练过程中的损失函数中，其格式一般为

$$L = L_{\text{ori}} + \alpha L_{\text{reg}} \tag{9-1}$$

式中：L 为加入正则化之后的总的损失函数；L_{ori} 为模型原本的损失函数；L_{reg} 为加入的正则项；α 为平衡系数。L_{reg} 的类型可以为对应拟稀疏权重的 $L0$ 正则项、$L1$ 正则项或 $L2$ 正则项，分别对应该权重中非零值的个数、所有权重绝对值的总和、所有权重二次方总和的二次方根。

进行权重稀疏化，即产生更多接近零的权重时，$L0$ 正则项是最直接的方式，但是求解时会

产生NP难的问题，故本章中用 $L1$ 正则项来代替 $L0$ 正则项进行权重衰减操作。假设有 w_1 与 w_2 两个权重，其构成的等值线如图9-1中的圆形曲线所示，$L1$ 正则项的曲线如图中方形所示，两者相交的点即为该损失函数的最优解。在 $L1$ 正则项图形的顶点处二者最容易相交，故 w_1 与 w_2 更容易等于 0。从数学的角度理解，$L1$ 正则项的含义是对应权重绝对值的总和，将 $L1$ 正则项加入损失函数之后，在模型训练过程中，损失函数的值应不断减小，随之对应权重的绝对值总和不断减小，权重趋近于 0，由此可以实现权重的稀疏化。

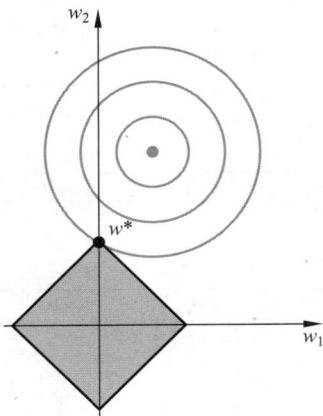

图 9-1　$L1$ 正则原理

9.3　基于多层次权重衰减的剪枝方法

　　针对目前深度模型前向推理时间长，不能满足实际应用过程中的实时性需求，同时包含计算量和参数量过大，不能部署到边缘计算设备进行实际应用，本章基于权重衰减原理，针对YOLOv3目标检测模型进行残差模块和卷积通道的多层次剪枝压缩，在保证模型精度的前提下，压缩后的模型与原始模型相比，计算量和参数量大大减少，前向推理速度也大大提升。

9.3.1　YOLOv3模型的模块级与通道级剪枝

　　本章将实现YOLOv3模型的模块级和通道级剪枝。由YOLOv3模型的基本结构可以看到，其结构以卷积块为基本单元，每个卷积块包括一个卷积层、一个批标准化层和一个激活函数；一个残差模块则包括两个卷积块及其跳跃连接。模块级剪枝和通道级剪枝即修剪残差模块的数量与卷积层通道的数量，如图 9-2和图9-3所示。

　　图9-2所示为YOLOv3的模型结构，本章的剪枝对象（残差模块数与卷积层通道数）即图中绿色方框与红色方框所示的部分。YOLOv3模型中共有23个残差模块，卷积块则分为残差模块内的卷积块和残差模块外的卷积块两种，其中包括32、64、128、256、512、1024不同数量的通道，本章旨在通过权重衰减原理减少这些残差模块和卷积通道的数量。图9-3所示为剪枝前后YOLOv3模型结构对比的直观示意图，图中每个平行四边形代表一个卷积块，卷积块上标注的数字为其中所包含的通道数，每条曲线连接的含义是曲线连接的卷积块构成一个残差模块，一定数量的残差模块构成一个残差组，YOLOv3中共有5个残差组，其中分别包含1、2、8、8、4个残差模块，在图中用不同系列的颜色表示。可以看到，在经过模块级-通道级剪枝之后，即变为图9-3所示的网络结构，卷积通道的数量和残差模块的数量都大大减少。

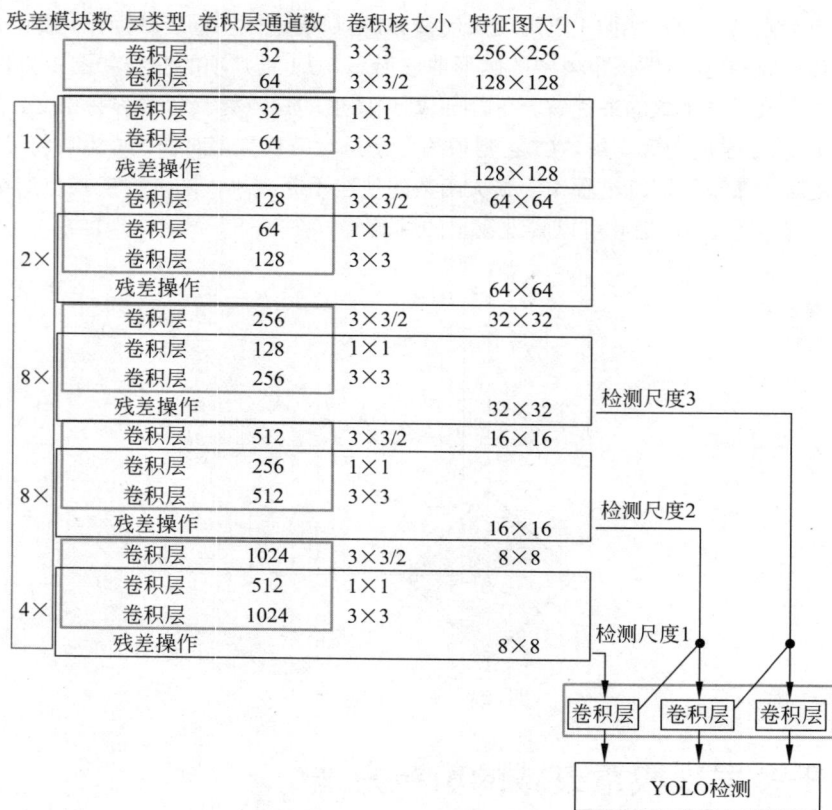

残差模块数	层类型	卷积层通道数	卷积核大小	特征图大小
	卷积层	32	3×3	256×256
	卷积层	64	3×3/2	128×128
1×	卷积层	32	1×1	
	卷积层	64	3×3	
	残差操作			128×128
	卷积层	128	3×3/2	64×64
2×	卷积层	64	1×1	
	卷积层	128	3×3	
	残差操作			64×64
	卷积层	256	3×3/2	32×32
8×	卷积层	128	1×1	
	卷积层	256	3×3	
	残差操作			32×32
	卷积层	512	3×3/2	16×16
8×	卷积层	256	1×1	
	卷积层	512	3×3	
	残差操作			16×16
	卷积层	1024	3×3/2	8×8
4×	卷积层	512	1×1	
	卷积层	1024	3×3	
	残差操作			8×8

图 9-2　YOLOv3 模型结构与剪枝示意图

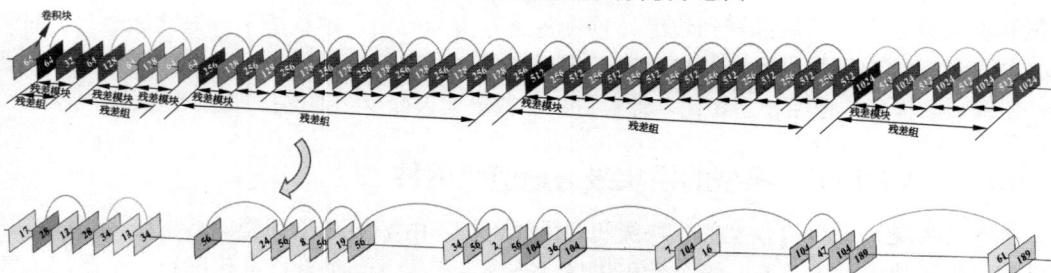

图 9-3　YOLOv3 模型剪枝前后示意图

9.3.2　残差模块-卷积通道迭代剪枝框架

明确 YOLOv3 模型的具体剪枝位置后，本小节介绍基于权重衰减原理的多层次残差模块-卷积通道迭代剪枝框架。基于权重衰减的模块级-通道级剪枝流程包括模块剪枝和通道剪枝两部分。模块剪枝中包括模块级稀疏训练、模块级剪枝和微调；通道剪枝中包括通道级稀疏训练、通道级剪枝和微调。整个流程是迭代进行的，先进行一次模块剪枝，而后迭代进行数次通道剪枝，再进行下一次模块剪枝，以此循环往复。

1．模块剪枝压缩方法

模块剪枝指对 YOLOv3 模型中残差模块的剪枝。YOLOv3 模型中的残差模块为两个卷积层之间建立了跳跃连接，以预防深度学习网络过深导致的梯度爆炸。在模块级剪枝过程中，每个残差模块在输出前都被乘以了系数，并初始化所有的值为1。该系数用来评价每个残差模块的重要程度，故此，该系数将在模块级稀疏训练过程中被正则化。添加系数之后的残差模块的表达式为

$$Z^{j+1} = Z^j + \lambda^j \varphi_{\mathrm{conv}}^{(j)}(Z^j, W^j) \tag{9-2}$$

式中：Z^j 为第 j 个残差模块的输入；Z^{j+1} 为第 $j+1$ 个残差模块的输出；$\varphi_{\mathrm{conv}}^{(j)}(Z^j, W^j)$ 为残差模块中的两个卷积层，W^j 为这两个卷积层中的权重。

原始残差模块的表达式为 $Z^{j+1} = Z^j + \varphi_{\mathrm{conv}}^{(j)}(Z^j, W^j)$，在两个卷积层前加入重要性评估系数 λ^j 之后，其绝对值 $|\lambda^j|$ 直接决定了两个卷积层在整个输出中所占的比重：$|\lambda^j|$ 越接近0，代表该卷积模块的比重越低；当 $|\lambda^j| = 0$ 时，$Z^{j+1} = Z^j$，则该残差模块可以直接删除。在本章中，每个残差模块前的系数 λ^j 共同构成了向量 λ，通过对 λ 进行稀疏训练，使 λ 中的系数尽可能地接近0；而后通过对各个残差模块前的 $|\lambda^j|$ 大小进行排序，即代表各个残差模块的重要性排序；最后，$|\lambda^j|$ 接近0且重要性排序靠后的残差模块会被删除，如图9-4所示。

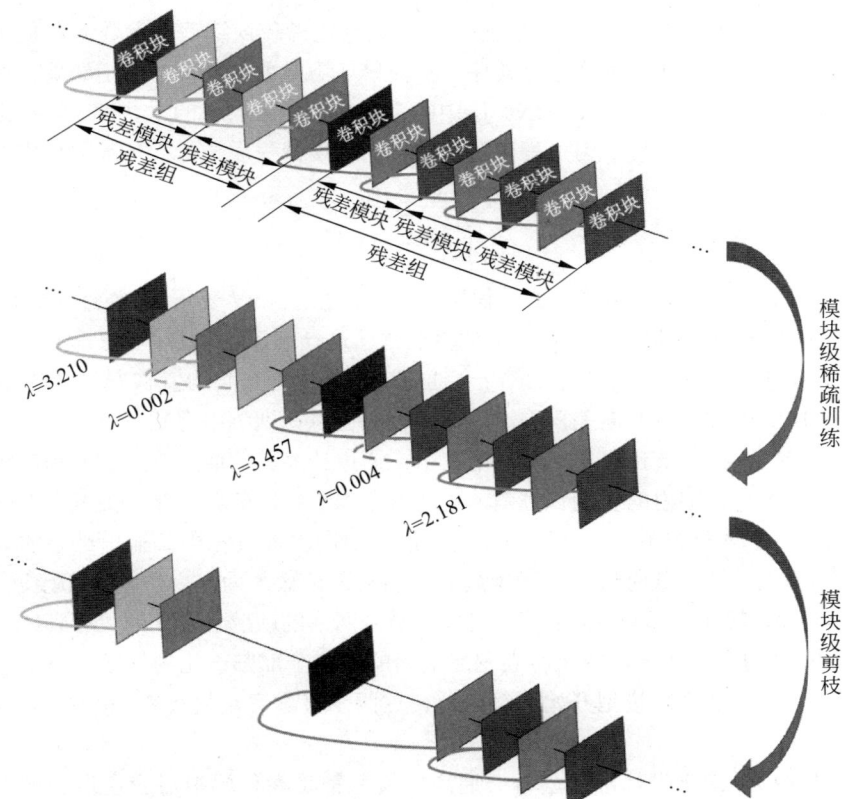

图 9-4　模块剪枝示意图

2. 通道剪枝压缩方法

YOLOv3的基本单元是卷积块，卷积块是由一个卷积层、一个批标准化层和一个激活函数构成的，具体结构如图9-5所示。深度神经网络的每层卷积层都包含卷积核，卷积层中的卷积核个数决定了该卷积层输出特征图的通道数，卷积核的个数越多，其输出特征图的通道数就越多，计算量和参数量也越大。卷积层的每个通道都会输入其后续连接的批标准化层的通道中进行前

向推理，而批标准化层的通道数等于卷积层的通道数。本章介绍的通道级剪枝即修剪各卷积层中卷积核的数量，即减少其输出特征图的通道数。

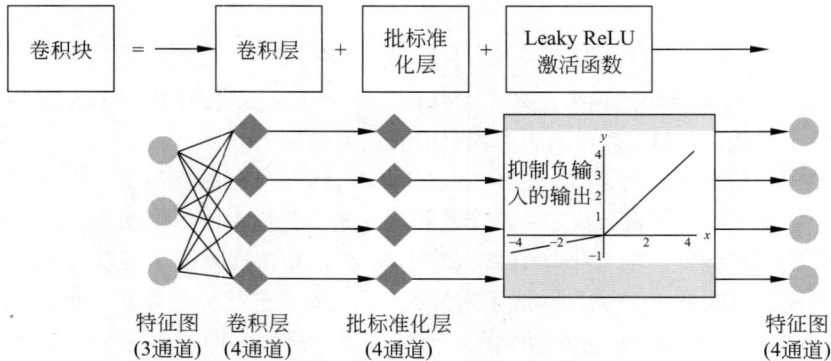

图 9-5　YOLOv3中基本单元卷积块的结构

通道级剪枝与模块级剪枝类似，也是通过 $L1$ 正则化稀疏训练后的参数来评估卷积层中各通道的重要性，对卷积层中的通道进行排序，从而修剪不重要的通道。通道级剪枝通过卷积块中批标准化（batch normalization，BN）层中的系数来评价各通道的重要性。批标准化层连接在卷积层之后，用于防止深度学习过程中可能出现的梯度消失现象。批标准化操作的表达式为

$$z_{\text{out}}^{i,j} = \gamma^{i,j} \frac{z_{\text{in}}^{i,j} - \mu_\Omega^{i,j}}{\left(\sqrt{\sigma_\Omega^{i,j} + \varepsilon}\right)} + B^{i,j} \tag{9-3}$$

式中：i 和 j 代表深度神经网络中第 i 个卷积层的第 j 个通道；$z_{\text{in}}^{i,j}$ 表示批标准化层的输入，即第 i 个卷积层的第 j 个通道的输出；$z_{\text{out}}^{i,j}$ 表示批标准化层这一通道的输出；$\mu_\Omega^{i,j}$ 和 $\sigma_\Omega^{i,j}$ 分别表示输入网络的第 Ω 批图片在第 i 个卷积层的第 j 个通道所计算推理得到均值和方差；$\gamma^{i,j}$ 和 $B^{i,j}$ 分别代表批标准化层的缩放权重和偏差权重，这两个权重可以在训练中更新。

由此可以看出，批标准化层的主要作用在于，通过计算其前面所连接的卷积层各通道的推理结果在每一批图片范围内的均值和方差，实现对卷积层输出的归一化，使其分布保持在均值为0、方差为1的正态分布附近，从而防止卷积层在前向推理过程中其输出结果的分布偏离过多而导致后续输入激活函数时进入激活函数的饱和（无论输入为多少，输出都接近1）或抑制（无论输入为多少，输出都接近0）范围，丧失了神经网络的敏感性，无法进行训练。而可学习参数（$\gamma^{i,j}$ 和 $B^{i,j}$）的意义在于，防止将卷积层输出的分布全部归一化到标准正态分布而导致深度学习模型丧失学习能力。模型开始训练之前，这两个可学习参数（$\gamma^{i,j}$ 和 $B^{i,j}$）分别被初始化为1和0。

由此可以看出，由于批标准化层每一通道的输入都是卷积层中对应通道的输出，故而批标准化层中的可学习参数 $\gamma^{i,j}$ 的值对该通道的最终输出具有决定性作用。故此，本章延续残差模块剪枝时的思路，利用 $\gamma^{i,j}$ 系数的绝对值 $|\gamma^{i,j}|$ 来评估卷积层各通道的重要性。当 $|\gamma^{i,j}|$ 接近0时，该通道的输出接近0，则该通道可以直接被删除。在本章中，每个批标准化层通道前的系数 $\gamma^{i,j}$ 共同构成矩阵 γ，通过添加 $L1$ 正则项，对 γ 进行稀疏训练，使 γ 中的系数尽可能地接近0；而后通过对 $|\gamma^{i,j}|$ 的大小进行排序，即代表各个卷积层通道的重要性排序；最后 $|\gamma^{i,j}|$ 接近0且重要性排序靠后的卷积层通道会被删除，如图9-6所示。

每次模块剪枝或通道剪枝时不能一次性剪掉过多结构，否则会导致不可逆的精度损失。由

此，采用迭代式剪枝方式，每次剪掉少量的残差模块或卷积通道，进行多次迭代后，逐渐将模型剪枝并微调到想要的精度和大小。模块级-通道级迭代剪枝的流程在本小节开始时已经简单介绍过：每一次进行模块剪枝之后，进行数次通道剪枝，而后再进行下一次的模块剪枝。通道剪枝停止的标志是几乎不再有 $|\gamma^{i,j}|$ 被稀疏至 0，无法进行不重要的通道修剪；迭代剪枝停止的标志是即使微调后也有较大的精度下降。

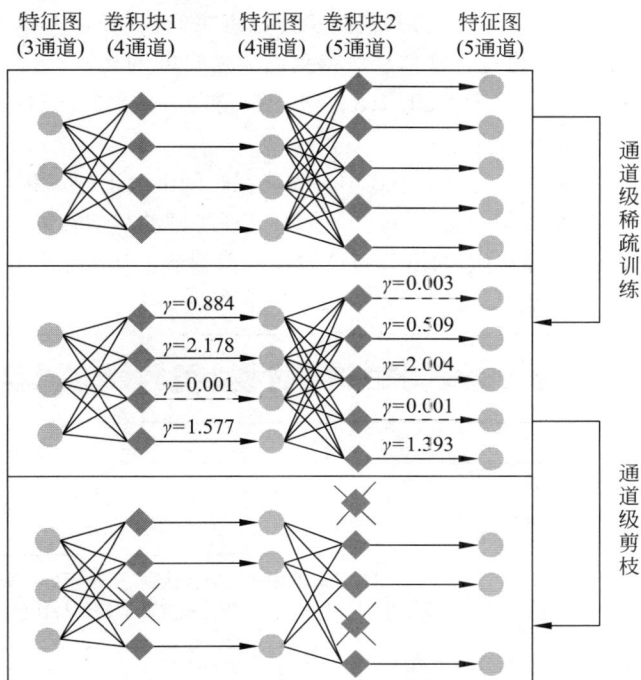

图 9-6　通道剪枝示意图

9.4　基于强化学习搜索的网络自动剪枝方法

上一节介绍的剪枝方法虽然能在残差模块和卷积通道上实现模型的多层次压缩，但仍然存在诸多缺陷：① 该种剪枝方法在剪枝过程中需要多次调整剪枝阈值等超参数，工作量大，并且无法确定最合适的剪枝阈值；② 该种剪枝方法不能在精度损失较低的情况下达到足够的压缩比，模型可能仍有较大的可压缩空间；③ 该种剪枝方法所包含的迭代式"稀疏训练—剪枝—微调"的流程烦琐复杂，耗费了极大的时间成本。

为此，本节介绍一种基于强化学习搜索的网络自动剪枝算法。该算法基于强化学习原理，同时考虑目标检测模型的精度和复杂性，自动进行搜索和评估，得出针对任务的最佳多层次剪枝方案。在 UCSD 交通监控数据集上的实验证明，占用的计算资源较少，可以在路侧边缘计算设备计算能力和储存容量有限的情况下达到较高的实时性需求，且精度损失较少。

9.4.1　基于强化学习搜索的网络自动剪枝算法框架

基于强化学习搜索的网络自动剪枝算法框架是基于 REINFORCE 策略梯度算法原理实现的，对此，本节首先利用该强化学习原理重新定义 YOLOv3 网络剪枝优化问题。设 YOLOv3 模型中需要剪枝的卷积层共有 Γ 层，强化学习中的动作定义为针对整个待剪枝 YOLOv3 模型的剪枝方案，即列表 a_Γ，包括了 Γ 个针对 YOLOv3 网络中每个卷积层的修剪操作 $a_1, a_2, \cdots, a_\Gamma$。这些修剪操作仍然包括模块级剪枝操作 a_{bi} 和通道级剪枝操作 a_{li}，即对各个残差模块的剪枝选择和对各个卷积通道的修剪比例。在用策略梯度方法搜索最佳剪枝方案 $a_{1:\Gamma}$ 的过程中，仅设置一步动作，即单步强化学习，$\Gamma=1$。也就是说，在此过程中，每采样一次，便得到一个针对整个 YOLOv3 网络的剪枝方案 $a_{1:\Gamma}$，即得到根据该剪枝方案剪枝后的 YOLOv3 网络反馈回的奖励 $\mathcal{R}$。由于是单步强化学习，进行一次剪枝后得到的奖励 $\mathcal{R}$ 即为其累积奖励。该剪枝后反馈的奖励 $\mathcal{R}$ 是在利用剪枝方案 $a_{1:\Gamma}$ 修剪 YOLOv3 并进行微调之后得到的同时考虑模型在测试集上的损失 L_{test} 和模型计算量 F 的奖励。

由于本章设定 $\Gamma=1$，所以在之后的公式中将省略在时间维度上的求和。基于强化学习搜索的网络自动剪枝算法框架如图9-7所示，其输入是整个训练好的待剪枝的 YOLOv3 网络，输出是用该搜索框架搜索得到的模块级-通道级剪枝方案修剪得到的压缩后的网络。具体基于强化学习的搜索过程包括以下步骤：

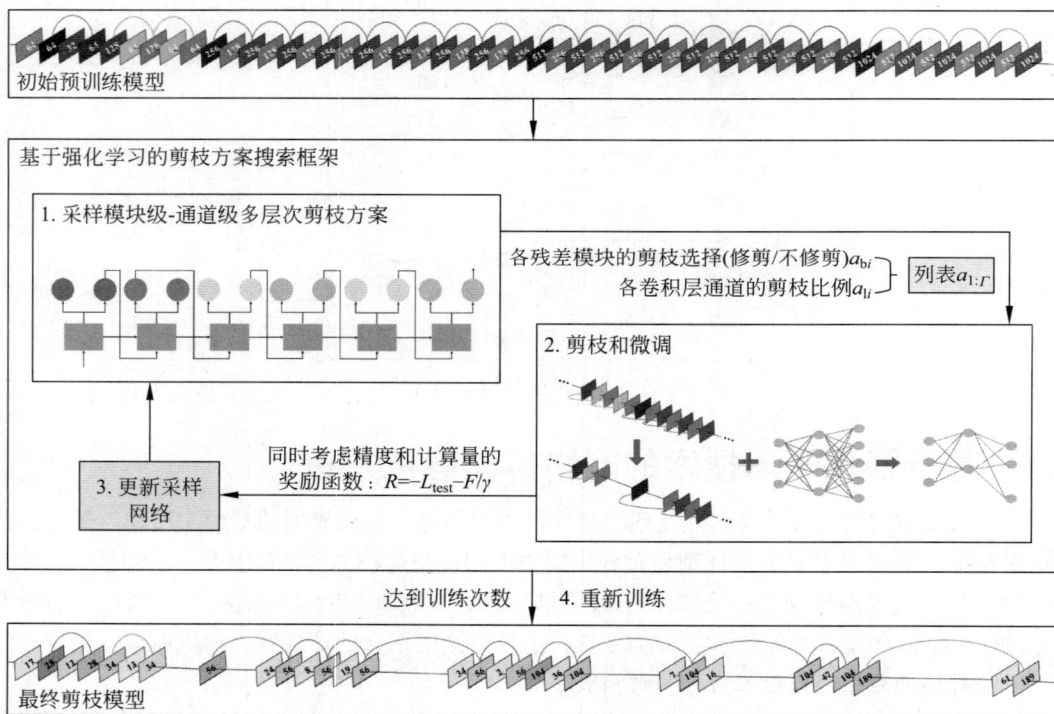

图 9-7　基于强化学习搜索的网络自动剪枝算法框架

（1）采样得到模块级-通道级多层次剪枝方案 $a_{1:\Gamma}$。本章定义了一个长短期记忆网络（long short-term memory，LSTM）用来采样针对 YOLOv3 模型的模块级-通道级剪枝方案 $a_{1:\Gamma}$。该采样算法的输入是训练好的待剪枝 YOLOv3 网络的符号化表示，输出是采样得到的针对该 YOLOv3 网络中的每个残差模块的剪枝选择和针对每个卷积层的通道剪枝比例，即剪枝方案 $a_{1:\Gamma}$。

（2）剪枝和微调。根据采样得到的剪枝方案 $a_{1:\Gamma}$，本节模拟 YOLOv3 网络剪枝，将原始 YOLOv3 网络中的权重对应位置的值赋0，并在保证这些权重在更新过程中等于0的情况下，在训练集上进行部分卷积层权重的微调。

（3）更新采样网络。经过剪枝和微调之后，在测试集上计算剪枝后模型的损失 L_{test}，同时计算剪枝后模型的计算量 F，通过这两个参数得到同时考虑模型精度和复杂度的奖励值，而后用策略梯度算法更新采样算法中 LSTM 网络的参数。

（4）重新训练。在得到最终奖励最高的剪枝方案之后，用该剪枝方案得到最终剪枝后的网络结构，重新初始化权重，从头训练该剪枝后的模型。

9.4.2　模块级-通道级多层次模型剪枝方案搜索与训练

上文已经介绍了基于强化学习搜索的多层次自动剪枝算法框架，本小节重点介绍该框架中的4个步骤：采样模块级-通道级多层次剪枝方案、剪枝和微调、更新采样网络、重新训练。

1. 采样模块级-通道级多层次剪枝方案

本章介绍采用模块级-通道级多层次剪枝方案联合采样算法，其中应用了 LSTM 网络联合采样视觉感知系统中 YOLOv3 模型的模块级-通道级多层次剪枝方案。LSTM 是一种循环神经网络，用于解决与长时序序列相关的问题。由于在 YOLOv3 剪枝问题中所针对的 YOLOv3 卷积神经网络是一个由输入至输出的逐层前向推理的结构，具有时序特征，故本章用 LSTM 来采样其逐层的剪枝操作，以构成最终的剪枝方案。

LSTM 网络的结构如图9-8所示，每个 LSTM 单元都可以接收到上一个 LSTM 单元的两个状态，分别是单元状态 c_{i-1} 和隐藏状态。其内部运算即基于这两个状态和每个单元本身的输入 e_i 进行的。在单个 LSTM 单元内部的计算过程中，首先根据上一个 LSTM 单元传输的单元状态和隐藏状态计算四个状态，其值均在 $-1 \sim 1$：

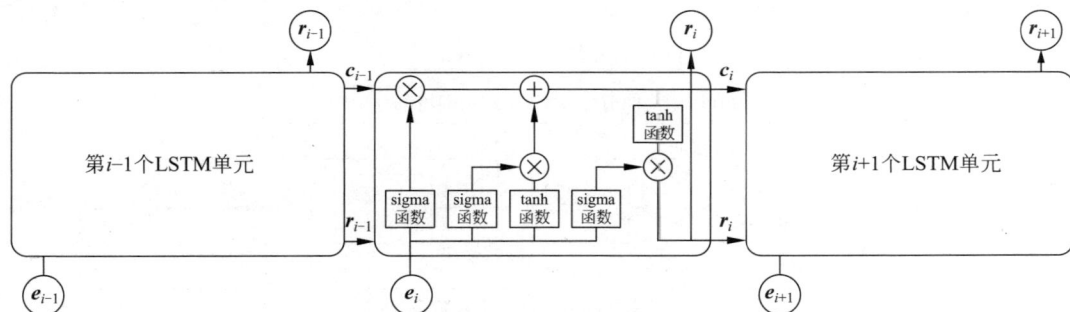

图 9-8　LSTM 基本结构

$$g = \tanh(\boldsymbol{\theta} \cdot [\boldsymbol{e}_i, \boldsymbol{r}_{i-1}]) \tag{9-4}$$
$$g^i = \text{sigma}(\boldsymbol{\theta}^i \cdot [\boldsymbol{e}_i, \boldsymbol{r}_{i-1}]) \tag{9-5}$$
$$g^f = \text{sigma}(\boldsymbol{\theta}^f \cdot [\boldsymbol{e}_i, \boldsymbol{r}_{i-1}]) \tag{9-6}$$
$$g^o = \text{sigma}(\boldsymbol{\theta}^o \cdot [\boldsymbol{e}_i, \boldsymbol{r}_{i-1}]) \tag{9-7}$$

而后基于上述四个状态得到本单元即将传输给下一个 LSTM 单元的单元状态和隐藏状态：

$$\boldsymbol{c}_i = \boldsymbol{g}^f \odot \boldsymbol{c}_{i-1} + \boldsymbol{g}^i \odot \boldsymbol{g} \tag{9-8}$$
$$\boldsymbol{r}_i = \boldsymbol{g}^o \odot \tanh(\boldsymbol{c}_i) \tag{9-9}$$

其中，$\odot$ 符号表示矩阵内元素一一对应相乘。

如图9-9所示，在本章中，用LSTM网络中的每一个LSTM单元一一对应采样。YOLOv3网络中各层的剪枝操作包括模块级剪枝操作和通道级剪枝操作。图9-9(a)是用于采样剪枝方案的LSTM网络部分结构，图9-9(b)是待剪枝YOLOv3网络部分结构（其中展示了一个卷积层和一个包括两个残差模块的残差组，一个残差模块的结构是由两个卷积层组成的跳跃连接结构）。每个LSTM单元为其对应的YOLOv3模型采样残差模块剪枝选择 a_{bi} 或卷积层通道剪枝比例 a_{li}，最终构成整个剪枝方案，即构成列表 $a_{1:\Gamma}$，也就是强化学习过程中的动作。

图9-9同时展示了在该采样算法中，每个LSTM单元都连接有两个分支，每个分支的末端连接有全连接层和softmax层，这两个分支分别用来采样模块级的剪枝操作 a_{bi} 和通道级的剪枝操作 a_{li}。每个LSTM单元的输入是上一个LSTM单元输出的剪枝操作在经过嵌入操作层后的矩阵。经过嵌入操作之后，单一的剪枝操作将被嵌入操作层中的可学习权重映射为一个矩阵，由此待剪枝网络的当前状态与已采样的剪枝操作之间的潜在关联可以为该矩阵所表示，有利于后续采样到更合适的剪枝操作。

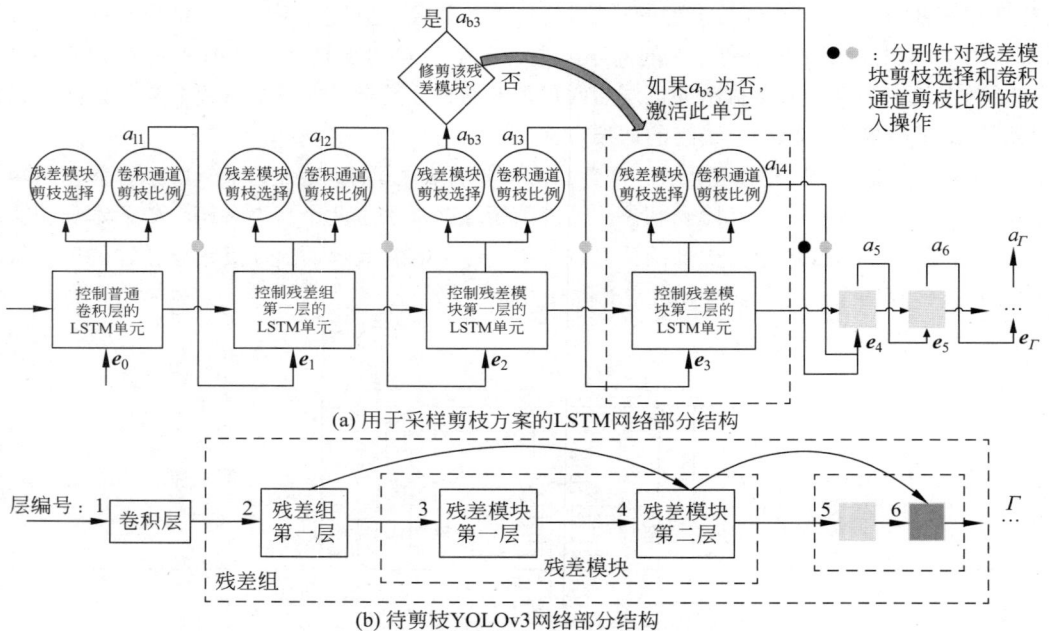

(a) 用于采样剪枝方案的LSTM网络部分结构

(b) 待剪枝YOLOv3网络部分结构

图 9-9　基于LSTM网络的通道级-模块级多层次剪枝方案联合采样算法

特别地，根据待剪枝YOLOv3模型的实际结构，其卷积层可以分为普通卷积层、残差模块中的第一层卷积层、残差模块中的第二层卷积层、残差组中的第一层卷积层四种类型。LSTM网络中的各个LSTM单元基于其所负责的对应YOLOv3模型中卷积层的类型也分为四种类型：

(1) 负责采样针对普通卷积层的剪枝操作的LSTM单元。该LSTM单元输出的剪枝操作为对应待剪枝卷积层的通道剪枝比例 a_{li}，而后该单元的单元状态和隐藏状态及该剪枝比例经过嵌入操作的结果将输入下一个LSTM单元。

(2) 负责采样针对残差模块中的第一层卷积层的剪枝操作的LSTM单元。该LSTM单元首先采样该残差模块是否被修剪（残差模块的剪枝选择 a_{bi}）：如果该采样结果是修剪该残差模块，则该残差模块中的两个卷积层都将被修剪，该LSTM单元的单元状态、隐藏状态和该残差模块的剪枝选择经过嵌入操作之后的结果将输入下下个LSTM单元，残差模块中的第二个卷积层所对应的 LSTM 单元（即下个 LSTM 单元）失效；如果采样结果是不修剪该残差模块，则重新采样该卷积层对应的通道剪枝比例，而后将该 LSTM 单元的单元状态、隐藏状态和该卷积层的剪枝比例经过嵌入操作之后的结果输入下一个 LSTM 单元。

(3) 负责采样针对残差模块中的第二层卷积层的剪枝操作的 LSTM 单元。该 LSTM 单元是否有效取决于上一个 LSTM 单元采样的残差模块的剪枝选择，如果该 LSTM 单元有效，则采样对应 YOLOv3 卷积层的通道剪枝比例 a_{li}，而后将该 LSTM 单元的单元状态、隐藏状态和该卷积层的剪枝比例经过嵌入操作之后的结果输入下一个 LSTM 单元。

(4) 负责采样针对残差组中第一层卷积层的剪枝操作的 LSTM 单元。由于在 YOLOv3 模型中，残差组的第一层卷积层一般含有下采样操作，故只对其进行卷积层通道修剪，该 LSTM 单元采样对应 YOLOv3 卷积层的通道剪枝比例 a_{li}，而后将该 LSTM 单元的单元状态、隐藏状态和该卷积层的剪枝比例经过嵌入操作之后的结果输入下一个 LSTM 单元。

2. 剪枝和微调

采样得到整个 YOLOv3 待剪枝模型的剪枝方案 $a_{1:\Gamma}$ 后，将按照该剪枝方案对 YOLOv3 模型进行模块级和通道级剪枝。

对于模块级剪枝而言，本章按照该裁剪方案，直接将对应残差模块中包括的两个卷积层的权重置为 0，即使其在前向推理过程中的输出为 0。由于残差模块有跳跃连接结构，所以不影响其继续进行前向推理。

对于通道级剪枝而言，先将各个卷积层中通道对应的批标准化层的系数进行排序，而后得到卷积层中通道的重要性排序，再按照剪枝方案中给出的卷积层通道剪枝比例将相对不重要的通道对应的权重置为 0。需要注意的是，残差模块跳跃连接两端的卷积层通道数应保持相等。

在进行剪枝之后，本章将在保证置零权重一直等于 0 的情况下，对模型进行微调。为了节省算法时间，本章在微调权重时，仅训练 YOLOv3 模型最后用来输出三个尺度的预测结果的三个卷积层，并且训练一个轮次。

3. 更新采样网络

本章应用策略梯度算法更新来采样剪枝方案的 LSTM 网络中的参数。首先，我们在定义强化学习中奖励的同时考虑剪枝并微调后的模型在测试集上的损失值与剪枝并微调后的模型的计算量，即

$$R = -L_{\text{test}} - F/\gamma \tag{9-10}$$

式中：L_{test} 为剪枝并微调后的模型在测试集上的损失值；F 为估计的剪枝后模型的计算量；γ 为精度和计算量之间的平衡参数。在参数更新过程中，本章估算各个卷积层的计算量 F_{layer}，而后通过计算各个卷积层的计算量之和来估算剪枝后模型的总计算量 F：

$$F_{\text{layer}} = H \times W \times S_{\text{ker}} \times S_{\text{ker}} \times N_{C_{\text{in}}} \times N_{C_{\text{out}}} \tag{9-11}$$

式中：H 和 W 分别为输入卷积层特征图的高和宽；S_{ker} 是卷积层中卷积核的大小；$N_{C_{\text{in}}}$ 和 $N_{C_{\text{out}}}$ 分别是卷积层输入和输出的特征图通道数。按照在强化学习中的 REINFORCE 策略梯度原理，本章进行 LSTM 采样网络的参数更新。在 LSTM 的参数更新任务中，策略梯度算法的优化目标最大化为

$$J(\theta) = E_{\pi(a_{1:\Gamma};\theta)}[\mathcal{R}(a_{1:\Gamma})] \tag{9-12}$$

式中：$\mathcal{R}(a_{1:\Gamma})$ 即 LSTM 采样网络根据概率分布 $\pi(a_{1:\Gamma};\theta)$ 采样得到剪枝方案 $a_{1:\Gamma}$ 后，对 YOLOv3

网络进行剪枝后计算得到的奖励；θ 为 LSTM 采样网络中的权重参数。由此，计算该优化目标函数 $J(\theta)$ 的梯度：

$$\nabla_\theta J(\theta) = \sum_{i=1}^{\Gamma} E_{\pi(a_{1:\Gamma};\theta)}[\nabla_\theta \lg \pi(a_\tau|s)\mathcal{R}(a_{1:\Gamma})] \tag{9-13}$$

式中：s 为当前状态。由于本章介绍的算法为单步强化学习算法，故定义当前状态为采样该层剪枝操作时待剪枝网络基于采样算法所采样的该层之前的结构的剪枝操作所得到的状态。而后，加入蒙特卡罗估计和方差缩减基线 b 之后，得到：

$$\nabla_\theta J(\theta) \approx 1/N \sum_{n=1}^{N} \sum_{i=1}^{\Gamma} \nabla_\theta \lg \pi(a_i|a_{(i-1):1};\theta)[\mathcal{R}(a_{1:\Gamma,n}) - b] \tag{9-14}$$

式中：N 为蒙特卡罗估计中多次采样求平均的次数；$\mathcal{R}(a_{1:\Gamma,n})$ 为蒙特卡罗估计中采样第 n 次时计算得到的奖励；b 为用于缩减方差的基线。根据经验，在该种强化学习搜索任务中，当 $N = 1$ 时，效果最好，故本章直接设置蒙特卡罗估计中，$N = 1$。求得梯度之后，再采用 Adam 算法更新 LSTM 采样网络中的参数 θ，该算法比较适用于不太稳定的目标函数。计算公式为

$$f_{(u)} = \varpi_1 + (1 - \varpi_1)\nabla_\theta J(\theta_{(u-1)}) \tag{9-15}$$

$$v_{(u)} = \varpi_2 v_{(u-1)} + (1 - \varpi_2)\nabla_\theta^2 J(\theta_{(u-1)}) \tag{9-16}$$

$$\hat{f}_{(u)} = f_{(u)}/(1 - \varpi_1^u) \tag{9-17}$$

$$\hat{v}_{(u)} = v_{(u)}/(1 - \varpi_2^u) \tag{9-18}$$

$$\theta_{(u)} = \theta_{(u-1)} - \chi\hat{f}_u/(\sqrt{\hat{v}_u} + \varepsilon) \tag{9-19}$$

式中：ϖ_1 与 ϖ_2 为指数衰减率，默认值分别为 0.9 与 0.999；f 与 v 分别是梯度和梯度二次方的指数移动平均值，开始迭代时均初始化为 0；χ 为学习率；ε 一般取 10^{-8}。

4. 重新训练

在进行一定轮次的搜索之后，本章选择奖励值最高的剪枝方案作为最终的 YOLOv3 模型剪枝方案。之后，本章将基于此剪枝方案对 YOLOv3 结构进行剪枝，而后对权重进行初始化并重新训练。

9.5 实验与分析

9.5.1 实验设置

本章分别对比 YOLOv3、YOLOv4、基于多层次权重衰减的剪枝方法和基于强化学习搜索的网络自动剪枝方法对 UCSD 交通监控数据集的检测结果（数据集介绍见 2.3.2 小节）。本章采用 Darknet 深度学习框架进行 C 语言代码撰写，模型训练设备为双 NVIDIA GTX 1080Ti GPU，显存 11GB，模型前向推理设备是笔记本电脑，其显卡为一块 NVIDIA MX250 GPU，显存 2GB。两个模型在训练时设置的超参数相同。本章分别应用 YOLOv3 和 YOLOv4 目标检测模型对 UCSD 交通监控数据集中的目标进行检测。四个模型在训练时设置的超参数相同。

9.5.2 评估指标

本章利用类别平均精度指标（mean average precision，mAP）来评价模型精度。各类别精度（average precision，AP）的定义是目标检测中各个类别的准确率-召回率曲线所围成的面积。

其中准确率的定义是目标检测中所识别的目标中正确目标的比例，召回率的定义是图像中所有真值目标中被目标检测算法所检测出来的比例，不同的置信度阈值可以获得多组（准确率，召回率）点，从而绘制准确率-召回率曲线。因此，类别平均精度是指对所有类别精度求平均值。本章利用模型的每秒浮点操作数（FLOPs）和模型的参数量（Params）来评价模型复杂度。模型的浮点计算量（每秒浮点操作数）是指模型中所有乘法和加法的浮点运算次数的总和，模型的参数量是指模型中所有权重的总量。在模型实时性评估方面，采用单幅图片的前向推理时间进行评估。

9.5.3 结果分析

表9-1展示了上述模型在UCSD交通监控数据集上的推理结果。YOLOv3-pruning（多层次权重衰减）代表了采用基于多层次权重衰减的剪枝方法对YOLOv3剪枝后的模型，YOLOv3-pruning（强化学习）代表了采用基于强化学习搜索的网络自动剪枝方法对YOLOv3剪枝后的模型。实验数据显示，与YOLOv4相比，YOLOv3-pruning（强化学习）模型在精度上提升了6.6%，同时具有更少的计算量、参数量以及前向推理时间。这一结果表明，对于相对简单的任务场景，YOLOv3和YOLOv4模型可能存在不必要的参数和结构冗余。

相较于YOLO-tiny模型，YOLOv3-pruning（强化学习）展现出明显的精度优势，在计算量和参数量更少的情况下，仍能保持与YOLO-tiny相当的前向推理时间。YOLO-tiny模型的精度下降可能源于其激进的剪枝策略——完全移除残差结构和检测尺度，导致不可恢复的精度损失。

表 9-1 在UCSD数据集上的实验结果

模型	mAP/%	AP/%		FLOPs/ M	参数量/ M	前向推理 时间/s
		小型车辆	大型车辆			
YOLOv3	72.8	85.5	60.0	65496	61.535	0.110
YOLOv4	72.5	83.9	61.1	59659	63.948	0.132
YOLO-tiny	65.3	69.4	62.1	5475	8.674	**0.014**
YOLOv3-pruning 多层次权重衰减	77.1	76.2	78.0	17973	4.844	0.042
YOLOv3-pruning 强化学习	79.1	82.6	76.6	4485	4.685	0.016

YOLOv3-pruning（强化学习）模型相比YOLOv3-pruning（多层次权重衰减）模型，在精度和压缩比方面均表现更优。这表明，基于强化学习搜索的网络自动剪枝方法比基于多层次权重衰减的剪枝方法具有更高的压缩效率和模型性能。本节对比了两种方法的各层剪枝比例，如图9-10所示（若修剪了残差模块，则该层剪枝比例为1）。其中，基于多层次权重衰减的剪枝比例是逐次迭代后的最终总比例。结果显示，二者差异最显著的是前24层：基于多层次权重衰减的剪枝方法对这些卷积层的修剪比例普遍较低，说明在迭代过程中，该方法未能对前24层进行充分修剪。这一现象进一步说明，基于多层次权重衰减的剪枝可能难以达到理想的压缩比。

此外，本节还尝试对基于强化学习搜索的网络自动剪枝方法处理后的模型进一步实施基于多层次权重衰减的剪枝。实验结果显示：在模块级稀疏训练阶段，虽然成功修剪了三个残差模块并降低了计算量，但模型的前向推理时间仍保持为0.016s（与剪枝前持平），同时精度仅下降0.03%。随后进行的通道级稀疏训练实验表明，模型已无更多可修剪通道。这些实验现象说明，基于强化学习搜索的网络自动剪枝方法已使模型达到接近饱和的压缩状态。可以看出，基于强化学习搜索的网络自动剪枝方法能够在不显著影响模型精度的前提下实现有效的模型压缩，这种特性使其更适用于端侧视觉感知系统的部署场景。

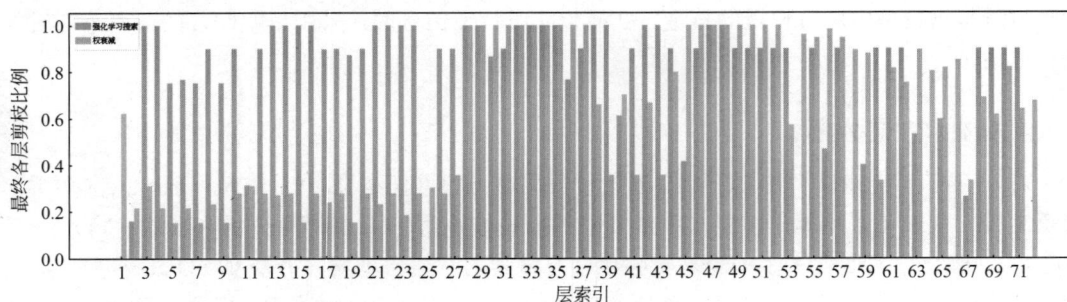

图 9-10　基于多层次权重衰减的剪枝方法与基于强化学习搜索的网络自动剪枝方法各层的剪枝比例对比

9.6　本章小结

本章介绍了一种基于强化学习搜索的网络自动剪枝方法，并在 UCSD 交通监控数据集上对 YOLOv3 模型进行了剪枝优化。实验对比了原始 YOLOv3、YOLOv4、YOLO-tiny 以及两种剪枝方案（基于多层次权重衰减的剪枝和基于强化学习搜索的网络自动剪枝）优化后模型的性能表现。结果表明，基于强化学习搜索的网络自动剪枝方法在保持模型精度的同时，显著减少了计算量、参数量和前向推理时间。

参 考 文 献

[1] ZHANG Z, XU Y, SHAO L, et al. Discriminative block-diagonal representation learning for image recognition[J]. IEEE Transactions on Neural Networks and Learning Systems, 2017, 29(7): 3111-3125.

[2] RICHARDS D R, TUNÇER B. Using image recognition to automate assessment of cultural ecosystem services from social media photographs[J]. Ecosystem Services, 2018, 31: 318-325.

[3] NARAYANAN A, MISRA A, SIM K C, et al. Toward domain-invariant speech recognition via large scale training[C]//2018 IEEE Spoken Language Technology Workshop (SLT). Athens, Greece. New York: IEEE, 2018: 441-447.

[4] PETRIDIS S, STAFYLAKIS T, MA P, et al. End-to-end audiovisual speech recognition[C]//2018 IEEE International Conference on Acoustics, Speech and Signal Processing (ICASSP). Calgary, AB. New York: IEEE, 2018: 6548-6552.

[5] BRITZ D, GOLDIE A, LUONG M T, et al. Massive exploration of neural machine translation architectures[EB/OL]. [2024-12-13]. https://arxiv.org/abs/1703.03906.

[6] YOUNG T, HAZARIKA D, PORIA S, et al. Recent trends in deep learning based natural language processing[J]. IEEE Computational Intelligence Magazine, 2018, 13(3): 55-75.

[7] LAURIOLA I, LAVELLI A, AIOLLI F. An introduction to deep learning in natural language processing: Models, techniques, and tools[J]. Neurocomputing, 2022, 470: 443-456.

[8] GARDNER M, GRUS J, NEUMANN M, et al. AllenNLP: A deep semantic natural language processing platform[C]//Proceedings of Workshop for NLP Open Source Software (NLP-OSS). Melbourne, Australia. Stroudsburg: Association for Computational Linguistics, 2018: 1-6.

[9] 赵冬斌, 邵坤, 朱圆恒, 等. 深度强化学习综述: 兼论计算机围棋的发展 [J]. 控制理论与应用, 2016, 33(6): 701-717.

[10] 唐振韬, 邵坤, 赵冬斌, 等. 深度强化学习进展: 从 AlphaGo 到 AlphaGo Zero[J]. 控制理论与应用, 2017, 34(12): 1529-1546.

[11] 田渊栋. 阿法狗围棋系统的简要分析 [J]. 自动化学报, 2016. 42(5): 671-675.

[12] HE K M, ZHANG X Y, REN S Q, et al. Deep residual learning for image recognition[C]//2016 IEEE Conference on Computer Vision and Pattern Recognition (CVPR). Las Vegas, USA.New York: IEEE, 2016: 770-778.

[13] HE K, ZHANG X, REN S, et al. Identity mappings in deep residual networks [C]//Proceedings of the European Conference on Computer Vision (ECCV). Amsterdam,The Netherlands.Cham: Springer, 2016: 630-645.

[14] SANDLER M, HOWARD A, ZHU M L, et al. MobileNetV2: Inverted residuals and linear bottlenecks[C]//2018 IEEE/CVF Conference on Computer Vision and Pattern Recognition(CVPR). Salt Lake City, UT. New York: IEEE, 2018: 4510-4520.

[15] MA N N, ZHANG X Y, ZHENG H T, et al. ShuffleNetV2: practical guidelines for efficient CNN architecture design[C]//Proceedings of the European Conference on Computer Vision (ECCV).Munich, Germany. Cham: Springer, 2018: 116-131.

[16] 潘晓英, 曹园, 贾蓉, 等. 神经网络架构搜索发展综述 [J]. 西安邮电大学学报, 2022, 27(4): 43-63.

[17] 龚申健, 张姗姗, 郭煜, 等. 基于姿态与双流神经架构搜索的行人动作识别[J]. 中国科学: 信息科学, 2023, 53(3): 485-499.

[18] ELSKEN T, METZEN J H, HUTTER F. Neural architecture search: A survey[J]. Journal of Machine Learning Research, 2019, 20: 1-21.

[19] KRIZHEVSKY A, HINTON G. Learning multiple layers of features from tiny images [R]. [S.l.:s.n.], 2009.

[20] RUSSAKOVSKY O, DENG J, SU H, et al. ImageNet large scale visual recognition challenge[J]. International Journal of Computer Vision, 2015, 115(3): 211-252.

[21] BIES A, FERGUSON M, KATZ K, et al. Bracketing guidelines for treebank ii style penn treebank project [R]. Philadelphia: University of Pennsylvania, 1995, 97: 100.

[22] ZOPH B, LE Q V. Neural architecture search with reinforcement learning [C]//International Conference on Learning Representations (ICLR). Toulon, France. Bielefeld: PMLR, 2017.

[23] REAL E, AGGARWAL A, HUANG Y P, et al. Regularized evolution for image classifier architecture search[C] //AAAI Conference on Artificial Intelligence, Honolulu, USA，Palo Alto:AAAI, 2019, 33(1): 4780-4789.

[24] ZOPH B, VASUDEVAN V, SHLENS J, et al. Learning transferable architectures for scalable image recognition[C]//2018 IEEE/CVF Conference on Computer Vision and Pattern Recognition(CVPR). Salt Lake City, UT. New York: IEEE, 2018: 8697-8710.

[25] LIU C X, ZOPH B, NEUMANN M, et al. Progressive neural architecture search[C]//Proceedings of the European Conference on Computer Vision (ECCV).Munich, Germany. Cham: Springer, 2018: 19-34.

[26] PHAM H, GUAN M, ZOPH B, et al. Efficient neural architecture search via parameters sharing [C]//International Conference on Machine Learning(ICML). Stockholm, Sweden. Bielefeld: PMLR, 2018: 4095-4104.

[27] LIU H, SIMONYAN K, YANG Y. DARTS: Differentiable architecture search [C]//International Conference on Learning Representations(ICLR). Vancouver, Canada. Bielefeld: PMLR, 2018.

[28] CHEN X, XIE L X, WU J, et al. Progressive differentiable architecture search: Bridging the depth gap between search and evaluation[C]//2019 IEEE/CVF International Conference on Computer Vision (ICCV). Seoul, Korea (South).New York: IEEE, 2019: 1294-1303.

[29] DONG X Y, YANG Y. Searching for a robust neural architecture in four GPU hours[C]//2019 IEEE/CVF Conference on Computer Vision and Pattern Recognition (CVPR). Long Beach, USA. New York: IEEE, 2019: 1761-1770.

[30] LI G H, QIAN G C, DELGADILLO I C, et al. SGAS: Sequential greedy architecture search[C]//2020 IEEE/CVF Conference on Computer Vision and Pattern Recognition (CVPR). Seattle, USA. New York: IEEE, 2020: 1620-1630.

[31] XU Y, XIE L, ZHANG X, et al. PC-DARTS: Partial channel connections for memory- efficient architecture search [C]//International Conference on Learning Representa- tions (ICLR). Bielefeld: PMLR, 2020.

[32] CHOLLET F. Xception: Deep learning with depthwise separable convolutions[C]//2017 IEEE/CVF Conference on Computer Vision and Pattern Recognition(CVPR). Honolulu, HI. New York: IEEE, 2017: 1251-1258.

[33] DONG X Y, YANG Y. Searching for a robust neural architecture in four GPU hours[C]//2019 IEEE/CVF Conference on Computer Vision and Pattern Recognition (CVPR). Long Beach, USA. New York: IEEE, 2019: 1761-1770.

[34] HU J, SHEN L, SUN G. Squeeze-and-excitation networks[C]//2018 IEEE/CVF Conference on Computer Vision and Pattern Recognition(CVPR). Salt Lake City, UT. New York: IEEE, 2018: 7132-7141.

[35] HOCHREITER S, SCHMIDHUBER J. Long short-term memory[J]. Neural Computation, 1997, 9(8): 1735-1780.

[36] SCHULMAN J, WOLSKI F, DHARIWAL P, et al. Proximal policy optimization algorithms[EB/OL]. [2024-12-13].https://arxiv.org/abs/1707.06347v2.

[37] XIE S, ZHENG H, LIU C, et al. SNAS: Stochastic neural architecture search [C]//International Conference on Learning Representations(ICLR).Vancouver, Canada. Bielefeld: PMLR, 2018.

[38] LIU C X, CHEN L C, SCHROFF F, et al. Auto-DeepLab: Hierarchical neural architecture search for semantic image segmentation[C]//2019 IEEE/CVF Conference on Computer Vision and Pattern Recognition (CVPR). Long Beach, USA. New York: IEEE, 2019: 82-92.

[39] TAN M X, CHEN B, PANG R M, et al. MnasNet: Platform-aware neural architecture search for

mobile[C]//2019 IEEE/CVF Conference on Computer Vision and Pattern Recognition (CVPR). Long Beach, USA. New York: IEEE, 2019: 2820-2828.

[40] LIU H, SIMONYAN K, VINYALS O, et al. Hierarchical representations for efficient architecture search [C]//International Conference on Learning Representations(ICLR).Vancouver, Canada. Bielefeld: PMLR, 2018.

[41] HUTTER F, HOOS H H, LEYTON-BROWN K. Sequential model-based optimization for general algorithm configuration [C]//International Conference on Learning and Intelligent Optimization(LION). Rome, Italy. Berlin, Heidelberg: Springer, 2011: 507-523.

[42] WU B C, KEUTZER K, DAI X L, et al. FBNet: Hardware-aware efficient ConvNet design via differentiable neural architecture search[C]//2019 IEEE/CVF Conference on Computer Vision and Pattern Recognition (CVPR). Long Beach, USA. New York: IEEE, 2019: 10734-10742.

[43] CAI H, ZHU L G, HAN S. ProxylessNAS: Direct neural architecture search on target task and hardware [C]//International Conference on Learning Representations (ICLR). Vancouver, Canada. Bielefeld: PMLR, 2018.

[44] COURBARIAUX M, BENGIO Y, DAVID J P. Binaryconnect: Training deep neural net- works with binary weights during propagations [C]//Advances in Neural Information Processing Systems. Montreal, Canada. Montreal: NeurIPS Foundation, 2015: 3123-3131.

[45] CHEN P G, LIU S, ZHAO H S, et al. Distilling knowledge via knowledge review[C]//2021 IEEE/CVF Conference on Computer Vision and Pattern Recognition (CVPR). New York: IEEE, 2021.

[46] GUO Q S, WANG X J, WU Y C, et al. Online knowledge distillation via collaborative learning[C]//2020 IEEE/CVF Conference on Computer Vision and Pattern Recognition (CVPR). Seattle, USA. New York: IEEE, 2020: 11020-11029.

[47] YUN S, PARK J, LEE K, et al. Regularizing class-wise predictions via self-knowledge distillation[C]//2020 IEEE/CVF Conference on Computer Vision and Pattern Recognition (CVPR). Seattle, USA. New York: IEEE, 2020: 13876-13885.

[48] CHENG X, RAO Z F, CHEN Y L, et al. Explaining knowledge distillation by quantifying the knowledge[C]//2020 IEEE/CVF Conference on Computer Vision and Pattern Recognition (CVPR). Seattle, USA. New York: IEEE, 2020: 12925-12935.

[49] YOSINSKI J, CLUNE J, BENGIO Y, et al. How transferable are features in deep neural networks? [C]//Advances in Neural Information Processing Systems.Montreal, Canada. Montreal: NeurIPS Foundation, 2014: 3320-3328.

[50] SOH J W, CHO S, CHO N I. Meta-transfer learning for zero-shot super-resolution[C]//2020 IEEE/CVF Conference on Computer Vision and Pattern Recognition (CVPR). Seattle, USA. New York: IEEE, 2020: 3516-3525.

[51] YASARLA R, SINDAGI V A, PATEL V M. Syn2Real transfer learning for image deraining using Gaussian processes[C]//2020 IEEE/CVF Conference on Computer Vision and Pattern Recognition (CVPR). Seattle, USA. New York: IEEE, 2020: 2726-2736.

[52] CHEN T Q, GOODFELLOW I, SHLENS J. Net2Net: Accelerating learning via knowledge trans- fer [C]//International Conference on Learning Representations(ICLR). San Juan, Puerto Rico. Bielefeld: PMLR, 2016.

[53] WEI T, WANG C, RUI Y, et al. Network morphism [C]//International Conference on Machine Learning (ICML). New York City, USA. Bielefeld: PMLR, 2016: 564-572.

[54] SIMONYAN K, ZISSERMAN A. Very deep convolutional networks for large-scale image recognition [C]//International Conference on Machine Learning (ICML).Lille, France. Bielefeld: PMLR, 2015.

[55] GORDON A, EBAN E, NACHUM O, et al. MorphNet: Fast & simple resource-constrained structure learning of deep networks[C]//2018 IEEE/CVF Conference on Computer Vision and Pattern Recognition(CVPR). Salt Lake City, UT. New York: IEEE, 2018: 1586-1595.

[56] CAI H, YANG J, ZHANG W, et al. Path-level network transformation for efficient archi- tecture search [C]//International Conference on Machine Learning (ICML). Stockholm, Sweden. Bielefeld: PMLR, 2018: 678-687.

[57] CAI H, CHEN T Y, ZHANG W N, et al. Efficient architecture search by network transformation[C]//AAAI Conference on Artificial Intelligence. New Orleans, USA. Palo Alto:AAAI, 2018, 32(1).

[58] ELSKEN T, METZEN J H, HUTTER F. Efficient multi-objective neural architecture search via Lamarckian evolution[EB/OL]. [2024-12-13]. https://arxiv.org/abs/1804.09081v4.

[59] JIN H F, SONG Q Q, HU X. Auto-keras: An efficient neural architecture search system[C]//Proceedings of the 25th ACM SIGKDD International Conference on Knowledge Discovery & Data Mining. Anchorage，USA. NewYork: ACM, 2019: 1946-1956.

[60] KWASIGROCH A, GROCHOWSKI M, MIKOLAJCZYK M. Deep neural network architecture search using network morphism[C]//2019 24th International Conference on Methods and Models in Automation and Robotics (MMAR). Międzyzdroje, Poland.New York: IEEE, 2019: 30-35.

[61] FANG J, SUN Y, ZHANG Q, et al. FNA++: Fast network adaptation via parameter remapping and architecture search[J]. IEEE Transactions on Pattern Analysis and Machine Intelligence, 2020, 43(9): 2990-3004.

[62] WEI T, WANG C H, CHEN C W. Modularized morphing of deep convolutional neural networks: A graph approach[J]. IEEE Transactions on Computers, 2021, 70(2): 305-315.

[63] TAN M, LE Q. Efficientnet: Rethinking model scaling for convolutional neural networks [C]//International Conference on Machine Learning(ICML). Long Beach, USA. Bielefeld: PMLR, 2019: 6105-6114.

[64] BAKER B, GUPTA O, NAIK N, et al. Designing neural network architectures using reinforcement learning [C]//International Conference on Machine Learning (ICML). Sydney, Australia. Bielefeld: PMLR, 2017.

[65] ZHONG Z, YANG Z C, DENG B Y, et al. BlockQNN: Efficient Block-wise neural network architecture generation[J]. IEEE Transactions on Pattern Analysis and Machine Intelligence, 2021, 43(7): 2314-2328.

[66] MARCUS M, KIM G, MARCINKIEWICZ M A, et al. The Penn Treebank: Annotating predicate argument structure[C]//Proceedings of the workshop on Human Language Technology. Plainsboro, USA. Stroudsburg: Association for Computational Linguistics, 1994.

[67] XIE L X, YUILLE A. Genetic CNN[C]//2017 IEEE International Conference on Computer Vision (ICCV). Venice, Italy.New York: IEEE, 2017: 1379-1388.

[68] SUGANUMA M, SHIRAKAWA S, NAGAO T. A genetic programming approach to designing convolutional neural network architectures[C]//Proceedings of the Genetic and Evolutionary Computation Conference(GECC). Berlin,Germany.New York: ACM, 2017: 497-504.

[69] REAL E, MOORE S, SELLE A, et al. Large-scale evolution of image classifiers [C]//International Conference on Machine Learning(ICML). Sydney, Australia. Bielefeld: PMLR, 2017: 2902-2911.

[70] MILLER J F, SMITH S L. Redundancy and computational efficiency in Cartesian genetic programming[J]. IEEE Transactions on Evolutionary Computation, 2006, 10(2): 167-174.

[71] MILLER J F, HARDING S L. Cartesian genetic programming[C]//Proceedings of the 10th annual conference companion on Genetic and evolutionary computation. Atlanta, USA. New York: ACM, 2008: 2701-2726.

[72] GRUAU F. Cellular encoding as a graph grammar [C]//IEE colloquium on grammatical inference: Theory, applications and alternatives. Colchester, UK. London: IET, 1993.

[73] PUGH J K, STANLEY K O. Evolving multimodal controllers with HyperNEAT[C]//Proceedings of the 15th annual conference on Genetic and evolutionary computation. Amsterdam, The Netherlands.New York: ACM, 2013: 735-742.

[74] KIM M, RIGAZIO L. Deep clustered convolutional kernels [C]//Feature Extraction: Modern Questions and Challenges. Montreal, Canada. Bielefeld: PMLR, 2015: 160-172.

[75] FERNANDO C, BANARSE D, REYNOLDS M, et al. Convolution by evolution: Differentiable pattern producing networks[C]//Proceedings of the Genetic and Evolutionary Computation Conference(GECC). Denver, USA.New York: ACM, 2016: 109-116.

[76] MIIKKULAINEN R, LIANG J, MEYERSON E, et al. Evolving deep neural networks[M]//Artificial Intelligence in the Age of Neural Networks and Brain Computing. Amsterdam: Elsevier, 2019: 293-312.

[77] ZHU H, AN Z L, YANG C G, et al. EENA: Efficient evolution of neural architecture[C]//2019 IEEE/CVF International Conference on Computer Vision Workshop (ICCVW). Seoul, Korea (South). New York: IEEE, 2019.

[78] HE C Y, YE H S, SHEN L, et al. MiLeNAS: Efficient neural architecture search via mixed-level reformulation[C]//2020 IEEE/CVF Conference on Computer Vision and Pattern Recognition(CVPR). Seattle, USA. New York:IEEE, 2020: 11993-12002.

[79] JANG E, GU S, POOLE B. Categorical reparameterization with gumbel-softmax [C]//International Conference on Machine Learning (ICML). Sydney, Australia. Bielefeld: PMLR, 2017.

[80] MADDISON C J, MNIH A, TEH Y W. The concrete distribution: A continuous relax- ation of discrete random variables [C]//International Conference on Machine Learning (ICML). Sydney, Australia. Bielefeld: PMLR, 2017.

[81] LIANG H W, ZHANG S F, SUN J C, et al. DARTS+: Improved differentiable architecture search with early stopping[EB/OL].[2024-12-13].https://arxiv.org/abs/1909.06035v2.

[82] RASMUSSEN C E. Gaussian processes in machine learning[M]//Advanced Lectures on Machine Learning. Berlin, Heidelberg: Springer, 2004: 63-71.

[83] BERGSTRA J, BARDENET R, BENGIO Y, et al. Algorithms for hyper-parameter optimization [C]//Advances in Neural Information Processing Systems. Granada, Spain. Montreal: NeurIPS Foundation, 2011, 24.

[84] WISTUBA M. Bayesian optimization combined with incremental evaluation for neural network architecture optimization [C]//Proceedings of the International Workshop on Automatic Selection, Configuration and Composition of Machine Learning Algorithms. Brussels, Belgium. [S.l.]: COSEAL, 2017.

[85] LUO R, TIAN F, QIN T, et al. Neural architecture optimization [C]//Advances in Neural Information Processing Systems. Montreal, Canada. Montreal: NeurIPS Foundation, 2018: 7827-7838.

[86] WHITE C, NEISWANGER W, SAVANI Y. BANANAS: Bayesian optimization with neural architectures for neural architecture search[C]//AAAI Conference on Artificial Intelligence. Palo Alto:AAAI, 2021, 35(12): 10293-10301.

[87] SHAHRIARI B, SWERSKY K, WANG Z Y, et al. Taking the human out of the loop: A review of Bayesian optimization[J]. Proceedings of the IEEE, 2016, 104(1): 148-175.

[88] NEGRINHO R, GORDON G. DeepArchitect: Automatically designing and training deep architectures[EB/OL].[2024-12-13]. https://arxiv.org/abs/1704.08792v1.

[89] ZELA A, KLEIN A, FALKNER S, et al. Towards automated deep learning: Efficient joint neural architecture and hyperparameter search[EB/OL]. [2024-12-13]. https://arxiv.org/abs/1807.06906v1.

[90] KANDASAMY K, NEISWANGER W, SCHNEIDER J, et al. Neural architecture search with bayesian optimisation and optimal transport [C]//Advances in Neural Information Processing Systems. Montreal, Canada. Montreal: NeurIPS Foundation, 2018: 2020-2029.

[91] NEGRINHO R, PATIL D, LE N, et al. Towards modular and programmable architecture search [C]//Advances in Neural Information Processing Systems. Vancouver, Canada. Montreal: NeurIPS Foundation, 2019: 13715- 13725.

[92] DIKOV G, BAYER J. Bayesian learning of neural network architectures [C]//The 22nd International Conference on Artificial Intelligence and Statistics, AISTATS 2019. Naha, Japan. Bielefeld: PMLR, 2019: 730- 738.

[93] STORK J, ZAEFFERER M, BARTZ-BEIELSTEIN T. Improving NeuroEvolution efficiency by surrogate model-based optimization with phenotypic distance kernels [C]//International Conference on the Applications of Evolutionary Computation (Part of EvoStar). Leipzig, Germany. Cham: Springer, 2019: 504-519.

[94] CAMERO A, WANG H, ALBA E, et al. Bayesian neural architecture search using a training-free performance metric[J]. Applied Soft Computing, 2021, 106: 107356.

[95] ZHOU Y, WANG P. EPNAS: efficient progressive neural architecture search [C]//30th British Machine Vision Conference 2019(BMVC 2019). Cardiff, UK. Durham: British Machine Vision Association(BMVA),2019.

[96] CHEN Y K, MENG G F, ZHANG Q, et al. RENAS: Reinforced evolutionary neural architecture search[C]//2019 IEEE/CVF Conference on Computer Vision and Pattern Recognition(CVPR). Long Beach, USA. New York: IEEE, 2019: 4787-4796.

[97] MAZIARZ K, TAN M X, KHORLIN A, et al. Evolutionary-neural hybrid agents for architecture search[EB/OL]. [2024-12-13]. https://arxiv.org/abs/1811.09828v4.

[98] YANG Z H, WANG Y H, CHEN X H, et al. CARS: Continuous evolution for efficient neural architecture search[C]//2020 IEEE/CVF Conference on Computer Vision and Pattern Recognition(CVPR). Seattle, USA. New York:IEEE, 2020: 1829-1838.

[99] SUN Y, WANG H, XUE B, et al. Surrogate-assisted evolutionary deep learning using an end-to-end random forest-based performance predictor[J]. IEEE Transactions on Evolutionary Computation, 2019, 24(2): 350-364.

[100] WONG C, HOULSBY N, LU Y F, et al. Transfer learning with neural AutoML[C]//Advances in Neural Information Processing Systems. Montreal, Canada. Montreal: NeurIPS Foundation, 2018: 8366-8375.

[101] STAMOULIS D, DING R, WANG D, et al. Single-path NAS: designing hardware-efficient convnets in less than 4 hours [C]//European Conference on Machine Learning and Knowledge Discovery in Databases, ECML PKDD 2019. Wurzburg, Germany. Berlin，Heidelberg: Springer, 2019: 481-497.

[102] EGGENSPERGER K, HUTTER F, HOOS H, et al. Surrogate benchmarks for hyperparameter optimization. [C]//International Workshop on Meta-learning and Algorithm Selection. Prague, Czech Republic. Aachen: CEUR-WS.org, 2014: 24-31.

[103] WANG C, DUAN Q Y, GONG W, et al. An evaluation of adaptive surrogate modeling based optimization with two benchmark problems[J]. Environmental Modelling & Software, 2014, 60: 167-179.

[104] EGGENSPERGER K, HUTTER F, HOOS H, et al. Efficient benchmarking of hyperparameter optimizers via surrogates[C]//AAAI Conference on Artificial Intelligence. Austin, USA. Palo Alto:AAAI, 2015, 29(1).

[105] VU K K, D' AMBROSIO C, HAMADI Y, et al. Surrogate-based methods for black-box optimization[J]. International Transactions in Operational Research, 2017, 24(3): 393-424.

[106] LUO R, TAN X, WANG R, et al. Semi-supervised neural architecture search [C]//Advances in Neural Information Processing Systems. Montreal: NeurIPS Foundation, 2020.

[107] DOMHAN T, SPRINGENBERG J T, HUTTER F. Speeding up automatic hyperparameter optimization of deep neural networks by extrapolation of learning curves [C]//International Joint Conference on Artificial Intelligence(IJCAI). Buenos Aires, Argentina. Freiburg: IJCAI ,2015: 3460-3468.

[108] KLEIN A, FALKNER S, SPRINGENBERG J T, et al. Learning curve prediction with bayesian neural networks [C]//International Conference on Machine Learning (ICML). Sydney, Australia. Bielefeld: PMLR, 2017.

[109] MAHSERECI M, BALLES L, LASSNER C, et al. Early stopping without a validation set[EB/OL]. [2024-12-13]. https://arxiv.org/abs/1703.09580v3.

[110] HSU C H, CHANG S H, LIANG J H, et al. MONAS: Multi-objective neural architecture search using reinforcement learning[EB/OL]. [2024-12-13]. https://arxiv.org/abs/1806.10332v2.

[111] ZHANG R. Making convolutional networks shift-invariant again [C]//International Conference on Machine Learning(ICML). Long Beach, USA. Bielefeld: PMLR, 2019: 7324-7334.

[112] DING Z X, CHEN Y R, LI N N, et al. BNAS: Efficient neural architecture search using broad scalable architecture[J]. IEEE Transactions on Neural Networks and Learning Systems, 2022, 33(9): 5004-5018.

[113] AGGARWAL V, WANG W L, ERIKSSON B, et al. Wide compression: Tensor ring nets[C]//2018 IEEE/CVF Conference on Computer Vision and Pattern Recognition(CVPR). Salt Lake City, UT. New York: IEEE, 2018: 9329-9338.

[114] PAN Y, XU J, WANG M L, et al. Compressing recurrent neural networks with tensor ring for action recognition[C]//AAAI Conference on Artificial Intelligence. Honolulu, USA. Palo Alto:AAAI, 2019, 33(1): 4683-4690.

[115] CHENG Z Y, LI B P, FAN Y W, et al. A novel rank selection scheme in tensor ring decomposition based on reinforcement learning for deep neural networks[C]//2020 IEEE International Conference on Acoustics, Speech and Signal Processing (ICASSP). New York: IEEE, 2020: 3292-3296.

[116] DOSOVITSKIY A, BEYER L, KOLESNIKOV A, et al. An image is worth 16x16 words: Transformers for image recognition at scale [C]//International Conference on Learning Representations(ICLR). Bielefeld: PMLR, 2021.

[117] CHEN M H, PENG H W, FU J L, et al. AutoFormer: Searching transformers for visual recognition[C]//2021 IEEE/CVF International Conference on Computer Vision (ICCV). Montreal, Canada.New York: IEEE, 2021: 12270-12280.

[118] LECUN Y, BOTTOU L, BENGIO Y, et al. Gradient-based learning applied to document recognition[J]. Proceedings of the IEEE, 1998, 86(11): 2278-2324.

[119] KRIZHEVSKY A, SUTSKEVER I, HINTON G E. ImageNet classification with deep convolutional neural networks[J]. Communications of the ACM, 2017, 60(6): 84-90.

[120] SIMONYAN K, ZISSERMAN A. Very deep convolutional networks for large-scale image recognition [C]//International Conference on Learning Representations(ICLR). San Diego, USA. Bielefeld: PMLR, 2015.

[121] SZEGEDY C, LIU W, JIA Y Q, et al. Going deeper with convolutions[C]//2015 IEEE Conference on Computer Vision and Pattern Recognition (CVPR). Boston, USA.New York: IEEE, 2015: 1-9.

[122] IOFFE S, SZEGEDY C. Batch normalization: Accelerating deep network training by reducing internal covariate shift [C]//International Conference on Machine Learning (ICML).Lille, France. Bielefeld: PMLR, 2015, 1: 448-456.

[123] SZEGEDY C, VANHOUCKE V, IOFFE S, et al. Rethinking the inception architecture for computer vision[C]//2016 IEEE Conference on Computer Vision and Pattern Recognition (CVPR). Las Vegas, USA. New York:IEEE, 2016:2818-2826.

[124] SZEGEDY C, IOFFE S, VANHOUCKE V, et al. Inception-v4, Inception-ResNet and the impact of residual connections on learning[C]//AAAI Conference on Artificial Intelligence. San Francisco, USA. Palo Alto:AAAI, 2017, 31(1): 4278-4284.

[125] HUANG G, LIU Z, VAN DER MAATEN L, et al. Densely connected convolutional networks[C]//2017 IEEE/CVF Conference on Computer Vision and Pattern Recognition (CVPR). Honolulu, HI. New York:IEEE, 2017: 4700-4708.

[126] HOWARD A G, ZHU M L, CHEN B, et al. MobileNets: Efficient convolutional neural networks for mobile vision applications[EB/OL]. [2024-12-13]. https://arxiv.org/abs/1704.04861v1.

[127] HOWARD A, SANDLER M, CHEN B, et al. Searching for MobileNetV3[C]//2019 IEEE/CVF International Conference on Computer Vision (ICCV). Seoul, Korea (South).New York: IEEE, 2019: 1314-1324.

[128] ZHANG X Y, ZHOU X Y, LIN M X, et al. ShuffleNet: An extremely efficient convolutional neural network for mobile devices[C]//2018 IEEE/CVF Conference on Computer Vision and Pattern Recognition(CVPR). Salt Lake City, UT. New York: IEEE, 2018: 6848-6856.

[129] ZOPH B, LE Q V. Neural architecture search with reinforcement learning [C]//International Conference on Learning Representations (ICLR). Toulon, France. Bielefeld: PMLR, 2017.

[130] LIU H, SIMONYAN K, YANG Y. DARTS: Differentiable architecture search [C]//International Conference on Learning Representations(ICLR). New Orleans, USA. Bielefeld: PMLR, 2019.

[131] CHU X X, ZHANG B, XU R J. FairNAS: Rethinking evaluation fairness of weight sharing neural architecture search[C]//2021 IEEE/CVF International Conference on Computer Vision

(ICCV). Montreal, Canada.New York: IEEE, 2021: 12239-12248.

[132] CHU X X, ZHANG B, XU R J. MoGA: Searching beyond MobileNetV3[C]//2020 IEEE International Conference on Acoustics, Speech and Signal Processing (ICASSP). New York: IEEE, 2020: 4042-4046.

[133] ZHAO Q, ZHOU G, XIE S, et al. Tensor ring decomposition [EB/OL]. [2024-12-13]. https://arxiv.org/abs/1606.05535.

[134] DENG J, DONG W, SOCHER R, et al. ImageNet: A large-scale hierarchical image database[C]//2009 IEEE Conference on Computer Vision and Pattern Recognition. Miami, USA. New York: IEEE, 2009: 248-255.

[135] SUN C, SHRIVASTAVA A, SINGH S, et al. Revisiting unreasonable effectiveness of data in deep learning era [C]//Proceedings of the IEEE/CVF International Conference on Computer Vision(ICCV). Venice, Italy. New York:2017:843-852.

[136] TOUVRON H, CORD M, DOUZE M, et al. Training data-efficient image transformers & distillation through attention [C]//International Conference on Machine Learning(ICML). Bielefeld: PMLR, 2021: 10347-10357.

[137] LIU Z, LIN Y T, CAO Y, et al. Swin transformer: Hierarchical vision transformer using shifted windows[C]//2021 IEEE/CVF International Conference on Computer Vision (ICCV). Montreal, Canada.New York: IEEE, 2021: 10012-10022.

[138] WU H P, XIAO B, CODELLA N, et al. CvT: Introducing convolutions to vision transformers[C]//2021 IEEE/CVF International Conference on Computer Vision (ICCV). Montreal, Canada.New York: IEEE, 2021: 22-31.

[139] HEO B, YUN S, HAN D, et al. Rethinking spatial dimensions of vision transformers[C]//2021 IEEE/CVF International Conference on Computer Vision (ICCV). Montreal, Canada.New York: IEEE, 2021: 11936-11945.

[140] WANG W H, XIE E Z, LI X, et al. PVT v2: Improved baselines with pyramid vision transformer[J]. Computational Visual Media, 2022, 8(3): 415-424.

[141] CHU X X, TIAN Z, WANG Y Q, et al. Twins: Revisiting the design of spatial attention in vision transformers[C]//Advances in Neural Information Processing Systems. Montreal: NeurIPS Foundation, 2021: 9355-9366.

[142] JIANG Z H, HOU Q B, YUAN L, et al. All tokens matter: Token labeling for training better vision transformers[C]//Advances in Neural Information Processing Systems. Montreal: NeurIPS Foundation, 2021: 18590-18602.

[143] YANG C L, WANG Y L, ZHANG J M, et al. Lite vision transformer with enhanced self-attention[C]//2022 IEEE/CVF Conference on Computer Vision and Pattern Recognition (CVPR). New Orleans, USA. New York: IEEE, 2022: 11998-12008.

[144] WANG Y, HUANG R, SONG S, et al. Not all images are worth 16x16 words: Dynamic transformers for efficient image recognition[J]. Advances in Neural Information Processing Systems, 2021, 34: 11960-11973.

[145] MEHTA S, RASTEGARI M. Mobilevit: Light-weight, general-purpose, and mobile- friendly vision transformer [C]//International Conference on Learning Representations(ICLR). Bielefeld: PMLR, 2022.

[146] LIAO Y L, KARAMAN S, SZE V. Searching for efficient multi-stage vision transformers[EB/OL].[2024-12-13]. https://arxiv.org/abs/2109.00642v1.

[147] LI C L, TANG T, WANG G R, et al. BossNAS: Exploring hybrid CNN-transformers with block-wisely self-supervised neural architecture search[C]//2021 IEEE/CVF International Conference on Computer Vision (ICCV). Montreal, Canada.New York: IEEE, 2021: 12281-12291.

[148] CHEN M, WU K, NI B, et al. Searching the search space of vision transformer[C]//Advances in Neural Information Processing Systems. Montreal: NeurIPS Foundation, 2021: 8714-8726.

[149] CHEN C P, LIU Z. Broad learning system: An effective and efficient incremental learning system without the need for deep architecture[J]. IEEE Transactions on Neural Networks and Learning Systems, 2017, 29(1): 10-24.

[150] CHEN C P, LIU Z, FENG S. Universal approximation capability of broad learning system and its structural variations[J]. IEEE Transactions on Neural Networks and Learning Systems, 2018, 30(4): 1191-1204.

[151] PAO Y H, TAKEFUJI Y. Functional-link net computing: Theory, system architecture, and functionalities[J]. Computer, 1992, 25(5): 76-79.

[152] PAO Y H, PARK G H, SOBAJIC D J. Learning and generalization characteristics of the random vector functional-link net[J]. Neurocomputing, 1994, 6(2): 163-180.

[153] JIN J, LIU Z, CHEN C P. Discriminative graph regularized broad learning system for image recognition[J]. Science China Information Sciences, 2018, 61(11): 1-14.

[154] ZHAO H M, ZHENG J J, DENG W, et al. Semi-supervised broad learning system based on manifold regularization and broad network[J]. IEEE Transactions on Circuits and Systems I: Regular Papers, 2020, 67(3): 983-994.

[155] GAO S, GUO G Q, HUANG H Q, et al. An end-to-end broad learning system for event-based object classification[J]. IEEE Access, 2020, 8: 45974-45984.

[156] LIU Z, CHEN C P, FENG S, et al. Stacked broad learning system: From incremental flatted structure to deep model[J]. IEEE Transactions on Systems, Man, and Cybernetics: Systems, 2020, 51(1): 209-222.

[157] SUI S, CHEN C P, TONG S, et al. Finite-time adaptive quantized control of stochastic nonlinear systems with input quantization: A broad learning system based identification method[J]. IEEE Transactions on Industrial Electronics, 2019, 67(10): 8555-8565.

[158] CHU F, LIANG T, CHEN C P, et al. Weighted broad learning system and its application in nonlinear industrial process modeling[J]. IEEE Transactions on Neural Networks and Learning Systems, 2019, 31(8): 3017-3031.

[159] CHEN C P, WANG B. Random-positioned license plate recognition using hybrid broad learning system and convolutional networks[J]. IEEE Transactions on Intelligent Transportation Systems, 2020, 23(1): 444-456.

[160] ZHAO H, ZHENG J, XU J, et al. Fault diagnosis method based on principal component analysis and broad learning system[J]. IEEE Access, 2019, 7: 99263-99272.

[161] MILLER G A. Wordnet: An electronic lexical database [M]. Cambridge: MIT press, 1998.

[162] CHAN A B, VASCONCELOS N. Modeling, clustering, and segmenting video with mixtures of dynamic textures[J]. IEEE Transactions on Pattern Analysis and Machine Intelligence, 2008, 30(5): 909-926.

[163] HE K M, ZHANG X Y, REN S Q, et al. Deep residual learning for image recognition[C]//2016 IEEE Conference on Computer Vision and Pattern Recognition (CVPR). Las Vegas, USA. New York:IEEE, 2016.

[164] LIU S Y, DENG W H. Very deep convolutional neural network based image classification using small training sample size[C]//2015 3rd IAPR Asian Conference on Pattern Recognition(ACPR). Kuala Lumpur, Malaysia.New York: IEEE, 2015.

[165] LIU H, SIMONYAN K, YANG Y. DARTS: Differentiable architecture search[C]//2019 IEEE/CVF International Conference on Computer Vision(ICCV). Seoul, Korea (South).New York: IEEE, 2019: 1294-1303.

[166] CHEN X, XIE L X, WU J, et al. Progressive differentiable architecture search: Bridging the depth gap between search and evaluation[EB/OL]. [2024-12-13]. https://arxiv.org/abs/1904.12760v1.

[167] XU Y H, XIE L X, ZHANG X P, et al. PC-DARTS: Partial channel connections for memory-efficient architecture search[EB/OL]. [2024-12-13]. https://arxiv.org/abs/1907.05737v4.

[168] Torchvision.models[Z].

[169] CHU X, ZHOU T, ZHANG B, et al. Fair DARTS: Eliminating unfair advantages in differentiable architecture search [C]//Proceedings of the European Conference on Computer Vision (ECCV). Cham: Springer, 2020: 465-480.

[170] WILLIAMS R J. Simple statistical gradient-following algorithms for connectionist reinforcement

learning[J]. Machine Learning, 1992, 8(3): 229-256.

[171] RUDIN W. Real and complex analysis [M]. New Delhi: Tata McGraw-hill education, 2006.

[172] IGELNIK B, PAO Y H. Stochastic choice of basis functions in adaptive function approximation and the functional-link net[J]. IEEE Transactions on Neural Networks, 1995, 6(6): 1320-1329.

[173] LOSHCHILOV I, HUTTER F. SGDR: Stochastic gradient descent with warm restarts [C]//International Conference on Machine Learning (ICML). Sydney, Australia. Bielefeld: PMLR, 2017.

[174] ASSIRI Y, DEVRIES T, TAYLOR G W. Stochastic optimization of plain convolutional neural networks with simple methods[EB/OL]. [2024-12-13]. https://arxiv.org/abs/2001.08856v1.

[175] DONG J D, CHENG A C, JUAN D C, et al. DPP-net: Device-aware progressive search for Pareto-optimal neural architectures[C]//Proceedings of the European Conference on Computer Vision (ECCV).Munich, Germany. Cham: Springer, 2018: 540-555.

[176] LOPES V, CARLUCCI F M, ESPERANÇA P M, et al. MANAS: Multi-agent neural architecture search[EB/OL]. [2024-12-13]. https://arxiv.org/abs/1909.01051v4.

[177] GUO M H, YANG Y Z, XU R, et al. When NAS meets robustness: In search of robust architectures against adversarial attacks[C]//2020 IEEE/CVF Conference on Computer Vision and Pattern Recognition (CVPR). Seattle, USA. New York:IEEE, 2020: 631-640.

[178] HEO B, LEE M, YUN S, et al. Knowledge distillation with adversarial samples supporting decision boundary[C]//AAAI Conference on Artificial Intelligence. Honolulu, USA. Palo Alto:AAAI, 2019, 33(1): 3771-3778.

[179] HEO B, LEE M, YUN S, et al. Knowledge transfer via distillation of activation boundaries formed by hidden neurons[C]//AAAI Conference on Artificial Intelligence. Honolulu, USA. Palo Alto:AAAI, 2019, 33(1): 3779-3787.

[180] ZHANG M, LI H Q, PAN S R, et al. Overcoming multi-model forgetting in one-shot NAS with diversity maximization[C]//2020 IEEE/CVF Conference on Computer Vision and Pattern Recognition(CVPR). Seattle, USA. New York:IEEE, 2020: 7809-7818.

[181] DING Z X, CHEN Y R, LI N N, et al. BNAS-v2: Memory-efficient and performance-collapse-prevented broad neural architecture search[J]. IEEE Transactions on Systems, Man, and Cybernetics: Systems, 2022, 52(10): 6259-6272.

[182] HAWKS B, DUARTE J, FRASER N J, et al. Ps and Qs: Quantization-aware pruning for efficient low latency neural network inference[EB/OL]. [2024-12-13]. https://arxiv.org/abs/2102.11289v2.

[183] WANG Z, LI C C, WANG X Y. Convolutional neural network pruning with structural redundancy reduction[C]//2021 IEEE/CVF Conference on Computer Vision and Pattern Recognition (CVPR). New York: IEEE, 2021: 14913-14922.

[184] YEOM S K, SEEGERER P, LAPUSCHKIN S, et al. Pruning by explaining: A novel criterion for deep neural network pruning[J]. Pattern Recognition, 2021, 115: 107899.

[185] MOLCHANOV P, TYREE S, KARRAS T, et al. Pruning convolutional neural networks for resource efficient inference[EB/OL]. [2024-12-13]. https://arxiv.org/abs/1611.06440v2.

[186] NGUYEN T, RAGHU M, KORNBLITH S. Do wide and deep networks learn the same things? Uncovering how neural network representations vary with width and depth [C]//International Conference on Learning Representations(ICLR). Bielefeld: PMLR, 2021.

[187] YUAN L, CHEN Y P, WANG T, et al. Tokens-to-token ViT: Training vision transformers from scratch on ImageNet[C]//2021 IEEE/CVF International Conference on Computer Vision (ICCV). Montreal, Canada.New York: IEEE, 2021: 558-567.

[188] BA J L, KIROS J R, HINTON G E. Layer normalization[EB/OL]. [2024-12-13]. https://arxiv.org/abs/1607.06450v1.

[189] HENDRYCKS D, GIMPEL K. Gaussian error linear units (GELUs)[EB/OL]. [2024-12-13]. https://arxiv.org/abs/1606.08415v5.

[190] LIU H, DAI Z, SO D, et al. Pay attention to MLPs[C]//Advances in Neural Information Processing Systems. Montreal: NeurIPS Foundation, 2021: 9204-9215.

[191] GUO Z C, ZHANG X Y, MU H Y, et al. Single path one-shot neural architecture search with uniform sampling[C]//Proceedings of the European Conference on Computer Vision (ECCV). Cham: Springer, 2020: 544-560.

[192] KINGMA D P, BA J. Adam: A method for stochastic optimization [C]//International Conference on Learning Representations(ICLR). San Diego, USA. Bielefeld: PMLR, 2015.

[193] CUBUK E D, ZOPH B, SHLENS J, et al. Randaugment: Practical automated data augmentation with a reduced search space[C]//2020 IEEE/CVF Conference on Computer Vision and Pattern Recognition Workshops (CVPRW). Seattle, USA. New York: IEEE, 2020: 702-703.

[194] ZHANG H, CISSÉ M, DAUPHIN Y N, et al. Mixup: Beyond empirical risk minimization [C]//International Conference on Learning Representations (ICLR). Vancouver, Canada. Bielefeld: PMLR, 2018.

[195] YUN S, HAN D, CHUN S, et al. CutMix: Regularization strategy to train strong classifiers with localizable features[C]//2019 IEEE/CVF International Conference on Computer Vision(ICCV). Seoul, Korea (South).New York: IEEE, 2019: 6023-6032.

[196] ZHONG Z, ZHENG L, KANG G L, et al. Random erasing data augmentation[C]//AAAI Conference on Artificial Intelligence. New York City, USA. Palo Alto:AAAI, 2020, 34(7): 13001-13008.

[197] HUANG G, SUN Y, LIU Z, et al. Deep networks with stochastic depth[C]//Proceedings of the European Conference on Computer Vision (ECCV). Amsterdam,The Netherlands.Cham: Springer, 2016: 646-661.

[198] POLYAK B T, JUDITSKY A B. Acceleration of stochastic approximation by averaging[J]. SIAM Journal on Control and Optimization, 1992, 30(4): 838-855.

[199] HOFFER E, BEN-NUN T, HUBARA I, et al. Augment your batch: Improving generalization through instance repetition[C]//2020 IEEE/CVF Conference on Computer Vision and Pattern Recognition(CVPR). Seattle, USA. New York:IEEE, 2020: 8129-8138.

[200] SRINIVAS A, LIN T Y, PARMAR N, et al. Bottleneck transformers for visual recognition[C]//2021 IEEE/CVF Conference on Computer Vision and Pattern Recognition(CVPR). New York: IEEE, 2021: 16519-16529.

[201] TOUVRON H, BOJANOWSKI P, CARON M, et al. ResMLP: Feedforward networks for image classification with data-efficient training[J]. IEEE Transactions on Pattern Analysis and Machine Intelligence, 2023, 45(4): 5314-5321.

[202] RAGHU M, UNTERTHINER T, KORNBLITH S, et al. Do vision transformers see like convolutional neural networks? [C]//Advances in Neural Information Processing Systems. Montreal: NeurIPS Foundation, 2021: 12116-12128.

[203] GRETTON A, FUKUMIZU K, TEO C H, et al. A kernel statistical test of independence[C]//Advances in Neural Information Processing Systems. Vancouver, Canada. Montreal: NeurIPS Foundation, 2007: 585-592.

[204] ABNAR S, ZUIDEMA W. Quantifying attention flow in transformers[C]//Proceedings of the 58th Annual Meeting of the Association for Computational Linguistics. Online. Stroudsburg: Association for Computational Linguistics, 2020: 4190- 4197.

[205] ZHOU B L, ZHAO H, PUIG X, et al. Scene parsing through ADE20K dataset[C]//2017 IEEE/CVF Conference on Computer Vision and Pattern Recognition(CVPR). Honolulu, HI. New York: IEEE, 2017: 633-641.

[206] LIN T Y, MAIRE M, BELONGIE S, et al. Microsoft COCO: Common objects in context[C]//Proceedings of the European Conference on Computer Vision (ECCV). Zurich, Switzerland. Cham: Springer, 2014: 740-755.

[207] WANG W H, XIE E Z, LI X, et al. Pyramid vision transformer: A versatile backbone for dense prediction without convolutions[C]//2021 IEEE/CVF International Conference on Computer Vision (ICCV). Montreal, Canada. New York: IEEE, 2021: 568-578.

[208] ZHANG P C, DAI X Y, YANG J W, et al. Multi-scale vision longformer: A new vision transformer for high-resolution image encoding[C]//2021 IEEE/CVF International Conference on Computer Vision (ICCV). Montreal, Canada. New York: IEEE, 2021: 2998-3008.

[209] LI N N, CHEN Y R, LI W F, et al. BViT: Broad attention based vision transformer[EB/OL].

[2024-12-13].https://arxiv.org/abs/2202.06268v2.

[210] XIE E, WANG W, YU Z, et al. Segformer: Simple and efficient design for semantic segmentation with transformers[C]//Advances in Neural Information Processing Systems. Montreal: NeurIPS Foundation, 2021: 12077-12090.

[211] MMS CONTRIBUTORS. MMSegmentation: Openmmlab semantic segmentation toolbox and benchmark [EB/OL]. [2024-12-13]. https://github.com/openmmlab/mmsegmentation, 2020.

[212] LONG J, SHELHAMER E, DARRELL T. Fully convolutional networks for semantic segmentation[C]//2015 IEEE Conference on Computer Vision and Pattern Recognition (CVPR). Boston, USA. New York: IEEE, 2015: 3431-3440.

[213] ZHAO H S, SHI J P, QI X J, et al. Pyramid scene parsing network[C]//2017 IEEE/CVF Conference on Computer Vision and Pattern Recognition(CVPR). Honolulu, HI. New York: IEEE, 2017.

[214] CHEN L C, ZHU Y K, PAPANDREOU G, et al. Encoder-decoder with atrous separable convolution for semantic image segmentation[C]//Proceedings of the European Conference on Computer Vision (ECCV).Munich, Germany. Cham: Springer, 2018: 833-851.

[215] KIRILLOV A, GIRSHICK R, HE K M, et al. Panoptic feature pyramid networks[C]//2019 IEEE/CVF Conference on Computer Vision and Pattern Recognition (CVPR). Long Beach, USA. New York: IEEE, 2019: 6399-6408.

[216] CHEN K, WANG J Q, PANG J M, et al. MMDetection: Open MMLab detection toolbox and benchmark[EB/OL]. [2024-12-13]. https://arxiv.org/abs/1906.07155v1.

[217] VASWANI A, SHAZEER N, PARMAR N, et al. Attention is all you need [C]//Advances in Neural Information Processing Systems. Long Beach, USA. Montreal: NeurIPS Foundation, 2017: 5998-6008.

[218] DEVLIN J, CHANG M, LEE K, et al. BERT: Pre-training of deep bidirectional transformers for language understanding [C]//Proceedings of the Conference of the North American Chapter of the Association for Computational Linguistics: Human Language Technologies. 2019: 4171-4186.

[219] DEB K, PRATAP A, AGARWAL S, et al. A fast and elitist multiobjective genetic algorithm: NSGA-II[J]. IEEE Transactions on Evolutionary Computation, 2002, 6(2): 182-197.

[220] WANG J X, BAI H L, WU J X, et al. Bayesian automatic model compression[J]. IEEE Journal of Selected Topics in Signal Processing, 2020, 14(4): 727-736.

[221] IDELBAYEV Y, CARREIRA-PERPINAN M A. Low-rank compression of neural nets: Learning the rank of each layer[C]//2020 IEEE/CVF Conference on Computer Vision and Pattern Recognition(CVPR). Seattle, USA. New York:IEEE, 2020: 8049-8059.

[222] ZAGORUYKO S, KOMODAKIS N. Wide residual networks[C]//Proceedings of the British Machine Vision Conference 2016. York, UK. Durham: British Machine Vision Association, 2016.

[223] KIM Y D, PARK E, YOO S, et al. Compression of deep convolutional neural networks for fast and low power mobile applications[C]//International Conference on Learning Representations(ICLR). San Juan, Puerto Rico. Bielefeld: PMLR, 2016.

[224] GARIPOV T, PODOPRIKHIN D, NOVIKOV A, et al. Ultimate tensorization: Compressing convolutional and FC layers alike[EB/OL]. [2024-12-13]. https://arxiv.org/abs/1611.03214v1.

[225] RUDER S. An overview of gradient descent optimization algorithms[EB/OL]. [2024-12-13]. https://arxiv.org/abs/1609.04747v2.

[226] KUEHNE H, JHUANG H, GARROTE E, et al. HMDB: A large video database for human motion recognition[C]//2011 International Conference on Computer Vision(ICCV). Venice, Italy. New York: IEEE, 2011: 2556-2563.

[227] LIU J G, LUO J B, SHAH M. Recognizing realistic actions from videos "in the wild" [C]//2009 IEEE Conference on Computer Vision and Pattern Recognition(CVPR). Miami, FL. New York: IEEE, 2009: 1996-2003.